U0923054

# 热带农业资源考察与思考

## ——中国热带农业科学院考察报告

## （2018年）

刘少姗　王小芳　段翠芳　朱安红　主编

中国农业科学技术出版社

**图书在版编目（CIP）数据**

热带农业资源考察与思考：中国热带农业科学院考察报告．2018 年／刘少姗等主编．—北京：中国农业科学技术出版社，2019.6

ISBN 978-7-5116-4272-1

Ⅰ.①热… Ⅱ.①刘… Ⅲ.①热带-农业技术-考察报告-世界-2018 Ⅳ.①S-11

中国版本图书馆 CIP 数据核字（2019）第 126080 号

**责任编辑** 徐定娜
**责任校对** 贾海霞

**出 版 者** 中国农业科学技术出版社
北京市中关村南大街 12 号 邮编：100081
**电　　话** （010）82105169（编辑室） （010）82109702（发行部）
（010）82109709（读者服务部）
**传　　真** （010）82106650
**网　　址** http://www.castp.cn
**经 销 者** 各地新华书店
**印 刷 者** 北京建宏印刷有限公司
**开　　本** 787 mm×1 092 mm 1/16
**印　　张** 16.25
**字　　数** 336 千字
**版　　次** 2019 年 6 月第 1 版 2019 年 6 月第 1 次印刷
**定　　价** 58.00 元

# 《热带农业资源考察与思考——中国热带农业科学院考察报告（2018年）》

## 编写人员


主　　编：刘少姗　王小芳　段翠芳　朱安红

副 主 编：张　雪　王金辉　游　雯　王安宁

参编人员：刘海清　黄贵修　段翠芳　陈丽珍
王翠翠　姜　瑛　符红梅　徐梓宁
陆海燕　许丽菁　张兴银　王海英

# 前　言

新时期，随着“一带一路”合作倡议、中国—东盟“10+1”、中非合作论坛、中阿合作论坛、“南南合作”、澜沧江—湄公河国家合作等多边合作机制的深入，热带农业科技已成为服务我国外交工作的重要资源。世界热区主要位于东南亚、南亚、非洲、拉美和南太平洋岛屿，土地面积 5 000 多万平方千米，涉及 100 多个发展中国家，是我国打造世界热区经济政治利益共同体和命运共同体的重要伙伴。中国热带农业科学院（以下简称中国热科院）充分发挥热带农业科技优势，积极服务国家外交大局。

中国热科院是农业农村部直属的、专门从事热带农业科技创新、人才培养、国际合作与交流、成果转化和科技服务的国家级科研单位。中国热科院紧密围绕国家农业农村工作部署，科技支撑农业“走出去”，积极响应“一带一路”倡议，大力推进热带农业科技国际合作，在热带经济作物、南繁种业、热带粮食作物、热带冬季瓜菜、热带饲料作物与畜牧和热带海洋生物六大领域积极开展国际交流与合作，拥有科技部国际科技合作基地、农业农村部农业对外合作科技支撑与人才培训基地、热带农业对外开放合作试验区、FAO 热带农业研究培训参考中心、中国热科院—国际热带农业中心合作办公室、中国热科院“一带一路”热带农业科技创新中心、热带农业技术转移中心、热带农业走出去研究中心等国际合作平台 41 个，并与联合国粮农组织、国际热带农业中心、国际畜牧研究所、国际橡胶研究与发展委员会等 10 多个国际组织，亚非拉地区 30 多个国家的科教机构建立了长期稳定的合作关系。

2018 年，中国热科院共派出 106 个团组 423 人次赴柬埔寨、越南、泰国、菲律宾、柬埔寨、印度尼西亚、密克罗尼西亚等 40 个国家（地区）开展热带农业科技交流与合作，取得了丰硕成果。

为更好地开展热带农业科技合作，促进热带农业科技创新，共享出国考察成果，帮助科研人员了解热区国家农业科技资源和科研进展，我们整理出版了具有代表性的 61 篇 2018 年热带农业资源考察报告。这些报告成果来源以中国热科院组团单位的出访为主，同时也有参加上级主管单位团组出访。它将为我国热带农业科技国际合作综合体系建设提供信息支持。

由于时间及能力有限，书中难免存在不妥和疏漏之处，希望读者予以指正。

本书在编写过程中得到了有关方面领导和专家的支持和帮助，并由中国热科院基本科研业务费项目资金资助，在此一并表示感谢。

编　者

2018 年 11 月

# 目　录

## 赴亚洲国家考察报告

## 赴非洲国家考察报告



## 赴大洋洲国家考察报告

## 赴美洲国家考察报告



## 赴欧洲国家考察报告

# 赴亚洲国家考察报告

# 赴巴基斯坦开展椰枣种质资源调查和学术交流的情况报告

应巴基斯坦信德省农业大学穆吉布盯·梅孟教授的邀请，中国热带农业科学院椰子研究所王富有研究员等3人于2018年5月8—16日访问巴基斯坦，开展椰枣种质资源调查和学术交流。

## 一、出访基本情况

### （一）目的和意义

椰枣树原产地位于北非的沙漠绿洲或是亚洲西南部的波斯湾周围地区，该树干高大挺拔，树龄长，易于种植，能承受恶劣的自然环境。从古至今，其果实椰枣在阿拉伯人的生活中一直占有重要地位，椰枣含有丰富的营养物质，是阿拉伯地区的重要粮食之一，同时被誉为伊斯兰教的“圣果”。

目前，巴基斯坦椰枣年产量排在世界的前六位，巴基斯坦作为椰枣的主产国之一，具有丰富的椰枣种质资源，在椰枣资源评价和椰枣组织培养等方面具有较深入的研究，通过对巴基斯坦的考察学习，开展椰枣种质资源调查，促进与该国科研机构的交流与合作，为我国引进优良的椰枣种质资源奠定基础，同时为我国“一带一路”倡议的顺利实施具有重大意义。

### （二）主要活动

出访期间，出访团一行5月8—10日访问了巴基斯坦沙拉提夫大学椰枣研究所，考察信德省海尔布尔椰枣基地和椰枣加工厂；5月10—12日赴卡拉奇周边椰枣资源调查和访问信德省农业大学；5月13—15日访问旁遮普省椰枣试验站及在周边地区椰枣资源调查。

**1. 访问巴基斯坦信德省沙拉提夫大学椰枣研究所**

沙拉提夫大学椰枣研究所位于信德省海尔布尔地区，该所主要从事椰枣新品种的培育，椰枣组织培养技术，椰枣病虫害防治等方面的研究，特别是椰枣组织培养技术已经建立成熟培养体系，培育出的组培苗试验苗已有开花结果；代表团参观该所组织培养实验室、椰枣组培苗培育室、椰枣组培苗种植示范基地，并与该所所长

Muzafar 博士和相关的科技人员进行座谈，双方就椰枣种质资源共享，椰枣组织培养技术交流、科技人员互访交流、联合培养研究生等达成多项共识，双方在沙拉提夫大学副校长 Khushk 博士的见证下签订合作协议。在该所访问期间，在研究所 Muzafar 博士、Ameer 博士、Mumtaz 博士的陪同下参观当地大规模的椰枣种植园，椰枣果加工厂，并为代表团演示椰枣分株苗切分处理、授粉、爬树采摘枣果、枣果加工分拣的过程，深入了解当地的椰枣种植模式、授粉和椰枣果采摘方式以及椰枣果后期加工现状。最后，应沙拉提夫大学的邀请，椰子研究所杨耀东博士为该校做学术报告，得到校方的热带欢迎。

**2. 访问信德省农业大学**

信德农业大学是巴基斯坦实力较强的综合性农业大学，中国热带农业科学院与该校已建立合作关系。信德农业大学副校长 Mujee Buddin Memon 亲自接见了代表团。此次访问举行了交流会，该校派出 Allahwadayo Gandhai 教授、Ismail Kumbhar 教授、Imelad Leghari 教授进行演讲，双方就共建农业科技示范合作基地等方面签订战略合作协议。访问期间，代表团参观该校椰枣和油棕试验基地，并共同为共建试验基地举行揭牌仪式，在访问信德农业大学期间，团组还对卡拉奇周边的椰枣资源进行了考察。

**3. 访问旁遮普省椰枣试验站**

旁遮普省椰枣试验站位于旁遮普省章县，试验站面积 60 公顷，椰枣品种约 140 个，除了大部分当地品种之外，还从外地引进的鲜果型品种以及从阿联酋引进的组培苗多个品种。试验站负责人详细向代表团介绍椰枣品种的选育、引种试种、椰枣的人工授粉等方面的工作，同时请工人演示当地椰枣人工授粉技术。

## 二、主要收获与成果

**1. 巴基斯坦椰枣产业发展现状**

椰枣是巴基斯坦重要的经济作物之一，主要分布于巴基斯坦中部的信德省的平原、半沙漠地带和旁遮普省以及巴基斯坦西南部俾路支省的绿洲，年产量超过 7.2 万吨，占世界总产量的 10.3%。椰枣属于雄雌异株作物，为了保证雌株的结果率，作为生产上的椰枣必须采用人工授粉。椰枣平均每株雌树可产果实 10 串以上，单株产量最高可达 250 千克/株，果实成熟时间集中在每年 7—8 月，属于季节性较强的作物。

椰枣传统的繁殖方式为种子和分株繁殖，为了保证品种性状一致，在生产上巴基斯坦以分株繁殖为主，近几年，巴基斯坦沙拉提夫大学椰枣研究所已成功进行组织培养，该研究所培育的椰枣组培苗已在试验基地种植并开花结果。在巴基斯坦椰枣田间种植的行间距 6 米×6 米至 8 米×8 米不等，在当地，为了充分利用椰枣园的土地，同时在椰枣行间种香蕉、杧果、小麦等作物。椰枣的生产期特别长，从种植后第四年陆续开花结果直至 20 世纪 80 年代甚至上百年，代表团考察其中一个椰枣园，经介绍已有 70 年的树龄，仍硕果累累。

在巴基斯坦，椰枣从育苗、栽培、人工授粉、果实采收、运输、加工、销售已形成完整的产业链，但椰枣加工还处于较为原始的初级加工阶段，基本由人工操作，加工环境卫生相对较差，没有太多的卫生防护措施。椰枣果销售除了满足国内的需求之外，大部分出口到印度。

**2. 巴基斯坦油棕种植现状**

油棕主要分布于巴基斯坦南部沿海地区，据了解目前仅为零星种植，代表团参观位于海德拉巴信德农业大学试验基地油棕种植园，在水肥到位的条件下，长势非常旺盛。在巴基斯坦油棕还未形成产业，但目前巴基斯坦国家有意向发展油棕产业。

**3. 访问巴基斯坦成果**

代表团访问巴基斯坦成果丰硕，代表团一行境外 9 天，除了在路上的时间，分别访问两家农业科研机构，3 个椰枣、油棕试验基地，一个椰枣种植园，与当地科技人员进行多次座谈，行程紧凑，成效显著。双方就种质资源共享、科研技术交流、科技人员互访、联合培养研究生、联合共建试验示范基地等方面达成多项合作意向，并以中国热带农业科学院和椰子研究所的名义与当地科研机构签订科技合作协议两份，为后续深入合作奠定基础。特别在椰枣资源调查、引进和椰枣组培技术方面，代表团与椰枣研究所多次深入的沟通，椰枣研究所愿意为代表团提供更多的帮助与合作。

## 三、工作意见和建议

**1. 加强与巴基斯坦的农业合作**

巴基斯坦干热气候与我国西南地区的干热河谷地区和海南省的西部气候类似，该国的椰枣、油棕、杧果、香蕉、甘蔗及小麦等在我国均有种植，与该国相比，我国的农业育种、栽培管理水平、农产品加工等相对先进。因此，发挥我国农业品种、技术和设施设备等方面优势，加强与巴方进行交流合作。此外，巴基斯坦为我国“一路一带”倡议沿线的重要国家，并且我国与巴基斯坦密切的关系，同时当地人对中国人的友好和热情将有助于促进合作的顺利实施。

**2. 加速种质资源调查与收集**

种质资源是战略性资源，巴基斯坦种质资源较为丰富，特别为椰枣、杧果等品质优质，代表团在访问及椰枣、油棕资源调查的过程中，试探性的种质资源收集，因受限于出入关检疫，无法有效收集。习总书记在海南建省办特区 30 周年大会上提出在海南建立全球动植物种质资源中转基地，基地的建立将有助于加速我国与巴基斯坦行种质资源共享、研究、应用。

（出访团成员：王富有、杨耀东、符海泉）

# 赴巴基斯坦执行海南省重点研发计划项目任务的情况报告

应巴基斯坦信德省农业大学邀请，中国热带农业科学院橡胶研究所方骥贤等一行3人于2018年5月8—16日赴巴基斯坦执行海南省科技厅2018年海南省重点研发计划“中国—巴基斯坦油棕优良种苗繁育及抗逆栽培技术研究与示范”项目任务。

## 一、出访基本情况

### （一）目的和意义

此访拟开展油棕等优良种苗繁育、抗寒抗旱高产高效栽培技术交流，了解巴基斯坦农业生产与科技发展情况；建立油棕抗逆高产高效栽培技术试验示范基地（巴基斯坦信德省农业大学）；开展油棕育苗和种植管理技术培训和指导；中国热科院与巴基斯坦信德省农业大学（SAU）签署热带农业科技合作备忘录，并揭牌成立中国热科院信德省农业大学热带农业科技合作示范基地和中国热科院信德省农业大学油棕科技合作示范基地。

### （二）主要活动

**1. 了解油棕种苗繁育与抗逆栽培等农业生产与科技发展情况**

（1）了解油棕种苗繁育与抗逆栽培情况

出访团组在信德省沿海发展局副局长 Mr. Zamir Hussain Ujja、巴基斯坦扎尔达（Dalda）食品公司农业项目经理 Mr. Virender Kumar、信德省农业大学 Mr. AW Gandahi 博士等人陪同下考察了卡拉奇市罗格（Gharo）地区油棕育苗圃、信德省沿海发展局在塔达的成龄油棕种植园与苗圃等地。

（2）了解巴基斯坦农业生产条件与科技发展情况

出访团组在巴基斯坦卡拉奇、海得巴拉、拉合尔沿途集市走访，受邀到拉提夫（Latif）农场、信德省农业大学、扎尔达（Dalda）食品公司、信德省沿海农业发展局油棕园、拉合尔旁遮普大学等地进行交流，之后与海南省科技厅团组一起到伊斯兰堡拜访中国驻巴基斯坦使馆，与政务参赞江翰、科技一秘贾伟进行了座谈。海南省科技厅科技成果转化与合作处处长代表出访团组向使馆介绍了此次出访任务、任务完成情况与感受。江翰参赞向出访团组表达了对出访团组在巴基斯坦工作的支持与欢迎，介绍了中巴工业、金融、教育、卫生等合作和社会政治环境概况，详细介绍了农业方面的合作情况，并希望出访人员多关注我国“一带一路”发展倡议和中巴经济走廊沿线地区农业发展，加强与巴基斯坦农业科技合作，为巴基斯坦农业发展提供科技支撑。通过走访交流，初步了解巴基斯坦农业生产与科技发展情况。

**2. 到 SAU 进行油棕抗逆高产高效栽培技术试验示范基地剪彩与项目具体实施方案进行磋商**

出访团组与信德省农业大学 Mr. AW Gandahi 博士团队先到位于拉提夫（Latif）农场的项目基地考察交流，之后就项目在巴基斯坦信德省的实施内容、试验方法、年度工作计划等进行了详细讨论，共同制定了项目具体实施方案，之后在海南省科技厅科技成果转化与合作处处长带领下与项目合作团队为项目基地进行了剪彩。处长高度肯定了项目的实施基础与实施进展，并对项目下一步的实施给予了指导和建议，同时建议以油棕科技合作项目为基础和桥梁，进一步拓宽热带农业科技合作领域，充分利用中国热带农业科学院热带作物品种和技术优势，建成一个高标准的热带作物生产技术集成与应用示范基地。

**3. 与 SAU 签署热带农业科技合作备忘录，并为热带农业科技合作示范基地挂牌**

中国热科院橡胶研究所代表团与赴巴基斯坦的海南省科技厅代表团和热科院椰子所代表团在信德省农业大学共同参加了中国热带农业科学院与信德省农业大学的科技合作备忘录签署仪式和 CATAS-SAU 热带农业科技合作示范基地的揭牌仪式。受院领导委托，方骥贤书记代表中国热科院与信德省农业大学常务副校长 Mr. Mujeeb Sahrai 签字。之后海南省科技厅成果转化与合作处处长、中国热带农业科学院橡胶所党委书记方骥贤和信德省农业大学常务副校长 Mr. Mujeeb Sahrai、信德省农业大学作物生产学院院长 Mr. Qamaruddin Chachar 共同为科技合作示范基地揭牌。仪式由信德省农业大学国际交流与合作处处长 Mr. Muhammad Ismail Kumbhar 主持。信德省农业大学常务副校长 Mr. Mujeeb Sahrai 和中国热科院椰子所所长王富有分别代表信德省农业大学和中国热科院在仪式上致词。海南省农科院热带园艺所云勇所长、海南大学杨飞教授、三亚南繁科学技术研究院陈冠铭主任、热科院橡胶所曾宪海、潘登浪、热科院椰子所杨耀东、符海泉和 SAU 各部门负责人见证了仪式。

**4. 为巴基斯坦油棕科教、生产和管理技术人员开展技术培训**

为巴基斯坦扎尔达（Dalda）食品公司、信德省沿海发展局开展了油棕育苗和种植管理技术的现场技术培训指导，培训 50 人次；为巴基斯坦信德省农业大学开展了幼龄油棕园抚管和间作生产的技术培训和指导，培训 50 人次，并做中国热科院油棕研究与发展技术报告 1 次。

**5. 种质资源收集情况**

此次出访，与项目合作方进行种质资源互换，向项目合作方提供油棕种质6份，热带牧草—柱花草种质1份。代表团收集到巴基斯坦油棕种质（产量高，单株挂果量28串）资源3份。

## 二、主要收获与成果

### （一）了解到巴基斯坦油棕种苗繁育与抗逆栽培等农业生产与科技发展信息

出访团组通过考察卡拉奇市罗格（Gharo）地区油棕育苗圃、信德省沿海发展局在塔达的成龄油棕种植园与苗圃等地，初步了解了巴基斯坦油棕种苗培育和种植管理现状，并探讨了生产中存在的问题与解决措施等，为进一步优化合作技术方案提供了重要参考。

出访团组通过在巴基斯坦卡拉奇、海得巴拉、拉合尔沿途集市走访，与拉提夫（Latif）农场、扎尔达（Dalda）食品公司、信德省沿海农业发展局、中国驻巴基斯坦使馆等单位的调研与交流，初步了解了巴基斯坦主要作物种类与分布、禽畜饲养、农产品加工等农业生产情况，初步了解了土地所有制与流转、人口与家庭结构、作息与薪酬、民众信仰、饮食习惯等社会与人文情况和生态环境。通过在信德省农业大学、拉合尔旁遮普大学参观与交流，初步了解到巴基斯坦农业科技研发主要以大学及大学附属研究机构为主，其承担国家农业生产农技人员的培养和农业技术的攻关，整体农业科技设施设备条件较差，相当于我国20世纪80—90年代科技条件。所考察交流的信德省农业大学涉及作物遗传育种、种苗培育、土壤与肥料、园林园艺、食用菌、动物饲养科学、食品加工等领域，有二三十名在中国完成博士学位的教师，农业学科建设较全，但实验室条件较落后。所考察的旁遮普大学农学院，在植保、抗病分子机理方面有较高的技术水平，但实验室条件同样较差。为了解巴基斯坦农业科技合作需求和如何在巴基斯坦实施科技合作项目提供了参考。

### （二）建立了中国热带农业科学院与巴基斯坦信德省农业大学热带农业科技合作平台

出访团组按计划完成了到SAU进行油棕抗逆高产高效栽培技术试验示范基地剪彩、进行项目具体实施方案磋商和定稿，为项目顺利实施打下了良好的基础，建立了油棕科技试验示范基地平台。受中国热科院院领导委托，出访团组按计划到SAU完成了与SAU签署热带农业科技合作备忘录和热带农业科技合作示范基地挂牌任务，建立了CATAS-SAU热带农业科技合作平台，将为以油棕科技合作项目为基础和桥梁，进一步拓宽热带农业科技合作领域，充分利用中国热带农业科学院热带作物品种和技术优势，建成一个高标准的热带作物生产技术集成与应用示范基地，以丰富我国热带作物抗逆栽培技术理论与实践，提升巴基斯坦热带农业科技与生产水平，带动巴基斯坦热区农民增收致富，为贯彻落实我国“一带一路”倡议、提升中巴经济走廊沿线地区农业发展水平贡献力量。

**（三）为巴基斯坦油棕科教、生产和管理技术人员开展了技术培训**

为巴基斯坦扎尔达（Dalda）食品公司、信德省沿海发展局开展了油棕育苗和种植管理技术的现场技术培训指导，培训 50 人次；为巴基斯坦信德省农业大学开展了幼龄油棕园抚管和间作生产的技术培训和指导，培训 50 人次，并做中国热科院油棕研究与发展技术报告 1 次。

**（四）收集到一些当地特色、优良抗逆种质资源**

出访团组收集到巴基斯坦油棕种质（产量高，单株挂果量 28 串）资源 3 份。进一步丰富了我国种质资源。

## 三、工作意见和建议

**（一）挖掘优良抗逆农业资源**

巴基斯坦土地资源比较丰富，存在一些抗逆、特色优良农业种质资源，总体农业生产与科技水平较低，有很大的合作潜力，挖掘和开发具有当地特色、优良抗逆农业资源是实现农业合作共赢的必由之路。

**（二）充分发挥热科院品种和技术优势**

中国驻巴基斯坦领使馆、海南省科技厅和巴基斯坦农业部门、大学、农业企业都表达了对项目强烈的支持，并对项目寄予很大的期望，应加强国内外联合，将该项目做实做精，并以该项目为基础和桥梁，进一步拓宽热带农业科技合作领域，充分利用中国热带农业科学院热带作物品种和技术优势，早日建成一个高标准的热带作物生产技术集成与应用示范基地，以丰富我国热带作物抗逆栽培技术理论与实践，提升巴基斯坦热带农业科技与生产水平，带动巴基斯坦热区农民增收致富，为贯彻落实我国“一带一路”倡议、提升中巴经济走廊沿线地区农业发展水平贡献力量。

**（三）国合项目经费**

农业科技国际合作项目，项目经费到达项目合作实施国用于项目基地建设和管理使用受限，影响项目实施的效果，建议有关部门制定政策、指南，使经费能安全有效地落地于合作方项目基地。

（出访团成员：方骥贤、曾宪海、潘登浪）

# 赴菲律宾推广菠萝叶综合利用关键技术的情况报告

应菲律宾原住民合作社的邀请，中国热带农业科学院李开绵研究员一行6人，于2018年7月2—6日访问菲律宾。

## 一、出访基本情况

### （一）目的和意义

我国菠萝叶纤维纺织开发利用技术日趋成熟，但在推广过程中因劳动力日益紧张导致纤维原料价格不断上涨。菲律宾是世界上对菠萝叶纤维开发利用最早的国家之一，劳动力成本低，开发的菠萝叶纤维手工纺织产品闻名于世。中菲双方在热带纤维开发方面有一定的互补性，我方在纤维提取加工设备、纤维纺织品工业化开发等方面有一定的科技优势，而菲方则在劳动力成本、传统手工加工及其产品制作技术、国内外市场知名等方面有较好的产业优势。双方可通过合作研究，不断提升热带纤维产品开发。

### （二）主要活动

出访期间，代表团与菲律宾农业部纤维工业发展局（Fiber Industrial Development Authority，FIDA）、菲律宾纺织研究所（Philippine Textile Research Institute，PTRI）、纤维加工与利用实验室（Fiber Processing and Utilization Laboratory，FBUL）、菲律宾原住民合作社（Fullhouse Multipurpose Cooperative）进行了交流、会谈。

代表团实地参观了纺织研究所的热带纤维加工示范车间，天然植物染色剂提取加工实验室，该研究机构研究开发的主要有菠萝叶纤维（Pina Fiber）、马尼拉麻（Abaca）和香蕉茎秆纤维（Banana Fiber）3种，菠萝叶纤维主要依靠手工提取为主，机械化方面则由菲律宾农业部纤维加工与利用实验室研究开发了一种通用型纤维机械提取设备，菲方介绍该机同时可加工菠萝叶纤维、香蕉麻和剑麻，但该机工作性能并不理想，特别是加工菠萝叶纤维，含杂率高，生产率低，加工速度慢。

前往菲律宾原住民合作社管理的菠萝种植区了解当地菠萝种植情况，吕宋岛当地叶纤维手工提取、加工、纺织、刺绣等加工场所、热带纤维纺织产品、工艺品销售商店等。交流期间，与菲律宾原住民合作社建立了中国热带农业科学院菲律宾农业试验站，并举行揭牌仪式，双方签订了战略合作协议，初步达成了在纤维提取技术和纺织技术开展合作研究的意向。

## 二、主要收获与成果

菲律宾热带纤维品种研究开发的主要有菠萝叶纤维（Pina Fiber）、马尼拉麻（Abaca）和香蕉茎秆纤维（Banana Fiber）3 种，其中菠萝叶纤维、马尼拉麻纺织旅游产品闻名于世。

菲律宾菠萝种植以农民分散种植为主，面积约 5 万公顷，常年收获，果实大多出口，用于加工菠萝叶纤维的品种主要是夏威夷和皇后种，果叶兼用；西班牙红品种据菲方介绍则是专门用于提取纤维的品种。遗憾的是由于安全问题，合作社没有安排我们参观菠萝叶纤维加工较为集中的菲律宾南部棉兰老岛地区。

菠萝叶纤维主要依靠手工提取，其方法是将叶片叶面向上平放于木台面上，一脚踩住叶片的一端，利用陶瓷碗片的圆滑边对叶片施加一定的压力，沿着叶片长度方向单向刮削数次，将叶肉刮除，然后将叶片换头以同样方法加工另一端，然后取出上层纤维（叶片向阳面一侧）；再以同样方法加工，获得下层纤维（叶片背阳一侧）。上层纤维较粗硬，下层纤维则较细软，因此利用下层纤维制作的纺织品质地要高于上层纤维，因此售价也较高，在纤维加工时需要分类收集。菲律宾农业部纤维加工与利用实验室也研究开发了一种通用型纤维机械提取设备，菲方介绍该机同时可加工菠萝叶纤维、香蕉麻和剑麻，但根据现场实际操作演示的结果，该机工作性能并不理想，特别是加工菠萝叶纤维，含杂率高，生产率低，加工速度慢，不可能投入菠萝叶纤维提取实际生产，所以该国目前菠萝叶纤维提取仍以手工为主。

菠萝叶纤维提取后，用碱性肥皂和清水洗涤，将纤维中含有的部分胶质和杂质去除，然后利用太阳自然干燥。干燥后的纤维用木梳梳理，将纤维梳散成单根可分，然后逐根手工连接，连接时将接头处多出的纤维切断，保证整条纱线的光滑无毛羽，再将纱线缠绕成纱锭或经线组，利用木织机纺织制作面料，需要刺绣时通过人工或机器刺绣，最后制作服装或直接出售面料。

手工加工的菠萝叶纤维面料有纯纺或与真丝混纺，如以下层纤维制作的纯纺面料出口日本售价高达 1 600 比索/码，折合人民币 275 元/米；与真丝混纯的面料（50∶50）售价为 1 000 比索/码，折合人民币 125 元/米；在旅游景区附近商店，一件菠萝叶纤维纯纺衬衣的售价约 10 000 比索，折合人民币 1 250元/件；在马尼拉中央商业区购物中心，同样一件菠萝叶纤维纯纺衬衣的售价则高达 15 000 比索，折合人民币 1 875 元/件。由于极具特色，这种价格昂贵的商品还是受到日本、韩国和欧美游客的欢迎，每年也有一定的销量，形成了一个特色产业。

交流期间，我方也向菲方介绍了中国热带农业科学院在菠萝叶、香蕉茎杆综合利用与纺织产品开发方面开展的科研工作情况，展示了原纤维、麻条、纱线和纯纺布及制品，菲方也展示了有关产品，双方互留了对方的样品与产品资料。在当地与菲律宾原住民合作社建立了中国热带农业科学院菲律宾农业试验站，并举行揭牌仪式，双方签订了战略合作协议，初步达成了在纤维提取技术和纺织技术开展合作研究的意向。

## 三、工作意见和建议

### （一）学习借鉴在热带纤维开发方面的经验

菲律宾在热带纤维开发方面已形成了一个包括研发、推广、生产、销售等环节的较完整产业体系，各个环节之间配合协调，生产的产品在国际上已有一定的声誉，这一点值得借鉴学习。

### （二）加大对科研人员的支持

菲律宾纺织产业前景虽然不乐观，但热带纤维开发作为特色产业得到国家层面的重视，科研开发、技术推广和培训所需要的经费全部来源于政府投入，科技人员没有后顾之忧，科研开发、技术推广和培训工作可以长期深入开展；政府以立法形式予以扶持，产业发展有保障，这也是我们需要加强的地方。

### （三）加强对新产业的支持

我国是纺织大国，有较好的科研试验与生产条件，但形成一个新产业需要国家层面的组织、协调、引导和基本投入，才有利于产业的快速形成和发展。

### （四）加大对菠萝叶纤维功能性纺织产品的开发力度

中国热带农业科学院近几年已与有关大学和纺织企业合作，研发出多款菠萝叶纤维功能性纺织产品，已经面向市场，在国家大力支持下，已解决了整个产业链上存在的诸多技术、工艺问题，以扶持这项资源综合利用新产业的发展。

### （五）加强中菲双方在农业方面的合作

访问期间中国热带农业科学院与菲律宾原住民合作社建立了中国热带农业科学院菲律宾农业试验站，双方签订了战略合作协议，为日后中菲双方在农业方面的合作奠定了基础。

（出访团成员：李开绵、李明福、连文伟、欧忠庆、庄志凯、黄涛）

# 赴柬埔寨执行“一带一路”热带国家农业资源联合调查开发与评价项目的情况报告

应柬埔寨皇家农业大学的邀请，中国热带农业科学院甘蔗研究中心杨本鹏研究员等一行4人赴柬埔寨执行“一带一路”热带国家农业资源联合调查与开发评价项目——甘蔗脱毒健康种苗繁育与标准种植示范基地。

## 一、出访基本情况

### （一）目的和意义

2013年中国政府提出了“一带一路”倡议，希望参与其中的各国和各地区获得共赢。包括柬埔寨在内的“一带一路”的沿线国家大多是新兴经济体和发展中国家，农业在其国民经济中占重要地位。农业项目一般直接关系到国计民生，启动较快、见效快，易得民心。随着我国《推动共建丝绸之路经济带和21世纪海上丝绸之路的愿景与行动》的发布，中柬双方的制糖企业合作也被进一步推向深入，获批建设20000TCD现代制糖农业产业园，并获得柬埔寨投资委员会批准为QIP（合格投资项目），享受免税等投资优惠。但是目前柬埔寨甘蔗产业存在栽培技术落后、机械化程度低、单产水平低等问题，从而导致甘蔗产业效益低的现状，因此需要筛选适应当地生态条件的高产高糖抗病甘蔗品种，并以甘蔗脱毒种苗技术为核心技术，进行配套栽培与技术示范，提高柬埔寨甘蔗产业效益与区域国际竞争力；通过项目的实施实现技术输出并转化，从而增强我国的国际影响力，为保证我国食糖供应安全打下良好的基础。

### （二）主要活动

2018年8月7—13日，应柬埔寨皇家农业大学校长吴布坦先生（Ngo Bunthan）邀请，以杨本鹏研究员为团长、王俊刚、曾军和彭李顺博士为团员的项目执行团队分别参观了柬埔寨皇家农业大学、柏威夏糖厂、恒福国际糖业有限公司和瑞峰（柬埔寨）国际有限公司等，了解柬埔寨甘蔗种质资源、常规育种、生产栽培技术、良种繁育技术以及公司化的运作甘蔗生产与应用模式，对进一步认识“一带一路”经济带农业资源的分布情况和农业生产组织模式提供了第一手资料。

**1. 到访柬埔寨皇家农业大学，并与之交流**

柬埔寨皇家农业大学是柬埔寨农业大学的领导者，是农业技术教育和科学技术的传播者，在柬埔寨农业科学研究机构中有较高的影响力。校长吴布坦先生亲自接待，并举行座谈会。吴布坦先生对代表团的到访表示热烈的欢迎，热情地介绍了农业大学的基本情况以及科研教学工作。柬埔寨皇家农业大学建于1964年，现有14个学院、200多名教职工、3 000多名学生，学校主要从事橡胶等热带作物的研究，农学院院长 Chamkar Daung 博士向我们具体介绍他们在甘蔗方面的研究，特别是在甘蔗种质资源交换、常规育种技术、种植技术、白叶病、黑穗病以及螟虫的防治方面相互交流了看法。代表团团长杨本鹏研究员介绍了中国热带农业科学院热带生物技术研究所情况、中国热带农业科学院在甘蔗方面的研究成果以及我国广东恒福糖业集团在柬埔寨投资甘蔗糖业情况，重点介绍甘蔗脱毒种苗生产技术，种植脱毒健康种苗能够提高甘蔗产量20%~40%，甘蔗糖分提高0.5%，能够有效减轻病虫害的发生。柬方研究人员对中国热带农业科学院培育脱毒健康种苗非常感兴趣，对提供的脱毒健康种苗原种苗仔细观察，认真询问相关的技术细节，取得非常好的效果。代表团一行与柬埔寨皇家农业大学进行协商，就人才培养和种质资源交换方面达成初步意向，特别是甘蔗脱毒健康种苗试验示范站合作达成共识，希望能够进一步的合作。

**2. 考察柏威夏糖厂甘蔗种植区，并与之座谈交流**

柏威夏糖厂是柬埔寨最大糖厂，是恒福国际糖业有限公司和瑞峰（柬埔寨）国际有限公司在柬埔寨的生产主体，也是亚洲单条生产线日处理量最大的糖厂，具有世界先进水平、日处理甘蔗能力2万吨的原糖生产线，糖厂竣工时，柬埔寨首相洪森和我国商务部相关人到场指导。代表团在糖厂副总经理陈胡景先生和麦茂良顾问的陪同下，参观糖厂的生产车间和种植区，了解先进制糖技术和生产技术，管理模式和运作模式。在蔗区调查过程了解到，柏威夏蔗区非常适宜甘蔗生长和实行机械化作业，是优异的甘蔗产区和我国发展境外甘蔗生产良好的场所。

在座谈会上，柏威夏糖厂总经理详细介绍了公司在柬埔寨的投资情况和目前糖厂原料甘蔗生产存在的问题，公司由于缺乏技术人员，更缺乏本土化的技术人员，原料蔗生产存在较大问题，工厂原料严重不足。杨本鹏研究员介绍了中国热带农业科学院在甘蔗种植和栽培方面的有关研究进展；糖厂尤其对脱毒健康种苗的培育方面感兴趣，双方就甘蔗脱毒健康种苗示范基地建设方面的合作做了更广泛的交谈，希望与中国热带农业科学院在甘蔗脱毒健康种苗生产、植保方面有新的合作，能够在境外建设生产线，加速优良种苗的生产的运用。

## 二、主要收获与成果

### （一）初步摸清柏威夏糖厂种植园的基本情况

柏威夏省土地资源丰富，土地集中连片且平整，适宜机械化；自然资源优异，是甘蔗的优势产区；该糖厂种植园机械化程度高，实现了全程机械化。该公司在柏威夏省有 5 万公顷土地，目前开垦 3 万余公顷，由于雨水、技术缺乏等原因，2018 年仅种植 1 万多公顷。

主栽品种来自泰国的 KL9211、KK3，有少量来自中国的粤糖 00-236 和桂柳 05-136。目前的栽培品种中，KK3 表现较好，其宿根性强、中茎，具有糖分高、抗逆性好等特点；由于该品种晚熟，不利于大规模种植，但目前种植比例仍在 80%以上，品种多系布局严重不足。

该公司种植甘蔗，已经实现了全程机械化，新植蔗机械种植后，进行一次中耕培土，即可收获。宿根蔗在其收获后雨季来临前进行中耕除草施肥。今年因降雨、农资调配等原因有相当部分蔗园都没有进行中耕培土除草。

由于柏威夏蔗区为新垦蔗区，总体感觉病虫害不严重，但是随着蔗区调种、品种引进等，白叶病、螟虫等病害的发生已逐渐开始出现，加之当地蔗区甘蔗植保技术严重不足，甘蔗生产病虫害的威胁日益加重。柏威夏蔗区因水肥、草害防控技术欠缺，甘蔗植株缺肥严重，普遍偏矮，部分蔗园没有进行中耕培土除草等管理，草害普遍发生。

### （二）通过本项目的实施，建立甘蔗脱毒种苗示范基地，推动柏威夏糖厂甘蔗生产

柬埔寨柏威夏蔗区甘蔗品种基本全部为常规繁育品种，受甘蔗品种单一化、甘蔗良种繁育技术不足的限制，甘蔗入榨量仅为 30 万吨左右，18/19 榨季估算甘蔗产量更是低至 20 万吨左右；因此，甘蔗原料的产量远不能满足制糖企业的产能设计（设计产能为 200 万吨），严重限制了制糖企业、现代制糖农业产业园的发展和促进当地就业与经济、社会发展的初衷，急需甘蔗品种、良种繁育等关键技术支撑当地甘蔗产业的发展。

甘蔗新品种和脱毒种苗繁育技术与柬埔寨甘蔗产业发展对品种、良种繁育技术等方面的迫切需求高度吻合。借助此次项目的实施，项目执行团队结合前期与柏威夏糖厂的沟通，就糖厂前期引进的 4 个甘蔗品种进行脱毒培育；通过 4 个甘蔗脱毒品种在柬埔寨柏威夏糖厂蔗区的引进，对柏威夏糖厂的农务人员进行了甘蔗品种脱毒化繁育方法科普；以甘蔗脱毒种苗为媒介，通过脱毒种苗练苗、露天假植移栽等关键技术的示范与指导，在丰富当地蔗区甘蔗品种的基础上，成功实现了甘蔗脱毒种苗繁育理念及关键繁育

技术的引入。借助甘蔗脱毒种苗繁育关键技术的转化与示范，初步形成了甘蔗脱毒种苗繁育技术示范点 1 个。

**（三）通过本项目的实施，推进甘蔗种植技术标准化，促进柬埔寨甘蔗生产健康发展**

项目执行团队了解到柏威夏蔗区甘蔗平均单产不足 2 吨。其主要原因是生产管理不科学，施肥、除草等不及时、不到位；季节性干旱影响前期出苗、萌芽；5 月份后的长期降雨，影响农业措施的实施，导致甘蔗出苗率低、单产低。因此，柬埔寨地区的甘蔗生产，急需一套适宜本地气候条件的生产栽培技术规程，指导和规范甘蔗生产。

**（四）通过初步与柬埔寨皇家农业大学接触，将进一步探讨与甘蔗科技领域合作**

通过与柬埔寨皇家农业大学交流了解到，柬埔寨没有专门从事甘蔗科学研究的机构，没有品种选育的基础，均靠从泰国等邻国引进一些品种进行种植，在甘蔗产量、甘蔗糖分、病虫害防控等影响甘蔗糖业发展的关键环节无科技支撑。

目前，柬埔寨种植甘蔗面积超过 100 万亩（1 亩≈666. 7 平方米，1 公顷 = 15 亩，全书同），农民和企业急需甘蔗生产技术和技术人员。柬埔寨皇家农业大学在听取中国热带农业科学院在甘蔗产业方面研究成果后，提出希望依托中国热带农业科学院甘蔗研究中心在甘蔗科技、人才、学科和信息等领域的领先优势，全方位加强双方在甘蔗科研、技术研发与推广、国际型人才培养、国际合作、奖学金设置等领域的合作，加快柬埔寨甘蔗科技人才队伍建设步伐，提升柬埔寨甘蔗自主创新能力。在人才建设方面，拟建立中国—柬埔寨甘蔗研究中心，就柬埔寨皇家农业大学的科研人员、教师和学生联合培养展开合作。在技术研发方面，拟将就新品种选育及配套栽培技术、甘蔗脱毒健康种苗试验和推广、甘蔗营养系统研究及水肥药一体化技术等方面开展合作；双方还将联手打造柬埔寨甘蔗新品种研发和技术推广平台，加快双方研发成果的快速转化和应用，促进柬埔寨皇家农业大学的学生就业，满足制糖企业公司科技人员本地化的需求。

## 三、工作意见和建议

**（一）建议加强甘蔗新品种选育和栽培技术交流合作**

针对柬埔寨甘蔗产业存在栽培技术落后、机械化程度低、单产水平低等问题导致甘蔗产业效益低的现状，拟与柬埔寨皇家农业大学开展甘蔗品种选育合作，筛选或培育 2~3 个适宜当地的生产性品种，为提高甘蔗单产奠定基础。同时引入我国成熟的栽培技术，在柬埔寨不同生态蔗区开展甘蔗品种和栽培技术的适用性评价与验证，建立配套栽培技术与耕作制度，提升柬埔寨甘蔗生产的技术水平。

**（二）建议加强甘蔗主产区新品种新技术试验示范基地**

根据与柏威夏糖厂开展基地建设达成的合作意向，拟开展“三增”（增产增糖增效）现代甘蔗产业基地建设。重点开展以甘蔗脱毒种苗技术为代表的甘蔗良种繁育技术的引入与示范，在不同蔗区建立若干甘蔗良种（甘蔗脱毒种苗）繁育基地，为甘蔗产业科学化、良种化提供保障，辐射和带动不同生态区和邻近国家。

（出访团成员：杨本鹏、王俊刚、曾军、彭李顺）

# 赴柬埔寨执行“一带一路”热带国家农业资源联合调查与开发评价项目任务的情况报告

应柬埔寨波雷列国立农业大学司多芬副校长与柬埔寨龙马农业有限公司吴永乐董事的共同邀请，中国热带农业科学院海口实验站盛占武副研究员等5人于2018年7月10—17日访问柬埔寨。

## 一、出访基本情况

### （一）目的和意义

为实施我国国际外交战略方针，提升“一带一路”沿线国家热带农业综合发展能力，加快中国热带农业走出去，提高我国热带农业科技创新能力、影响力和话语权。应柬埔寨波雷列国立农业大学司多芬副校长与柬埔寨龙马农业有限公司吴永乐董事的共同邀请，海口实验站盛占武副研究员等5人于2018年7月10—17日访问柬埔寨，执行“一带一路”热带国家农业资源联合调查与开发评价项目任务。此次出访使我单位与柬埔寨农业高校、大型农业企业建立了良好的合作关系，提升了中国热带农业科学院热带农业技术服务的国际影响力。

### （二）主要活动

**1. 与波雷列国立农业大学签署了合作谅解备忘录**

7月11日上午，出访团赴位于金边的波雷列国立农业大学进行交流访问，波雷列国立农业大学校长图恩法萨那博士对中国热带农业科学院海口实验站专家们的到来表示欢迎与感谢，并带领出访团参观了中国援柬埔寨波雷列国立农业大学实验楼及相关的实验设备，同时盛占武副研究员为柬方科研人员介绍了中国香蕉产业现状，并就联合开展教师培训、合作研究等方面与柬方进行了深入交流，双方表示，将借助中方的技术平台，在教师培训、学生实习以及热带农业领域产学研合作等方面推进实质性的合作项目，推动柬埔寨地方农业经济、特别是香蕉产业的发展。最后，盛占武副研究员代表中国热带农业科学院海口实验站与波雷列国立农业大学签署了合作谅解备忘录（MOU）。

**2. 与柬埔寨龙马农业有限公司、广西美泉新农业科技有限公司签订了“一带一路”–香蕉种苗繁育与标准化种植示范、香蕉种质资源收集与标准化生产项目三方合作协议**

7 月 11—13 日，在柬埔寨龙马农业有限公司总部，代表团与龙马农业有限公司（Longmate Agriculture Co.，Ltd）和美泉新农业科技有限公司共同签署了项目合作三方协议，并就项目的执行工作开展了深入交流。在龙马农业有限公司（Longmate Agriculture Co.，Ltd）贡布省的香蕉种植基地，三方共同见证了项目基地的挂牌。在基地员工宿舍区，李敬阳副研究员为柬方技术人员做了香蕉种苗繁育与标准化种植方面的技术培训。柬方负责人表示，与中国热带农业科学院海口实验站的合作将有助于提高企业的科技含量，提升企业香蕉种植水平，对于增强企业的产品市场竞争力意义重大。今后，柬方将继续大力推进项目的执行力度，通过邀请专家赴柬埔寨基地进行技术讲课、选派优秀员工赴中国开展技术培训等措施提高企业的香蕉种植水平。同时，企业负责人还表示，将借助企业的资源优势，加强后期与柬埔寨农业部门的沟通与交流，搭建桥梁，努力将今后的合作提升至国家层面。

**3. 收集了香蕉、红毛榴莲等多种野生种质资源**

7 月 11—17 日，出访团赴金边、贡布、西港、暹粒等地区收集当地野生种质资源。由于柬埔寨雨季旱季明显，且如香蕉、红毛榴莲、油梨等地方品种仅存在于分散的农户种植，多数品种都比国内品种香气浓、产量高、抗旱等突出优势，值得收集和评价利用。此次，出访团共收集香蕉、红毛榴莲、油梨、火龙果 4 种本地野生品种，8 种国内罕见和少见的野果品种，并成功将其收集回国用于种质资源保存与创新。

## 二、主要收获与成果

**1. 柬埔寨香蕉市场潜力大，当地研究水平低，合作潜力大**

目前柬埔寨香蕉产业发展相对滞后，技术需求性较强，土地、人工费用相对便宜，蕉园聘请的工人一般都是柬埔寨当地人，每月工资 180 美元/人左右，折合人民币仅 1 100~1 200 元/人，相当于国内用工价格的 1/5。且柬埔寨气候条件优越，在当地种植香蕉基本不受台风影响，雨季降雨量虽大但不会对香蕉生长造成阻碍，光热条件适宜香蕉全年生长，也不必像国内一样要考虑为错开台风和寒潮而调整香蕉的留芽期。柬埔寨香蕉产业发展潜力大，如果能够在优质种苗、农资产品和采后保鲜与销售上开展相关合作，对双边农业经济的带动都会比较明显。

**2. 柬埔寨本地优质香蕉资源品种丰富，通过材料与培育技术创新，可以提高我国香蕉的育种水平**

柬埔寨香蕉的品种进化程度不同，仅根据市场购买和路边样品的观察，大孢子

（胚珠）的发育和败育程度差异较大，有些品种的单性结实较好，同时胚珠败育完全，果肉软，是非常好的地方品种，可以直接利用。同时，有些品种胚珠败育程度差，胚珠残留较多，果肉中黑点明显，未成熟的果肉中胚珠发育很好，是非常好的育种材料，合理利用柬埔寨本地优质的香蕉品种资源，可以大大促进我国的香蕉育种水平。

**3. 与柬埔寨香蕉生产企业建立长期的合作关系**

本次出访及项目技术合作的龙马农业有限公司属柬埔寨龙头企业，业务涉及金融、地产、农业等多领域，与本国政府关系紧密，本地资源丰富。通过人才交流与技术培训等方式，中国热带农业科学院海口实验站与企业建立了良好的合作关系，双方均表示，希望在今后的工作中，能够将项目合作、产业发展提升至农业部乃至国家层面，将香蕉产业做大做强。

## 三、工作意见和建议

**1. 对柬埔寨当地大学、科研机构研究水平了解还不够**

柬埔寨本地的研究水平较低，未来双方的合作机会非常多，在今后的工作中，有必要加大对当地文化水平的了解，使培训、授课、报告等有的放矢，同时显示我方的技术水平，提升对“一带一路”国家的服务水平。

**2. 如何结合生产，真正解决香蕉企业的技术问题**

项目合作的龙马农业有限公司在香蕉生产上已形成了一定规模，香蕉种植面积达6 000亩，其种植和管理技术甚至还优于我国大多数的香蕉企业，如何开展高水平的技术合作，从应用层面上解决当地香蕉生产中的实际问题，是我们与柬方下一步合作的基础和切入点。

**3. 如何与当地企业和科研机构开展合作，创新一批新材料，是我们下一步工作所要考虑的问题**

柬埔寨的野生物种资源比较分散，资源的收集和鉴定需要一定的时间和人力，并且需要当地的配合，由于时间和前期交流等关系，此次无法完全开展对香蕉资源的收集和鉴定。而柬埔寨当地大学也在开展少量的育种工作，但还处于起步阶段，建议下一次做好前期的沟通，借助企业和高校的平台，专门进行一次资源的收集，加速我方的研究。

此次赴柬埔寨，出访团圆满完成了出访任务，同时也使中国热带农业科学院海口实验站与柬埔寨波雷列国立农业大学、龙马农业有限公司和广西美泉新农业科技有限公司的合作关系进一步加强，为未来更广范围的合作奠定了基础。

（出访团成员：盛占武、吴琼、李敬阳、丁哲利、王安邦）

# 赴柬埔寨执行“中国柬埔寨木薯、橡胶良种繁育及高效栽培技术示范”和“中国热科院柬埔寨农业试验站建设”项目任务的情况报告

应柬埔寨农业总局的邀请，中国热带农业科学院王家保研究员等一行 7 人于 2018 年 9 月 10—17 日赴柬埔寨执行“中国柬埔寨木薯、橡胶良种繁育及高效栽培技术示范”和“中国热科院柬埔寨农业试验站建设”项目任务。

## 一、出访基本情况

### （一）目的和意义

为深入贯彻落实习近平总书记提出的关于“一带一路”建设构想，充分发挥中国热带农业科学院智力优势，依托中国热带农业科学院和国家木薯产业技术体系，整合资源，形成我国木薯、橡胶科技“走出去”的合力，与柬埔寨农业相关部门及中国驻柬涉农木薯、橡胶种植和加工企业，因地制宜建设中国—柬埔寨木薯橡胶良种繁育及高效栽培技术示范基地，促进我国与柬埔寨进行木薯橡胶科技合作和交流，支撑我国企业在柬投资开发种植木薯、橡胶等热带经济作物，促进柬埔寨木薯、橡胶产业发展和农业增效农民增收。同时，学习交流柬埔寨木薯、橡胶、香蕉、胡椒、火龙果等热带经济作物的研究、生产和贸易现状，了解其新品种选育进展与高效栽培关键配套技术，考察了解柬埔寨农业发展概况，为中国企业在柬埔寨农业投资做相应的技术储备。

9 月 10—17 日，应柬埔寨农业总局邀请，中国热带农业科学院热带作物品种资源研究所书记王家保研究员组织木薯、橡胶、热带水果、花生等领域专家一行 7 人赴柬埔寨执行 2018 年农业国际合作与交流项目“中国柬埔寨木薯、橡胶良种繁育及高效栽培技术示范”和“中国热科院柬埔寨农业试验站建设”任务。开展木薯、橡胶、火龙果等热带经济作物的技术培训，同时与企业签署战略合作协议等，援外国合项目任务的具体实施，为实现中国热带农业科学院支撑中国热带农业“走出去”和践行国家“一带一路”倡议增添科技内涵。

## （二）主要活动

本次出访的单位主要有柬埔寨农业总局、柬埔寨皇家农业大学、福沃得（柬埔寨）农业发展有限公司、环宇农业发展（柬埔寨）有限公司、绿洲农业发展（柬埔寨）有限公司等单位。

### 1. 在柬埔寨开展的主要座谈及交流活动

访问柬埔寨农业总局，与柬埔寨农业总局进行座谈，座谈会由柬埔寨农业总局PECH SOVANNO副局长主持，他代表柬埔寨农业总局对各位专家的来访表示热烈的欢迎，并介绍了柬埔寨在木薯、橡胶、热带水果等热带经济作物的发展现状和面临的问题。王家保研究员向柬埔寨农业总局介绍了中国热带农业科学院在木薯、橡胶、热带水果、瓜菜及花生等方面的最新科研成果，并就柬埔寨在农业生产中遇到的技术问题进行了详细交流。吴传毅助理研究员重点介绍了中国热带农业科学院木薯加工技术及系列产品；曹建华副研究员重点介绍了中国热带农业科学院橡胶种苗繁育及高产高效栽培技术。此外出访团还为柬埔寨农业总局赠送了中国热带农业科学院自主研发的便携式电动胶刀及木薯月饼产品。

访问柬埔寨皇家农业大学农学院，与柬埔寨皇家农业大学农学院进行学术交流，王家保研究员分别介绍了出访团的各专家成员，欧文军副研究员全面介绍了中国热带农业科学院木薯最新研究进展和成果，曹建华副研究员重点介绍了便携式电动胶刀的研发与应用，杨伟波助理研究员详细介绍了花生新品种及轻简化栽培技术研究，吴敏副研究员就木薯橡胶等热带经济作物介绍了营养诊断及施肥管理技术，随后柬埔寨皇家农业大学农学院领导及专家就木薯、橡胶、热带果树及花生等作物在种子种苗、栽培技术、病虫害防治、产品加工等领域进行了深入交流。此外出访团还为柬埔寨皇家农业大学农学院赠送了中国热带农业科学院的木薯月饼产品。

与福沃得（柬埔寨）农业发展有限公司进行座谈并签署战略合作协议，公司代表向各位专家介绍了公司在木薯、热带水果、瓜菜等作物种植方面的发展现状和遇到的问题，希望在种子种苗、栽培技术、病虫害防治、技术培训等领域开展深入合作，王家保研究员提出科研单位应积极对接农业产业，满足企业需求、以科技支撑服务企业，加大科技新成果在农业产业中的应用，并在条件允许的情况下为公司培训技术人员等。座谈会期间双方共同对协议合作内容进行了修改完善并达成共识，签订了战略合作协议。

与绿洲农业发展（柬埔寨）有限公司、环宇农业发展（柬埔寨）有限公司座谈，公司代表从公司的总体规划、作物布局及生产技术等方面进行了详细介绍，尤其在橡胶、香蕉、火龙果、花生、胡椒等作物提出了公司在生产中的尝试及遇到的技术问题。

各位专家也向公司介绍了中国热带农业科学院在木薯、香蕉、橡胶等作物的最新科研成果，并就公司在生产中遇到的技术问题进行了详细解答。王家保研究员提出各企业除发展木薯、橡胶、香蕉等作物外，还可发展杧果、荔枝等热作产业，同时结合国内季节差，适当发展特色经济产业，提高经济效益。

**2. 在柬埔寨进行的主要技术培训活动**

前往中国热带农业科学院柬埔寨农业试验站福沃得示范基地，进行了新品种苗木交接及木薯、火龙果、葡萄的现场培训。首先是进行木薯、火龙果、葡萄等新品种种苗的交接，计划在柬埔寨进行试种试验。然后在示范基地，欧文军副研究员从木薯种苗的选择、栽培方式、种植规格、病虫害防治及田间管理等方面对培训人员进行了详细讲解，此外，针对目前柬埔寨木薯花叶病危害严重的现状，建议先试种热科院选育的抗花叶病品种，同时加大无毒木薯种苗的引进，利用木薯脱毒技术，建立商业价值较高的良种良苗繁育基地；李洪立副研究员就火龙果的种苗处理、移栽培育、栽培及田间管理等方面进行现场操作和演示；王家保研究员对葡萄品种、种苗培育、修剪技术、栽培管理等方面进行了介绍，在对种苗处理、营养杯容器育苗及修剪等内容进行现场示范，并对培训人员进行详细的指导。公司领导及接受培训的人员十分感谢各位农业专家能亲临各基地进行技术指导和培训，为农民增收、企业增效提供优良新品种、高效栽培技术和病虫害防控技术。

前往中国热带农业科学院柬埔寨农业试验站环宇示范基地，环宇示范基地主要涉及木薯、橡胶、椰子、榴莲、花生等作物的种植及其他园艺苗木的培育等。专家团一行一到基地就深入各个基地进行考察，王家保研究员和欧文军副研究员根据企业需求，提出依托热科院品资所技术优势，科学合理规划布局，在基地利用部分土地资源进行园林绿化等苗木的培育，发展园艺产业，提高经济效益。李洪立副研究员就火龙果栽培技术进行现场培训，重点培训了火龙果疏枝、疏蕾及剪枝等技术，对基地不科学的栽培措施说明原因并及时进行了正确的操作示范。中国热带农业科学院橡胶所曹建华副研究员在橡胶林地向大家介绍了橡胶树优良品种、优质种苗、施肥技术以及低频割胶和电动采胶等节本增效关键技术，现场演示电动割胶刀的操作要领，受到培训人员的一致好评。此外，中国热带农业科学院椰子所杨伟波助理研究员对热带经济林下间套种花生技术进行了培训，建议通过轻简化栽培技术，利用豆科作物在经济林下间套种，长短结合，既能防控杂草和改良土壤，又能获得部分经济收益。

## 二、主要收获与成果

### （一）与福沃得公司签署战略合作协议

与福沃得（柬埔寨）农业发展有限公司进行座谈，了解了公司农业产业结构现状和技术需求，由于缺乏高产品种和先进种植技术，经济效益较低，希望热科院能够加强和公司合作，推广一批高产品种，帮助广大农民提高种植技术。双方就合作内容尤其是利用柬埔寨气候优势，种植木薯、热带水果、蔬菜、花生等热带经济作物，建立高标准示范基地，培训柬埔寨农民尤其是中下层农民。

**（二）就部分国际项目与柬埔寨农业总局达成合作意向**

与柬埔寨农业总局进行了较为深入的座谈，展示了中国热带农业科学院在木薯、橡胶、热带果树、瓜菜及花生等方面的实力，了解了柬埔寨在农业上的科技需要，尤其在新品种、种苗培育、高效栽培技术、病虫害防治、产品加工、技术培训等方面达成了初步的合作意向，达成了进一步在热带农业科技领域合作的意愿和共识。希望继续紧密联系，计划下次由院领导带队与柬埔寨农业总局签署战略合作协议并开展全方位深层次的务实合作。

**（三）引进了一批珍贵热带作物种质资源**

通过基地考察和市场调研活动，引进了一批珍贵的热带作物种质资源，其中：菠萝资源 1 份；柬埔寨本地白肉火龙果 2 份；柬埔寨本地大果龙眼 2 份；柬埔寨本地花生 2 份；椰枣 3 份、柬埔寨本地槟榔 1 份和 longong 果 1 份，柬埔寨甘薯资源 2 份，共计 14 份。

## 三、工作意见和建议

**（一）柬农业基础设施差，农业科技力量薄弱，急于外方投资基础设施和科技外援**

柬埔寨是中国“一带一路”和中国—东盟框架的战略贸易伙伴，中-柬农业合作前景好、潜力大，但柬埔寨农业基础设施差，农业科技力量薄弱，急需外方投资基础设施和科技外援，因此，应该抓住机会，为柬埔寨农业提升做出贡献。此外，做实做强中柬农业，既能实现良好政治效益，又能带动柬埔寨经济发展，增加柬政府财政收入和当地农民脱贫致富，也能让投资柬埔寨农业的中资公司获得丰富利润，是个多赢的合作战略项目。

**（二）继续加强与在柬农业企业的合作**

以在柬农业企业的技术需求为切入点和出发点，为企业解决技术瓶颈提供信息和技术支持。加强与柬埔寨农业总局合作，争取签署协议，以 5 年为有效期，并制定每年的工作计划，并建立长效的合作机制。通过共同申报国际合作项目，举办农业培训班，开展种质资源交换、资源评价技术及标准体系构建研究，共同培养科学人才等举措，继续强化与柬埔寨之间在木薯、橡胶、热带水果、蔬菜、花生等领域的合作与交流。

（出访团成员：王家保、欧文军、李洪立、吴传毅、曹建华、吴　敏、杨伟波）

# 赴柬埔寨执行对外交流与合作项目任务的情况报告

应柬埔寨橡胶研究所所长 MAK SOPHEAVEASNA 的邀请，中国热带农业科学院环境与植物保护研究所符悦冠研究等一行 5 人于 2018 年 9 月 10—19 日访问柬埔寨。

## 一、出访基本情况

### （一）目的和意义

柬埔寨为世界橡胶生产的主要国家，橡胶产业是柬埔寨仅次于大米的第二大农产业。柬埔寨位于东南亚中南半岛南部，处于北纬 11°～15°，属热带季风（干湿）气候带，旱季 12—4 月，雨季 5—11 月，月平均气温 21～35℃，年降雨量1 100～1 600毫米。柬埔寨较我国偏南，其年均温度及冬季低温高于我国主要植胶区，病虫害发生有区域特点，管理措施与我国也有差异。橡胶树籽苗芽接育苗技术是橡胶种苗繁育的重要技术，在柬埔寨尚未应用。为了解掌握柬埔寨橡胶生产、病虫害发生与防治、天敌资源及利用等现状，了解柬埔寨在橡胶病虫害防控经验、了解其防控技术研究与应用需求，探讨进行双方合作的可能性与途径，同时，进行籽苗芽接和小筒苗育苗技术培训，对育苗基础设施建设方案进行现场指导，促进双方合作交流及提升双方病虫害防控及天敌资源利用和柬方籽苗芽接育苗技术水平，积极践行“一带一路”倡议等具有重要意义。鉴于此，在“一带一路”沿线国家热带农业资源联合调查与开发评价项目的支持下，以中国热带农业科学院环境与植物保护研究所符悦冠研究员为团长的一行 5 人于 2018 年 9 月 10—19 日对柬埔寨的橡胶病虫害发生与防治、天敌资源等进行了考察，并进行籽苗芽接育苗技术、橡胶树小筒苗育苗技术实训和辅助芽接。

### （二）主要活动

本次出访的主要活动包括在柬埔寨橡胶研究所的会议交流、对柬埔寨各省区橡胶种植园病虫害及天敌资源等考察和在柬埔寨橡胶研究所的籽苗芽接育苗技术、橡胶树小筒苗育苗技术实训和辅助芽接。考察的单位包括位于磅湛省（Kampong Cham）的柬埔寨橡胶研究所试验站和 Chup 橡胶农场（Chup rubber plantation）、位于桔井省（Kratie）的广东农垦春丰农场（Chun Feng Plantation）、位于特本科蒙省（Tbong KHMUM province）的 Tapao 公司（Tapao company）以及上丁省（Stung Treng）、磅同省（Kampong Thom）

和暹粒省（SIEM REAP）的小公司和农户橡胶园，沿途还调查了杧果、木薯等作物病虫害及天敌资源。

在柬埔寨橡胶研究所，代表团一行与橡胶研究所的领导与专家进行了交流。交流会由 MAK SOPHEAVEASNA 所长主持，CHHEK CHAN 副所长、橡胶种植与植物保护部门负责人 Lim Khantiva、橡胶育种部门主要负责人 Phen Phearun 及试验站负责人 Nguon Laying 等多位领导与专家参与了交流，双方分别介绍了橡胶生产及病虫害发生与防治情况，交流明确了本次考察的具体安排及双方希望对方给以支持与合作的领域与内容；对籽苗芽接和小筒苗育苗技术培训以及育苗基础设施建设方案等进行了充分的讨论。会议交流结束后，代表团一行在 MAK SOPHEAVEASNA 所长等柬埔寨橡胶研究所领导和专家的陪同下，对试验站橡胶种苗基地、橡胶中小苗胶园、橡胶开割树胶园、橡胶与其他作物间作胶园以及橡胶褐皮病、绯腐病等重要病害严重发生胶园进行了调查。在实地考察结束后在金边与 MAK SOPHEAVEASNA 所长的再次见面交流会上，符悦冠研究员向 MAK SOPHEAVEASNA 所长介绍了本次病虫害及天敌调查的初步结果，并就双方合作领域与内容达成初步共识。代表团成员王军博士进行了籽苗芽接育苗技术、橡胶树小筒苗育苗技术实训和辅助芽接。

在 Chup 橡胶农场（Chup rubber plantation），CHHEK CHAN 副所长、Nguon Laying 及农场技术负责人介绍了公司的规模及橡胶种植管理等情况，代表团一行实地观看了中国热带农业科学院橡胶研究所研发的电动割胶刀在该公司的应用情况，实地调查该农场幼龄树、开割树及百年老树胶园的橡胶病虫害为害情况，向当地陪同人员询问病虫害防治情况，并进行害虫及天敌资源采集。

在 Tapao 公司（Tapao company），CHHEK CHAN 副所长、Nguon Laying 及公司负责人介绍了公司病虫害发生与防治情况，代表团一行实地调查该公司幼龄树及开割树橡胶病虫害发生与防治情况并进行害虫及天敌资源采集。

在广东农垦春丰农场（Chhun Hong Plantation），农场甘学德副总经理介绍了该农场的历史变迁、当前的橡胶树种植及田间管理情况，在甘副总及农场技术与生产负责人的陪同下对春丰农场不同长势、不同种植环境的胶园及种苗基地进行了病虫害为害情况调查，重点对该农厂出现的橡胶植株树冠枯死进行解剖诊断，并进行害虫及天敌资源采集。代表团成员王军博士进行了籽苗芽接育苗技术、橡胶树小筒苗育苗技术实训和辅助芽接。

在暹粒省（SIEMREAP）橡胶农场，在 MAK SOPHEAVEASNA 所长等陪同下，对 2 个橡胶农场的橡胶园进行了调查，农场主介绍了橡胶种植及病虫害为害与防治情况，代表团专家为农场主及管理工人介绍了橡胶病虫害的识别技术，还为农场种植的山竹子、油梨、杧果等作物病虫害进行了调查，并进行害虫及天敌资源采集。

在交通沿线的实地调查方面，在往返上述公司、农场沿线，代表团一行还在包括磅湛、桔井、暹粒、特本科蒙省（Tbong KHMUM province）、上丁省（Stung Treng）和磅同省（Kampong Thom）等区域的小公司和农户橡胶园进行了实地调查，沿途还调查了杧果、木薯等作物病虫害及天敌资源。

## 二、主要收获与成果

通过交流及实地调查，对柬埔寨橡胶的生产及病虫害发生与防治情况等有了较全面的了解；采集了一批橡胶病虫害及天敌资源标本；了解了柬方的需求和合作意向。普及了橡胶籽苗芽接育苗技术和橡胶树小筒苗育苗技术，指导进行育苗基础设施建设。

### （一）柬埔寨橡胶生产与管理

柬埔寨具有良好的适于橡胶种植的气候及土壤条件，其年均温为21~35℃，极端低温为21℃，全境主要为砂壤土，年降雨量为1 100~1 600毫米，无台风等自然灾害。柬埔寨土地面积181 035km$^2$，橡胶种植面积436 340公顷（2017年），橡胶产业的重要性仅次于大米。在目前全国的25个省和直辖市中，种植橡胶的有20个，其中桔井省Kratie、新设省Tbong Khmum、磅通省Kampong Thom、蒙多基里省Ratanakiri Mondulkiri和磅湛省Kampong Cham为六大主要橡胶种植省份，其种植面积占全国的85%以上。在柬埔寨，橡胶种植经营方式主要有3种类型：一是原有的国有企业种植（现已基本私有化）、其主要分布于Kampong Cham省和Tbong Khmum，其占全国橡胶种植面积的12%左右；二是政府出租土地企业种植（Economic land concession），主要分布于Tbong Khmum、桔井省（Kratie）、Mondulkiri、Ratanakiri等7个省，种植面积约占全国面积的52%；三是小农户种植，主要分布于东南部区域，约占全国面积的36%。在现有的橡胶面积中，开割树占总面积的30%，新种植胶园主要分布于租地公司和农户。柬埔寨目前的干胶收购价为每千克1美元，以前价格高的时候为3美元，干胶产量每年每公顷1 500千克，即每亩100千克左右。柬埔寨橡胶树通常定植后30年左右进行更新。橡胶种植规格为3米×8米，有些林段为宽行窄株种植。柬埔寨橡胶园普遍规模都较大，尤其在南部地区，在该地区土地平缓，种植规格标准，管理水平也较好。柬埔寨由于土地资源丰富，胶园林下少有间种，偶见中小苗期间种花生等短期作物，也有试验以杧果、腰果、甘蔗、菠萝、香蕉、牧草及木本用材树种间种的。柬埔寨的割胶季节为3—12月。一个割胶工人负责one das（即1个树位，约400株），公司多为3天一刀，通常早上5点开始割胶，中午时完成收胶。柬埔寨橡胶的肥料施用及割胶水平普遍较低，据陪同专家介绍，柬埔寨传统种植区的橡胶树施用肥料对产量影响不大，因此较少施用肥料。但在桔井省等新开垦林地，由于土质非常贫瘠，种植户普遍施用肥料以促进植株生长。由于柬埔寨胶工割胶技术普遍较差，即使是新开割树树体，割胶伤树极为普遍和严重。

**（二）柬埔寨橡胶病虫害发生与防治**

经调查及柬埔寨专家介绍，柬埔寨橡胶上发生的橡胶病害有 11 种（类），虫害有 10 种，包括白粉病（Powdery Mildew，*Oidium* Leaf Fall）、炭疽病（*Colletotrichum* Leaf Fall）、疫霉病（割面条溃疡病 *Phytopthora* Bark Rot 和季风性落叶病 *Phytophthora* Leaf Fall）、死皮病（*Bark Necrosis* TPD）、根病（白根病 *White root*）、绯腐病（*Pink Disease*）、棒孢霉落叶病（*Corynespora* Leaf Fall）、麻点病（*Bird's Eye Spots*）、流胶病、回枯病害等和叶螨（六点始叶螨、东方真叶螨及 1 种未知种）、橡副珠蜡蚧、粉蚧（学名待定）、粉虱（种类待定）、黑刺粉虱、矢尖蚧、白蚁（种类待定）和小蠹虫（种类待定）等虫害。柬埔寨还面临着一些外来入侵病害如棒孢霉落叶病 Corynespora Leaf Fall、Target leaf Spot（Nurseries）、壳梭孢病害 Fusicoccum Leaf Disease 和白根病等侵入威胁。兼顾调查杧果和木薯等作物发现，木薯花叶病发生极为严重，尤其在磅湛、桔井等区域，许多种植园发病率高达 100%；壮夹普瘿蚊和粉蚧等对杧果危害严重。捕食螨为橡胶上发现的最主要天敌，此外还有瓢虫和捕食性瘿蚊等。

在以上所述及的病虫害中，以绯腐病（*Pink Disease*）发生最为严重，其危害造成树干枯死乃至整株枯死，其主要危害定植后 4—13 年树龄的胶园，所调查胶园的发病率在 5%左右，严重的达到 10%（估算）；死皮病为另一种严重发生的病害，有些老龄胶园发病率高达 100%，有些新开割胶园的发病率也高达 95%以上，造成胶园弃割或部分弃割；白粉病在暹粒等北部区域发生严重，叶片有大量的残存老化病斑；回枯病在桔井省广垦春丰农场发生严重，有些未开割胶园多株成片或成行出现回枯，重病田块发病率高达 40%，鉴于高温干旱和真菌侵染均可引起回枯病，其原因正在探讨中；六点始叶螨在许多农场虫口密度颇高，危害状明显；橡副珠蜡蚧等在我国间歇性严重发生的害虫呈轻微发生。

柬埔寨橡胶管理总体较为粗放，因此较少对橡胶病虫害实施防治。药剂防治和种植抗性品种是病虫害防治的主要手段。绯腐病是目前需要实施防治的最主要病害，使用 Validamicine 0. 1%~0. 16%对发病部位喷雾效果良好，通常施药一次即可控制，严重受害植株需施药 2~3 次，1%的波尔多液对其也有效，品种 PB260 对该病有较好的耐性；对白粉病和炭疽病通常只需要对苗圃的中小苗进行防治，选用药剂分别有硫磺粉、十三吗啉、己唑醇等，PR 107，PR 255，RRIC 100，GT1，PB 217 等品种对白粉病有较好抗性，而对炭疽病有抗性的品种有 PB 217，PB 260，RRIM 600 等；由疫霉菌引起的割面条溃疡病有时需要进行防治，选用的药剂有三氯氧磷、代森钠、代森锰锌等，疫霉菌季风性落叶病通常不防治，GT1、PB260、RRIM600、PB217、PB235 等品种对该病有一定抗性或耐病性。

### （三）明确了双方在橡胶病虫害防控层面的需求及合作意愿，并达成共识

在会议交流与野外联合实地调查过程中，了解柬方人员在橡胶虫害的识别技术较为缺乏，同时开展病虫害诊断、监测与防治的基础与技术等研究的条件较为简陋。柬埔寨橡胶研究所明确多次提出，希望我方能在中国为其人员进行技术培训，并在柬埔寨共同建设病虫害研究联合实验室。我方希望能得到对方协助，共同继续开展柬埔寨橡胶病虫害及天敌等生防资源、抗病虫品种资源等调查，并共同开展一些橡胶回枯病病因诊断与防治、捕食螨资源利用等重要对象的合作研究或技术推广。

### （四）橡胶树育苗技术实训和辅助芽接等取得良好成效

代表团成员王军副研究员对育苗基础设施建设如大棚建设地点、规模、荫网、防雨沙床的面积以及苗木芽接过程的技术细节如芽条处理、捆绑、移栽、淋水等进行了现场示范和指导，受训的 10 多名工人很好地掌握了籽苗芽接技术，完成芽接苗近 2 000株，王军副研究员亲自芽接完成橡胶树籽苗芽接苗近 3 000 株。柬埔寨农林渔业部部长 Sakhon Veng 一行赴柬埔寨橡胶研究所现场考察育苗设备大棚、沙床等基础设施建设情况和籽苗芽接实训进展情况，对工作给予了充分的肯定。

## 三、工作意见和建议

为有效践行我国“一带一路”倡议，充分发挥中国热带农业科学院在“一带一路”国家热带作物病虫害防控技术研究与应用、籽苗芽接育苗技术和橡胶树小筒苗育苗技术应用等领域的作用，根据柬埔寨在天然橡胶等热带作物领域的生产条件、橡胶病虫害防控和籽苗芽接育苗技术、橡胶树小筒苗育苗技术与管理水平以及未来需求，提出以下工作意见和建议。

### （一）重视信息资料收集和共享

由中国热带农业科学院组织的“一带一路”项目包含的内容较多，为做好相关任务的实施，做好实施内容的前期信息收集极为重要，但许多国家通过相关文献可查的信息资料不多，如对“一带一路”国家作物病虫害及生防资源调查任务而言，许多国家

通过相关文献可查的病虫害信息如分布、危害和防治等资料很少。鉴于获得这些数据对出访路线、接待单位等的确定至关重要，建议从院的层面汇总收集不同出访团队或从其他渠道得到的相关任务内容在不同国家的职能部门、主要研究机构和主要生产相关企业，有需要的团队从中获得有用信息，实现信息资料共享，协助不同出访团队在出访前能初步掌握计划到访国家所需要的如特定的作物病虫害及防治技术、技术需求等信息。

**（二）科学合理规划好后续合作**

在柬埔寨期间，对方多次希望我方能接受其技术人员到国内来培训和协助建立病虫害联合研发平台。从任务执行团组角度来看，愿意承担后续工作，但对平台建设所需要较大的经费支持无能为力。建议从院的层面考虑比较在不同国家平台建设的重要性和可行性，然后确定在柬埔寨建设相关平台是否可行及确定经费申请渠道，或在柬埔寨橡胶研究所现有的平台建设项目中增加病虫害研究领域。

（出访团成员：符悦冠、张方平、时涛、王军、陈俊谕）

# 赴柬埔寨执行甘蔗病虫害调查任务的情况报告

应柬埔寨皇家农业大学的邀请，中国热带农业科学院甘蔗研究中心张树珍研究员等一行 5 人赴柬埔寨执行“一带一路”热带国家农业资源联合调查与开发评价项目——甘蔗病虫害及其生防资源联合调查。

## 一、出访基本情况

### （一）目的和意义

2013 年中国政府提出了“一带一路”倡议，希望参与其中的各国和各地区获得共赢。包括柬埔寨在内的“一带一路”的沿线国家大多是新兴经济体和发展中国家，农业在其国民经济中占重要地位。农业项目一般直接关系到国计民生，启动较快、见效快，易得民心。随着中国《推动共建丝绸之路经济带和 21 世纪海上丝绸之路的愿景与行动》的发布，中柬双方的制糖企业合作也被进一步推向深入，获批建设 20000TCD 现代制糖农业产业园，并获得柬埔寨投资委员会批准为 QIP（合格投资项目），享受免税等投资优惠。但是目前柬埔寨甘蔗产业存在病虫草害防治水平差、栽培品种单一等问题，从而导致甘蔗产业效益低的现状，因此需要对当地甘蔗病虫草害发生情况进行调查了解，并提出相应的防治措施，以及筛选适应当地生态条件的高产高糖抗病甘蔗品种，提高柬埔寨甘蔗产业效益与区域国际竞争力；通过项目的实施实现技术输出并转化，从而增强我国的国际影响力，为保证我国食糖供应安全打下良好的基础。

### （二）主要活动

2018 年 9 月 11—17 日，应柬埔寨皇家农业大学校长吴布坦先生（Ngo Bunthan）邀请，以张树珍研究员为团长、熊国如、蔡文伟、沈林波和甘仪梅博士为团员的项目执行团队分别考察了柬埔寨皇家农业大学、柏威夏糖厂、磅氏卑省的奥拉糖厂和瑞峰（柬埔寨）国际有限公司等，了解柬埔寨甘蔗种质资源、病虫草害以及公司化的运作甘蔗生产与应用模式，对进一步认识“一带一路”经济带农业资源的分布情况和农业生产组织模式提供了重要的资料。

**1. 到访柬埔寨皇家农业大学，并与之交流**

柬埔寨皇家农业大学是柬埔寨农业大学的领导者，在柬埔寨农业科学研究机构中有较高的影响力。柬埔寨皇家农业大学副校长 Seng Mom 博士对代表团的到访表示热烈的欢迎，热情地介绍了农业大学的基本情况以及科研教学工作。

此后，到柬埔寨皇家农业大学农学院举行座谈会，就双方合作方面进行进一步的探讨。农学院院长 Chamkar Daung 博士和副院长 RO SOPHOANRITH 博士向我们具体介绍他们在甘蔗和组织培养方面的研究，特别是在甘蔗种质资源交换、常规育种技术、白叶病、黑穗病以及螟虫的防治方面相互交流了看法。代表团团长张树珍研究员介绍了中国热带农业科学院热带生物技术研究所情况、中国热带农业科学院在甘蔗方面的研究成果，重点介绍甘蔗转基因技术及甘蔗病虫害防控技术。代表团一行与柬埔寨皇家农业大学进行协商，就人才培养和种质资源交换方面达成初步意向，特别是人才培养合作达成共识，希望能够进一步的合作。

**2. 考察柏威夏糖厂甘蔗种植区，调查病虫草害发生及种质资源情况**

柏威夏糖厂是柬埔寨最大糖厂，是亚洲单条生产线日处理量最大的糖厂，具有世界先进水平、日处理甘蔗能力 2 万吨的原糖生产线，糖厂竣工时，柬埔寨首相洪森和我国商务部相关人到场指导。代表团在蔗区调查过程中，了解到柏威夏甘蔗种植区拥有优异的自然条件，给甘蔗生长提供了良好的条件；糖厂所在柏威夏地区治安状况良好，本地劳动力资源丰富，能满足甘蔗生产过程中足够的劳动力需求。通过对该种植园的病虫草害调查，初步摸清了该种植园甘蔗病虫草害的基本情况，以及甘蔗种质资源的基本情况。

在座谈会上，柏威夏糖厂总经理详细介绍了公司在柬埔寨的投资情况和目前糖厂甘蔗种植管理问题，特别是种植园内目前存在的草害问题以及病害问题，还有种植品种单一化问题。张树珍研究员介绍了中国热带农业科学院在甘蔗病虫害方面和遗传育种方面的有关研究进展；糖厂尤其对病毒病防治方面感兴趣，双方就甘蔗病害防治方面的合作做了更广泛的交谈，希望与中国热带农业科学院在甘蔗植保方面有新的合作。

**3. 考察奥拉糖厂甘蔗种植区，调查病虫草害发生及种质资源情况**

奥拉糖厂种植园位于柬埔寨的磅士卑省，奥拉的自然条件非常适于甘蔗的生长，土壤肥沃，雨水充足。该种植园的拥有 1.76 万公顷的土地，整个种植园的土地平坦连片，适宜机械化种植。在座谈会上，奥拉糖厂周总经理详细介绍了奥拉糖厂甘蔗种植管理问题，种植园区在甘蔗病虫害防治以及品种需求方面的问题。张树珍研究员介绍了中国热带农业科学院在甘蔗病虫害方面和遗传育种方面的有关研究进展。通过对该种植园的病虫草害调查，初步摸清了该种植园甘蔗病虫草害的基本情况以及甘蔗种质资源的基本情况。

## 二、主要收获与成果

### （一）通过本项目的实施，初步摸清柏威夏糖厂种植园甘蔗病虫草害的基本情况

通过对柏威夏种植园的病虫草害调查，初步摸清了该种植园甘蔗病虫草害的基本情况，甘蔗虫害、真菌性病害总体不严重，甘蔗白叶病，甘蔗黄叶病、花叶病和草害发生比较严重。

柏威夏种植园为新垦蔗区，存在有条螟、二点螟、叶蝉、天牛等害虫，总体危害并不严重。该种植园蔗区存在的真菌病害包含有：甘蔗黑穗病、甘蔗梢腐病、甘蔗赤腐病等。这 3 种病害都零星发生，危害很轻。存在的病毒病害有甘蔗黄叶病和甘蔗花叶病，甘蔗黄叶病的发病率约为 16%。甘蔗花叶病的发病率约为 13%。存在的甘蔗植原体病害为甘蔗白叶病，发病率为 11%。柏威夏种植园的草害极其严重，因水肥、草害防控技术欠缺，甘蔗植株缺肥严重，普遍偏矮，加上部分连队的蔗区没有及时进行中耕培土除草等管理，导致了杂草生长旺盛，草害普遍发生。其中危害最大的 3 种草是象草、简竹茅、狼尾草，严重影响了甘蔗的产量。柏威夏种植园急需加强对草害的防治。

### （二）通过本项目的实施，初步摸清奥拉糖厂种植园甘蔗病虫草害的基本情况

奥拉糖厂的自然条件非常适于甘蔗的生长，通过对奥拉糖厂种植园的实地调查及与种植园管理人员的交流，初步摸清了该种植园甘蔗病虫草害的基本情况，其中甘蔗虫害、真菌性病害以及草害总体不严重，甘蔗白叶病，甘蔗黄叶病、花叶病发生比较严重。

奥拉糖厂种植园存在的病毒病害有甘蔗黄叶病和甘蔗花叶病。甘蔗黄叶病的发病率较高，约为 18%。甘蔗花叶病在该园区零星发生，发病率较低，危害较小。该种植园蔗区存在的真菌病害包含有：甘蔗黑穗病、甘蔗梢腐病、甘蔗赤腐病、甘蔗煤烟病等。其中甘蔗黑穗病零星发生，甘蔗梢腐病发病率约为 2%，甘蔗赤腐病和甘蔗煤烟病发病率分别为 12%和 16%，危害较为严重。存在的甘蔗植原体病害为甘蔗白叶病，发病率约为 19%。奥拉糖厂种植园的甘蔗害虫主要以条螟、二点螟为主，叶蝉少量存在。奥拉糖厂种植园由于管理到位，蔗园及时进行了除草和中耕培土等管理，甘蔗长势良好，杂草生长不起来，草害很轻。

### （三）通过本项目的实施，初步摸清柏威夏糖厂和奥拉糖厂种植园甘蔗种植品种及种质的基本情况

通过对该种植园的种质资源调查，初步摸清了该种植园甘蔗种质资源的基本情况。

柏威夏糖厂和奥拉糖厂的种植园种植的甘蔗品种主要是来自泰国的 KK3，以及从我国引进的新台糖 22 号、柳城 05136 等。甘蔗种质主要有 2106，KL9211、2035、3020、95584 和 K11。由于 KK3 特别适合柬埔寨地区的全程机械化，因此 KK3 的种植比例在 80%以上。品种多系布局严重不足，明显存在品种单一性的缺陷，甘蔗的长期生产安全存在较大的潜在威胁。

### （四）通过初步与柬埔寨皇家农业大学接触，将进一步探讨与甘蔗科技领域合作

通过与柬埔寨皇家农业大学交流了解到，柬埔寨没有专门从事甘蔗科学研究的机构，没有品种选育的基础，均靠从泰国等邻国引进一些品种进行种植，在甘蔗产量、甘蔗糖分、病虫害防控等影响甘蔗糖业发展的关键环节无科技支撑。

目前，柬埔寨种植甘蔗面积超过 100 万亩，农民和企业急需甘蔗生产技术和技术人员。柬埔寨皇家农业大学在听取中国热带农业科学院在甘蔗病虫害方面研究成果后，提出希望依托中国热带农业科学院甘蔗研究中心在甘蔗科技、人才、学科和信息等领域的领先优势，全方位加强双方在甘蔗科研、技术研发与推广、国际型人才培养、国际合作、奖学金设置等领域的合作，加快柬埔寨甘蔗科技人才队伍建设步伐，提升柬埔寨甘蔗自主创新能力。在人才建设方面，拟建立中国—柬埔寨甘蔗研究中心，就柬埔寨皇家农业大学的科研人员和学生联合培养展开合作。在技术研发方面，拟将就甘蔗病虫害防控技术等方面开展合作，促进柬埔寨皇家农业大学的学生就业，满足制糖企业公司科技人员本地化的需求。

## 三、工作意见和建议

### （一）建议加强甘蔗病虫草害防控技术交流合作

针对柬埔寨甘蔗产业存在病虫草害防控技术落后等问题导致甘蔗产业效益低的现状，拟与柬埔寨皇家农业大学开展甘蔗病虫草害防控技术合作。例如，通过筛选或培育 2～3 个适宜当地的抗病品种，并引入我们的甘蔗脱毒健康种苗技术，甘蔗脱毒健康种苗由于脱去了因为多年种植所积累的病原，能够有效的防止甘蔗病毒病及细菌病的发生，是目前最有效的、应用普遍的的途径。还可以通过化学防治、物理防治和生物防治的结合使用及时防治甘蔗害虫，既能避免害虫危害甘蔗，又因为甘蔗病害的传播虫媒被杀死了，甘蔗病害的发生传播得到控制。

### （二）建议加强甘蔗种质交流及人才培养的合作

针对柬埔寨甘蔗产业存在品种单一化、病虫害严重等问题导致甘蔗产业效益低的现

状，建议与柬埔寨皇家农业大学建立中柬联合实验室，联合培养甘蔗育种和植保人才，筛选或培育2~3个适宜当地的生产性品种，为克服甘蔗品种单一化奠定基础。同时引入我国成熟的甘蔗病虫害防治技术（如甘蔗脱毒种苗、化学防治技术、物理防治技术和生物防治等），在柬埔寨不同生态蔗区开展甘蔗品种适用性评价与验证提升柬埔寨甘蔗生产的技术水平。通过加强双方在甘蔗科研、技术研发与推广、国际型人才培养、国际合作、奖学金设置等领域的合作，加快柬埔寨甘蔗科技人才队伍建设步伐，提升柬埔寨甘蔗自主创新能力。

（出访团成员：张树珍、熊国如、甘仪梅、蔡文伟、沈林波）

# 赴柬埔寨执行国际交流与合作项目任务的情况报告

应柬埔寨皇家农业大学的邀请，中国热带农业科学院海口实验站金志强研究员等一行6人于2018年10月8—14日访问柬埔寨。

## 一、出访基本情况

### （一）目的和意义

东南亚国家是“一带一路”沿线重要国家，也是我国香蕉进口的重要来源地。由于我国香蕉枯萎病危害严重，香蕉种植成本逐年增高，导致国内香蕉种植面积和总产量下滑严重。东南亚国家，特别是柬埔寨、缅甸、越南等国家，由于土地租金低、人力成本低、香蕉枯萎病少、光热优势明显等原因，吸引大量国内香蕉种植户和公司前去发展香蕉种植，且香蕉资源丰富，对于国内香蕉产业健康稳定发展和科学研究都有非常重要的意义。此次依托“一带一路”热带农业资源联合研究专项项目，代表团主要访问了柬埔寨皇家农业大学、金边农科院、龙马农业股份有限公司等相关科研机构及公司，确定合作领域和方向，扩展合作渠道；对柬埔寨部分城市的香蕉种植基地主栽品种田间主要农艺性状进行观察与测定，针对香蕉种质资源保护与利用以及热带果树等方面的研究成果的进行了深入的交流。

### （二）主要活动

根据出访安排，此次专家团组先后访问了柬埔寨皇家农业大学、金边农科院、龙马农业股份有限公司、绿岛生态农业公司、柬埔寨农业发展公司，达成了多项合作意向。

在柬埔寨皇家农业大学访问期间，金志强研究员一行同Bunthan教授带领的研究团队开展了学术交流，中国热带农业科学院程志号博士、艾斌凌博士、井涛博士分别就香蕉杂交育种、香蕉田间综合管理、香蕉废弃物再利用三个研究方向做了学术报告，受到与会师生的广泛好评；会上双方就香蕉繁育、病害等关键技术问题进行了深入的交流。此外，代表团参观了该校的香蕉种质资源圃和病虫害鉴定圃。双方有意就科技合作、技术培训和资源互换等方面在今后开展进一步合作。

在龙马农业股份有限公司访问期间，金志强研究员一行同龙马公司总裁吴永乐，技术负责人李小泉研究员等进行了交流。龙马公司首先对我们与龙马公司的回访表示欢迎，并介绍了上次访问团的建议落实情况和使用效果。根据他们介绍的情况，金志强研究员、王必尊研究员就香蕉标准化生产技术、病虫害综合防控等方面进一步提出了意见和建议。同时该公司对中国热带农业科学院麒麟果种苗快繁技术表示浓厚兴趣，期望引进相关技术和专利。

在金边农科院访问期间，与该单位副院长 HuangPin Young 副研究员领导进行了座谈。HuangPin Young 副研究员对其香蕉种质资源圃进行了相关介绍。中国热带农业科学院金志强研究员、王必尊研究员、马蔚红研究员就海口实验站资源收集、保存以及利用方面的情况作了介绍。双方有意就热带果树资源和利用技术方面在今后加深合作。

随后代表团先后访问了绿岛生态农业公司、柬埔寨农业发展公司及相关种质资源圃及基地，主要针对香蕉线虫防治、香蕉枯萎病综合防治、香蕉标准化种植及叶斑病防控与公司技术人员展开交流。

## 二、主要收获与成果

通过基地实地调研、结合学术研讨、访谈等形式，对柬埔寨香蕉种植情况、香蕉种质资源保护与利用、热带果树等方面进行了一定的了解，具体情况如下：

### （一）柬埔寨香蕉种植业发展迅猛，发展空间巨大

柬埔寨非常适合发展香蕉产业，且当前香蕉产业发展迅猛，下面就几个方面对我们这次出访了解到的相关信息进行汇总。

一是柬埔寨规模化成片香蕉种植面积接近 3 万亩，首先越南黄姓老板种植面积最大，约 1.2 万亩，位于柬埔寨东部靠近越南地区；其次为我们到访的龙马农业股份有限公司，约 6 千亩，主要位于贡布和暹粒；最后为中国老板种植的 4 千亩，位于夏勃威省。其他为零星种植。

二是柬埔寨香蕉主要出口国为中国。之前由于柬埔寨没有与中国相关部委签订相关协议，不能直接出口中国，多通过柬埔寨边境进入越南和泰国，在越南和泰国贴牌后通过广西或海运进入我国市场。现在可以直接通过西哈努克港由海运进入我国北方地区，或通过柬埔寨北部由陆路进入我国西南。

三是柬埔寨香蕉主要栽培品种为卡文迪许蕉系列。越南黄姓老板以威廉斯 B6 为主，龙马公司以桂 1 和桂 6 为主，其他还有部分巴西蕉和南天黄（以青杆为主）。此次未能完成对威廉斯 B6 的田间性状的观察，但是对桂 1、桂 6 和南天黄进行了田间性状观察。根据田间调查和座谈，发现桂 6 明显优于其他两种，应该是未来柬埔寨主推的商

品蕉品种之一。

四是柬埔寨香蕉种植成本相比于国内有非常大的优势。首先土地租金低，约为国内的 1/3；其次人工成本低，约为国内 1/2；最后光热条件比国内优越，且全年无台风。

五是柬埔寨香蕉产业面临的问题：①柬埔寨没有相关的化肥农药厂，有机肥都需要各生产基地自己堆沤，大量的农资需要通过集装箱从国内运送到柬埔寨；②目前柬埔寨香蕉病害以线虫和叶斑病为主，几乎没有香蕉枯萎病，但如不在生产管理以及种苗生产等环节加强监控和管理，这块净土很难独善其身；③柬埔寨旱季和雨季非常分明，全年降水不均，国内农田灌溉设施落后，抗拒极端天气能力不足；④劳动力来源不稳定，劳动者素质有待提高，国内政局不稳定因素较大，如我们访问期间发生了前第一大反对党被宣布为非法，20 余名国会议员外逃事件。

**（二）柬埔寨香蕉种质资源丰富，保护与利用水平亟待提高**

根据已有的研究资料显示，柬埔寨是 ABB（粉蕉类）型香蕉重要的起源中心之一，ABB 型香蕉的资源是我们这次考察的重点。通过在柬埔寨实地走访发现，皇帝蕉多样性也非常高，故皇帝蕉也临时列入考察内容。

通过对香蕉种植基地周边零星分布、沿路农户小院、科研单位香蕉资源圃进行考察发现，柬埔寨 ABB 型粉蕉和 AA 型皇帝蕉有如下几个特点：①矮蕉出现概率较高，通常假茎肥大，叶片宽厚，生育期短；推测可能与柬埔寨旱季半年和雨季半年的气候选择有关。②在果指形状、果色、果肉颜色、果尾残基等方面多态性非常明显；③存在大量的半野生半栽培品种，主要表现在雄花花粉非常多，雌蕊有一定的结实率且果肉发育良好，可以作为杂交育种的优良中间材料。

根据“一带一路”热带农业资源联合研究专项项目前期柬埔寨访问团带回来的相关信息，发现柬埔寨皇家农业大学和金边农科院两家单位在香蕉种质资源收集与保存等方面已在开展相关工作。柬埔寨皇家农业大学香蕉资源圃较小，保存本土香蕉资源 20 余份，以矮粉蕉类为主；金边农科院搜集柬埔寨香蕉资源约 200 份，以粉蕉和皇帝蕉为主，矮蕉种类丰富。上述两单位目前尚未开展系统的研究与应用。

通过对柬埔寨考察还发现当地有不少的热带水果资源，且食用水果的习俗与海南相近（喜欢酸涩口感，食用时沾辣椒盐）。榴莲、龙宫果、“卡朋”、番石榴等非常多，可以作为国内市场很好的补充和调剂。

获得资源：矮蕉资源两份、半野生香蕉栽培种一份、红香蕉资源一份、龙宫果种子若干、“卡朋”种子若干。

## 三、工作意见和建议

### （一）柬埔寨香蕉矮化资源丰富，大力进行引进有利于中国香蕉抗风育种和产期调节

中国香蕉产区除云南外，海南、广东、广西壮族自治区（以下简称广西，全书同）和福建均受台风灾害较大。矮蕉比较抗风，生育期短，能有效降低风害，方便调节产期。

### （二）柬埔寨粉蕉种质资源丰富，可作为国内香蕉品种多样化和产业升级的补充

柬埔寨是粉蕉的多样性中心之一，特别在果指形状、果肉颜色、植株高度、叶片颜色等方面多样性很高，多房前屋后零星种植，种质资源多样性保存完好。同时还发现不少半野生种资源，对香蕉遗传育种研究意义重大。

### （三）柬埔寨野生水果资源丰富，能助力发展国内优稀水果产业

柬埔寨野生水果种类繁多，季节性明显。我们这次发现一种蔷薇科的小浆果，口感非常好，小灌木，一年多熟，应该非常适合在海南种植；同时，龙眼果形较大，龙宫果和榴莲种类也非常多，口感很好，适当引进，能促进国内优稀果树产业的发展。

（出访团成员：金志强、王必尊、马蔚红、井涛、艾斌凌、程志号）

# 赴柬埔寨执行胡椒资源调查与技术推广项目任务的情况报告

应柬埔寨皇家农业大学农业科学院的邀请，中国热带农业科学院杨建峰副研究员等一行3人于2018年6月6—15日赴柬埔寨执行胡椒资源调查与技术推广项目任务。

## 一、出访基本情况

### （一）目的和意义

柬埔寨是“一带一路”沿线国家，支持其经济社会发展是维护和推动中柬及中国与东盟双边关系的需要。受农业结构单一的制约和国际胡椒价格持续走高的影响，柬埔寨目前正在大力发展胡椒，以丰富农业产业结构，经多年发展胡椒已逐渐成为深受农民欢迎的经济作物之一。但其产业标准化程度低，成为制约发展的瓶颈。为加快胡椒产业发展，柬政府寻求中国支持，与海南省合作共建“中—柬胡椒产业园”，并启动与中方就胡椒等热带作物产品直接出口进行谈判。

为技术支持柬埔寨胡椒产业发展，中国热带农业科学院香料饮料研究所承担了海南省重点研发计划（合作类）《胡椒标准化栽培技术在柬埔寨桔井省集成与推广》（ZDYF2018221）、农业国际交流与合作项目《“一带一路”沿线国家热带农业资源联合调查与开发评价项目》（ZYLH2018-14），本次出访就是在以上项目支持下，全面了解掌握柬胡椒产业发展情况及存在问题，找到解决办法，以我国胡椒产业化配套技术为基础，集成熟化形成柬胡椒技术标准，支持其产业发展，并了解其他香料资源情况，为其香料资源开发利用提供建议和指导。

### （二）主要活动

本次出访活动为期10天（6月6—15日），先后赴柬埔寨金边市、西哈努克市、贡布省、磅湛省、特本克蒙省、蒙多基里省、桔井省和暹粒省，与相关单位商讨联合开展胡椒标准化生产技术研究与示范事宜，考察各地农业及胡椒产业情况，了解特色香料资源分布及利用情况，掌握了柬胡椒产业第一手资料，为今后研究工作顺利开展提供了基础数据。

金边市：与柬埔寨皇家农业大学农业学院进行座谈交流，双方就联合开展柬埔寨胡椒标准化生产技术研究与示范、人员培训及互访达成意向，农学院将确定专门研究人员进行业务对接和联合研究，共同申报国际合作类项目。考察了农学院植物园，了解了当地香料资源情况。考察了日本投资建设的有机仓田胡椒工厂（Organic KURATA Pepper），了解了腌渍胡椒、绿胡椒、完熟胡椒等新产品，及胡椒旅游套装，对新产品开发有了新认识。

西哈努克市：主要考察了新联发农场，该农场位于4号公路145千米处，交通较便利，基础设施较好，但胡椒种植尚处于起步阶段，存在的技术问题较多；同时了解到柬埔寨当地胡椒养分管理技术缺乏，对于按照养分需求规律施肥的意识薄弱，胡椒增产潜力大。

贡布省：考察了法国投资开发的农庄（LA Plantation），重点了解了贡布胡椒高品质形成原因。贡布是柬埔寨胡椒品质最好产区，该产区胡椒也是通过欧盟认证的地理标志产品，主要原因是土壤质量较好，肥力较高，采用较为原始的种植方式，化肥农药使用量少，虽然产量相对低，但品质好，是柬胡椒出口欧洲的主要地区。

磅湛省：磅湛省原为柬埔寨胡椒生产第一大省，2013年，柬政府将磅湛省分割出一个独立的行政区，名叫特本克蒙省。历史上磅湛省棉末县生产的胡椒产量高、品质好，但目前由于技术更新不及时、地力下降等问题，胡椒产量有所降低。

特本克蒙省：考察了私人农场及农户小作坊加工情况，该省是柬埔寨胡椒面积最大省份，胡椒种植规范化程度相对高，产量较高；产品主要是黑胡椒，仍以农户小作坊晾晒加工为主。

蒙多基里省：考察了私人农场和农户种植基地，虽然该省是高原地带，但土壤适宜种植胡椒，加之近年来价格持续走高，农民争相种植胡椒。由于种植时间短，技术相对落后，死缺株较多。

桔井省：重点考察了绿洲农业发展（柬埔寨）有限公司，该公司为中国热带农业科学院香料饮料研究所承担的海南省重点研发计划（合作类）《胡椒标准化栽培技术在柬埔寨桔井省集成与推广》（ZDYF2018221）合作单位，考察组指导了该公司已种植40公顷胡椒基地，对即将种植的20公顷进行规划，并讨论了海南省重点研发计划落实方案。

暹粒省：考察了私人农场和农户种植基地，了解了当地胡椒生产情况，重点考察了胡椒旅游产品。该省胡椒种植面积较小，但消费量较大，是柬胡椒主要消费区，胡椒旅游产品比较丰富。

## 二、主要收获与成果

### （一）柬埔寨自然条件适合胡椒生长发育

柬埔寨是农业国家，85%左右的国民以务农为生，全国有可耕地面积约 670 万公顷，目前实际耕种面积约为 260 万公顷，可耕种土地面积潜力巨大，且土地肥沃，气候条件适宜农作物长年生长，农业种植发展潜力巨大。目前农业以橡胶和热带水果为主，产业结构相对单一，近年来政府加大胡椒等热作产业发展力度，以丰富农业产业结构，胡椒等热作产业迎来发展机遇。

柬无台风等自然灾害，胡椒可采用高柱栽培，具有亩产量较高的天然优势。属于典型低纬度国家，气候是典型的热带季风气候，没有四季之分，全年平均气温维持在 21～35℃，属于胡椒生长最适温度范围，且不会发生低温寒害。气候被两股季节性季风所控制，干湿季节明显，11 月至次年 2 月的东北部季风带来凉爽，但气候干燥，需要充足水源进行灌溉；5—10 月的西南部季风则带来湿润的空气，降雨量大增，需要及时排水，季风期间大部分的降雨在下午时分，季风带来的雨水为全年降雨量 70%～80%。

胡椒具有周年开花结果习性，柬干湿季节明显，有利于旱季控花、雨季放花，可显著降低非主花期摘花成本，又可通过雨季集中开花提高产量。干旱季节正值胡椒非主花期，由于降雨量极少、干旱持续时间长、而仍保持较高温度、养分消耗较多等缘故，花量极少，几乎不需人工摘花；而雨季来临时正值主花期，集中开花且花量较大，由于保持较高产量。

总之，柬埔寨自然条件优越，适合胡椒生长发育。

### （二）柬埔寨适合规模化高品质胡椒生产

近年来柬埔寨通过开发“特许地”等方式使得耕地面积不断增加，由于开发前植被覆盖率高，开发后土壤质量良好，非常适合农作物生长。柬埔寨牛等畜禽养殖比较普遍，有机肥来源丰富，而化肥主要靠进口，成本较高，所以生产上施用有机肥较多，胡椒品质普遍较高，适合规模化高品质胡椒生产。贡布省是其中的典型代表，当地土壤质量普遍好，生产上采取比较原始管理方式而非掠夺式种植方式，有机肥施用量高，不使用除草剂等药物，2016 年，贡布胡椒在欧盟的认证下，成为受保护的地理标志产品，从此进入世界顶级食材行列。

### （三）柬埔寨胡椒生产整体技术水平较低

长期以来胡椒属于柬农业的“小作物”，无专门研究机构开展系统研究，技术积累不足，种苗繁育、栽培、病害防控及初加工等生产技术落后，主要表现在以下几个方面。

一是无种苗标准和繁育技术规程。不注重取苗母株培育，壮苗率低；种苗节数及长度标准不一，生产上有选用2个节的，也有种植5个节的，定植前进行育苗的较少，多数是直接剪蔓后定植，更不检查是否存在机械损伤等，定植后植株普遍较弱，冠幅不大。

二是园区设置不合理，普遍不设置排水沟，旱季可以存储水分，但雨季易导致水害和瘟病，所以缺株率普遍较高。

三是定植后疏于管理。普遍存在不剪蔓的习惯，空节较多，不易形成高产树形。不注重保护土壤质量，有机肥施用量普遍不够。缺乏病害农业防控措施，瘟病发生率较高。

四是加工技术较为落后，机械化程度低，仍以农户小作坊晾晒式加工为主，卫生条件难以保障，影响产品质量。初产品以黑胡椒为主，种类较为单一。

**（四）为追求高品质产品，生态化种植是生产趋势**

考察贡布一家法国庄园时发现，为追求高品质，其胡椒种植只施用充分腐熟的有机肥，用生物防治代替农药，比如叶片出现虫害后，用黄蝉、香茅草等五种植物叶片浸泡液喷施胡椒树体，虫害即可消除。高品质产品售价也较高，1千克黑胡椒可达40美元，而农户生产普通黑胡椒售价仅为2美元左右，利润空间巨大。

## 三、工作意见和建议

一是加强项目联合申请，以项目为纽带和支撑可快速推进与国外的热带农业科技合作工作。

二是与当地研究机构和中资企业合作相对可以保证合作的进度和质量。

三是当地对于胡椒高效生产技术需求迫切，组织当地研究机构、生产单位技术人员来华开展技术培训，培养技术骨干，是快速提供当地胡椒生产技术水平的有效途径。

（出访团成员：杨建峰、郑维全、李志刚）

# 赴柬埔寨执行柬埔寨橡胶示范基地建设任务的情况报告

应柬埔寨橡胶研究所的邀请，中国热带农业科学院橡胶研究所谢贵水研究员等6人于2018年7月13—20日共8天时间赴柬埔寨执行“一带一路”国家热带农业资源联合调查与评价项目的柬埔寨橡胶示范基地建设任务。

## 一、出访基本情况

### （一）目的和意义

天然橡胶产业是柬埔寨农业的重要支柱产业和最大创汇产业，也是整个东南亚国家的重要产业。近20年来柬埔寨的天然橡胶产业发展迅猛，但由于其国内天然橡胶领域的研究开发及科技创新能力薄弱，对产业支撑不足，生产与管理技术落后等因素，严重制约了该产业的进一步发展。本项目为了示范和推广适合当地环境和生产需求的橡胶苗生产技术，执行中国政府“一带一路”项目“柬埔寨橡胶种植示范基地”。在柬埔寨建立橡胶树良种良苗生产示范基地、橡胶树高产高效割胶技术试验示范基地、橡胶树高产高效综合栽培技术示范胶园，展示新品种，集成示范高产高效综合栽培技术和机械化生产技术，试验和展示我国天然橡胶生产技术，提升合作方天然橡胶研究和创新的能力、促进我国天然橡胶生产技术在当地的熟化推广。项目的实施可为我国天然橡胶科技“走出去”提供联合研发平台，同时为我国实施的“一带一路”倡议做出贡献。

### （二）主要活动

一是对广垦（柬埔寨）春丰橡胶有限公司进行了访问和技术指导，与公司总经理韦球明、副总经理甘学德等进行了交流。王军副研究员为公司65名职工和技术骨干做了“橡胶树育苗技术及质量控制”的技术培训报告，就下一步合作计划做了充分的讨论。双方同意在广垦（柬埔寨）春丰橡胶有限公司在桔井省的基地建设6亩良种良苗生产示范基地，生产优质橡胶树PB260种苗5 000株。

二是对绿洲农业发展（柬埔寨）有限公司桔井基地进行考察和指导。与公司袁总经理等技术人员进行了交流。对育苗、栽培和施肥等提出技术建议。

三是访问了柬埔寨橡胶研究所金边本部及位于特本克蒙省柬埔寨橡胶研究所基地，

并与 Mak 所长等专家进行了交流。实地调研柬埔寨橡胶研究所的种质资源圃和拟建设良种良苗生产示范基地。王军副研究员为柬埔寨橡胶研究所 35 名科研人员和技术骨干做了“橡胶树育苗技术及质量控制”的技术培训报告，就下一步合作计划做了充分的讨论，并确定了具体的试验示范方案，现场签订了合作协议。双方同意在特本克蒙省柬埔寨橡胶研究所基地建设 9 亩良种良苗生产示范基地，生产优质橡胶树 GT1 种苗 5 000株。

## 二、主要收获与成果

一是 依托柬埔寨橡胶、木薯种植示范基地和天然橡胶种质资源联合调查与评价两个“一带一路”项目，为更好地提升柬埔寨天然橡胶在栽培、育种领域研究和创新生产的能力，促进我国天然橡胶生产技术在柬埔寨的熟化推广，执行“一带一路”热带国家农业资源联合调查与开发评价项目。橡胶所谢贵水副所长等专家赴柬埔寨橡胶研究所和广垦（柬埔寨）春丰橡胶有限公司访问。柬埔寨橡胶研究所就我国橡胶树育苗技术及质量控制技术在柬埔寨示范推广和橡胶种质资源联合调查与评价与中国热带农业科学院橡胶研究所签署了《柬埔寨橡胶苗圃试验示范基地建设合作协议》和《育种科研合作协议》。广垦（柬埔寨）春丰橡胶有限公司与中国热带农业科学院橡胶研究所签署了《柬埔寨橡胶苗圃试验示范基地建设合作协议》。

二是 橡胶所专家一行考察调研了柬埔寨橡胶树种植和生产、种苗培育技术、种质资源收集与利用情况等，就柬埔寨橡胶苗生产示范基地、联合种质资源调查与育种、高产示范基地建设等交换了意见，并确定了具体的试验示范方案，现场签订了合作协议。根据合作协议，双方将在橡胶种质资源联合调查与评价和示范推广适合柬埔寨生产环境特点的橡胶树优良苗木标准化生产技术和小筒苗育苗技术方面开展技术合作，为当地企业/农业提供橡胶树优良苗木标准化生产技术，促进当地橡胶产业节本增效，持续发展。

三是通过本次出访，与广垦（柬埔寨）春丰橡胶有限公司和柬埔寨橡胶研究所建立了良好的合作关系，特别是与两单位签署协议，建设良种良苗生产示范基地，各生产优质橡胶树种苗5 000株。

四是通过本次出访，对柬埔寨橡胶产业的基本概况进行了解，包含种植模式、种苗繁育技术和施肥管理措施等。柬埔寨特本克蒙省柬埔寨橡胶研究所基地橡胶种植园，胶园林相对较好，有效株率较高，种植密度约 400~500 株/公顷。但部分种植园割胶技术水平较差，种苗繁育技术落后，有较大提升空间。广垦（柬埔寨）春丰橡胶有限公司桔井省基地和绿洲农业发展（柬埔寨）有限公司桔井基地土壤质量差，因少施肥料和干旱影响，胶林不整齐。种苗繁育技术落后，有较大提升空间。应加强与柬埔寨橡胶研究所和广垦（柬埔寨）春丰橡胶有限公司的合作与交流，开展良种良苗生产示范基地建设，促进我国天然橡胶生产技术在当地的熟化推广。

## 三、工作意见和建议

一是通过本次调研，我们发现柬埔寨橡胶种植存在不同省份之间土壤养分不均衡的现象。胶园在育苗圃，割胶管理和肥料管理上都落后于我国。因此，有必要在柬埔寨建立橡胶树良种良苗生产示范基地、橡胶树高产高效割胶技术试验示范基地、橡胶树高产高效综合栽培技术示范胶园，集成示范高产高效综合栽培技术和机械化生产技术，试验和展示我国天然橡胶生产技术，促进我国天然橡胶生产技术在当地的熟化推广。

二是中国热带农业科学院应加强与柬埔寨橡胶研究所（CRRI）的长期合作，柬埔寨橡胶研究所是隶属于柬埔寨农业林业和渔业部（MAFF）和财政部的公益性单位，在橡胶树种植管理和技术应用具有重要作用。其职责为领导和完成所有与橡胶产业发展有关的试验和技术推广工作，参与橡胶产业技术革新和提高效益。与其合作可以直接与柬埔寨农业林业和渔业部部长建立联系。为我国天然橡胶科技“走出去”提供联合研发平台，同时为我国实施的“一带一路”倡议做出贡献。

三是我国应加大国际合作支持力度，拓宽合作领域，增加合作深度，尤其应与柬埔寨等有合作基础的单位建立长期稳定的合作关系。巩固与国际和区域研究组织如国际橡胶研究与发展委员会（IRRDB）、天然橡胶生产国协会（ANRPC）合作，建立战略伙伴关系。

（出访团成员：谢贵水、李维国、王立丰、王军、林清火、位明明）

# 赴柬埔寨执行木薯、甘蔗等机械化生产技术转移与示范任务的情况报告

应柬埔寨桔井省农业厅邀请，中国热带农业科学院刘智强助理研究员一行 6 人于 2018 年 9 月 25—29 日赴柬埔寨执行木薯、甘蔗等机械化生产技术转移与示范任务。

## 一、出访基本情况

### （一）目的和意义

此次出访的任务是执行 2018 年“一带一路”热带国家农业资源联合调查与开发评价项目“木薯、甘蔗等机械化生产技术转移与示范”任务。通过开展“木薯、甘蔗等机械化生产技术转移与示范”任务，深化前期双方合作的同时，确切掌握当地木薯、甘蔗、天然橡胶等农业装备需求，改进适应当地的农业装备，建立机械化生产示范点，促进合作国家农业机械化发展，为我国热带作物生产机械化技术与装备走向东南亚迈出一步。同时加强我国与“一带一路”沿线国家农业合作与技术交流，增进与合作国人民之间的友谊，为我国“一带一路”倡议实施添砖加瓦。

### （二）主要活动

代表团在 Asia Agricultural Development（Cambodia）Co.，Ltd. 环亚农业发展（柬埔寨）有限公司（环亚公司）以及 PPM 亚洲林业投资集团有限公司 PPM Asia Forestry Investment Group Co.，Ltd.（PPM），开展了木薯、天然橡胶和热带水果等热带作物生产机械化技术与装备交流及需求调研，并与这两家企业达成了进一步合作意向。

受柬埔寨桔井省农业厅委托，代表团在 Global Agricultural Development（Cambodia）Co.，LTD. 环宇农业发展（柬埔寨）有限公司机械部梁庆丰经理的陪同下，先行到环亚农业发展（柬埔寨）有限公司交流，该公司主要种植木薯、天然橡胶等作物。在公司基地部郑世昭经理陪同下，代表团实地调研了公司的木薯、天然橡胶、热带水果等种植基地，并在现场进行了技术交流，公司表达了对天然橡胶田间生产机械、热带水果田间生产机械的需求意向；随后调研了公司机械部，对热科院农机所前期发往公司的木薯收获机、木薯起垄机等木薯生产机械应用情况进行了技术交流，针对柬埔寨木薯种植农

艺情况与木薯机械未能完全匹配情况交流了下一步改进意见；最后与公司胡荣庆总经理进行了座谈交流，双方就下一步在公司建立标准化的木薯生产全程机械化示范基地，以完成国内木薯机械化技术转移与示范达成了合作意向。

出访专家随后到 PPM 公司开展木薯生产机械化技术交流，PPM 公司萧春雄副总经理介绍了公司是柬埔寨最大的木薯种植企业，计划种植 300 万亩，并陪同代表团调研了公司木薯基地及种植作业现场，深入了解了柬埔寨木薯种植农艺条件，并考察了公司农机设备情况，交流了机械化生产情况，最后返回公司总部与公司刘伟总经理进行了座谈，双方就柬埔寨木薯生产机械化技术进行了深入交流，初步达成了共同开展柬埔寨木薯生产机械化技术示范的合作意向，代表团邀请公司在后续时间赴国内就双方合作进一步开展洽谈。

## 二、主要收获与成果

### （一）对柬埔寨农业机械化条件及发展现状有了进一步的了解，并对我国热带农业机械化研究成果进行了宣传

#### 1. 柬埔寨自然条件优越，适合发展热带农业机械化

柬埔寨全国有可耕地面积约 670 万公顷，但目前实际耕种面积仅约为 260 万公顷，农业种植发展潜力巨大。木薯是柬埔寨的第二大经济作物，是柬埔寨农民最喜欢种植的主要农作物之一，木薯种植面积的增长率排在第二位，目前全国木薯种植面积约为 80 万公顷，种植区主要分布在东北部的拉达纳基里省、磅湛省、桔井省等省，最近 3 年里，柬国木薯的种植面积持续增加。开展木薯生产机械化技术装备合作与输出有较好环境。

柬埔寨是世界上主要天然橡胶生产国之一，种植面积约为 44 万公顷，年产量 15 万吨，世界排名第 10 位，出口产值约 2 亿美元。天然橡胶是柬埔寨较大的农业产业，橡胶园生产基本依靠人工完成。

总之，柬埔寨农业机械化水平低，随着现代农业的发展，柬埔寨对于农业机械装备的需求与日俱增。

#### 2. 出访人员宣传了我国热带农业机械化研究成果

代表团发放了热科院农机所的宣传册，重点介绍了热科院农机所的科研成果，包括木薯、天然橡胶、热带水果生产方面的田间作业机械化技术与装备。

### （二）开展了木薯、天然橡胶等生产机械化装备技术交流

#### 1. 木薯生产机械化技术交流与指导

热科院农机所自 2015 起连续出口了木薯收获机、木薯秆粉碎还田机、木薯种植机、

木薯起垄机等系列设备至环亚公司，公司人员向出访专家介绍了机具应用情况。针对当地农艺要求提出了木薯种植机改进建议。出访专家现场对公司技术人员进行了相关机具作业技术讲解和应用指导。

**2. 橡胶生产机械化技术交流**

通过在环亚公司的天然橡胶种植园进行现场技术交流，讲解了热科院农机所开沟深施肥技术及杂草粉碎还田技术。

**3. 热带水果生产机械化技术交流**

通过在环亚公司的榴莲等热带水果种植园进行现场技术交流，讲解了果园田间生产机械化技术应用注意事项，及我所在热带水果加工技术装备方面的技术优势。

**4. 木薯全程机械化技术交流**

通过在 PPM 公司木薯基地进行现场技术交流，讲解了我所在木薯全程机械化方面已经具备成熟的技术装备且在国内进行了大面积应用示范，双方达成了利用热科院农机所的成熟技术结合柬埔寨木薯种植农艺条件合作开展柬埔寨木薯生产全程机械化技术示范的意向。

### （三）加强了木薯、天然橡胶生产机械化合作联系，达成了进一步技术合作意向

**1. 与环亚公司加强了木薯、天然橡胶等作物生产机械化合作**

该公司拥有土地 1.5 万公顷，主要从事木薯、天然橡胶及热带水果种植产业。拥有非常好的木薯、天然橡胶等机械化生产所需要的种植基地、拖拉机、技术人员条件，且非常重视木薯、天然橡胶等生产机械化，非常希望热科院农机所能提供进一步的技术装备支持与合作，是一个非常难得的可以保持长期合作关系的合作对象。

双方在前期合作的基础上，表达了进一步优化木薯生产机械装备、在公司建立标准化木薯生产全程机械化示范基地的意向；同时表达了对天然橡胶机械装备的需求，提出了希望热科院农机所的天然橡胶装备能够在公司胶园进行示范的意向。

**2. 与 PPM 公司在木薯生产全程机械化技术示范方面达成了合作意向**

公司作为柬埔寨最大的木薯种植企业，拥有近 10 万公顷土地，拥有自己的拖拉机队，土地条件良好，具有开展木薯全程机械化生产的良好条件，热科院农机所具备成熟的木薯生产机械化技术，通过双方交流，达成了在柬埔寨合作开展木薯生产机械化技术转移示范工作的意向，并约定了后续将在国内签署合作协议的时间范围。通过双方合作，将有力促进热科院木薯机械化技术装备研究成果在柬埔寨的示范应用及推广。

## 三、工作意见和建议

### （一）工作体会

农机设备的研发需要以实际生产为目标，针对不同的国别气候、土壤等自然条件，不同的种植农艺开发不同的木薯、天然橡胶生产机械化装备，以适应不同的国家需求，我国具备较好的设计制造能力，柬埔寨具有国内所没有的大面积的木薯种植农场、平坦土地种植的天然橡胶园，这为木薯田间机械设备、天然橡胶田间设备的发展与应用提供了广阔的舞台。因此，结合国内设计加工优势与柬埔寨土地气候等自然资源，开发出能用好用的木薯、天然橡胶等田间生产机械，为中柬木薯、天然橡胶产业的持续健康发展增砖添瓦。

### （二）工作建议

中柬具有良好的合作背景。1993 年柬新政府成立以来，中柬高层互访频繁。党和国家领导人曾先后到访柬埔寨。中国与柬埔寨在热带农业科技合作方面已经取得了较好的进展。中国热科院在热带作物生产机械化及农产品初加工技术装备方面获得了系列成果，并通过农业农村部、海南省、广东省等各类项目经费支持，与柬埔寨、印尼、泰国合作开展了木薯、天然橡胶、甘蔗农机技术装备示范应用，出口了木薯种植机、收获机、甘蔗叶粉碎还田机、天然橡胶初加工等系列农机装备 50 多台，此次出访建立了更为紧密的合作关系，希望能够获得更多的经费支持，继续在这些国家以及更多东南亚、非洲国家进一步开展农机技术装备合作与成果转移示范应用推广。

（出访团成员：刘智强、李国杰、郑爽、薛忠、张园、宋刚）

# 赴柬埔寨执行农产品加工业磋商合作项目的情况报告

应柬埔寨商业部邀请，中国热带农业科学院杜丽清研究员等一行5人于2018年1月3—7日赴柬埔寨执行农产品加工业磋商合作项目。

## 一、出访基本情况

### （一）目的和意义

为落实中柬高层共识，服务“一带一路”外交大局，推进我国农业走出去，帮助柬埔寨提高农产品加工业水平，根据2017年12月21日韩长赋部长会见柬尹财利副首相和农林渔业部翁萨坤部长时同意派出代表团的指示，应柬商业部邀请，经我部领导批准，2018年1月3—7日，农产品加工局组织热科院专家、湖北省3家米制品加工和广东省2家热带水果加工企业共10人，赴柬执行农产品加工业磋商合作项目，经过广泛交流、深入考察，完成了预定出访任务，实现了预期目标。

### （二）主要活动

柬政府对本次访问高度重视，商业部部长 Sorasak Pan 带领副部长 Chhuon Dara 和市场开发司等司局主要负责人、农林渔业部翁萨坤部长带领 Meas Pyseth 副部长和相关司局主要负责人分别会见了代表团一行，对中方长期给予柬方的支持表示衷心感谢，对习近平总书记提倡的“一带一路”给予高度评价，对近期李克强总理和韩部长访柬表示殷切期待，并派专人全程陪同代表团安排联络公务活动。在此次行程中，共访问了2家政府部门和9家企业（1个经济特区、2家大米加工企业、1家物流企业、1家燕窝生产企业、2个杧果农场、1家超市、1家交易批发中心），经与柬方商讨洽谈，此次出访成功与多家企业签订合作协议。

## 二、主要收获与成果

一是柬高度重视农业发展。农业是柬第一大支柱产业，柬政府已将农业发展提高到国家安全的战略高度，制定了中长期计划。

二是柬农业资源丰富。由于自然条件优越，柬盛产稻米、木薯、杧果、菠萝、香蕉、龙眼等热带水果；同时由于水域资源丰富，还盛产水产品。

三是农业基础差。柬农业完全靠天吃饭，基本没有农田水利设施，也没有水产养殖。另外，柬没有修建高速公路，缺高等级公路，更没有高铁，主要靠汽车、货车，货物集中后通过大货车运到港口走海运。

四是城乡环境差，土地肥沃。城乡环境脏乱差，尤其乡村污染严重；但果园土壤肥沃，适合种植。

五是农产品加工业严重滞后。缺资金、缺技术、缺装备、缺人才，还缺烘干、储藏、保鲜、冷冻、冷藏等初加工设施。我们考察的宏泰批发交易中心是由一家重庆公司于 2013 年始建，原定 2 年建成，实际用了 4 年时间才基本完工，主要原因就是全套设备需从国内进口。目前，柬只有少部分小规模碾米厂、木薯加工厂等，无规模化农产品加工企业，商场超市也只有菠萝干、杧果干等少数几种简单加工产品，农产品加工业已经成为制约柬农业以及社会经济发展的主要因素之一。

六是日资抱团取暖，中资相对分散。金边经济特区有 80 家企业入驻，其中日资 45 家、台湾省 9 家、中资 5 家，日方企业主要从事汽车及零部件生产销售、机械生产加工、生活用品等，涉及各方面，尤其是柬道路上跑的几乎都是日本车；中方企业主要是生产饲料、文具和绳线等；其他中方小企业和个体分散于城市周边，单打独斗，没有集群优势。

七是成本高。用地难用电贵在柬也得到体现。柬土地不允许外国人购买，只有与柬方合作成立公司才行。在金边经济特区，工业用地转让 50 年租赁标准价格为 70 美元/平方米，约合 30 多万元/每亩，比国内不少地方都高，50 年到期后可免费延期；经与中方企业交流，如与柬企业合作，只要 3 万~4 万元/每亩可买到或租到，加上地面建筑物成本，仍然比经济特区便宜很多；电力为 0. 1868 美元/千瓦时，约 1. 22 元/千瓦时，比国内高不少，另外还要加上 0. 30 美元/立方米的水费和 0. 26 美元/立方米的污水处理费以及 0. 06 美元/平方米/月的基础设施维护费（+10%增值税），成本高。

八是柬企业多以女工为主。如经济特区占到 80%。

柬方反映情况则如下。

一是对中方期望值很高。两位部长高度赞赏习近平总书记提出的“一带一路”倡议并愿参与其中，其他官员和访问企业、经济特区都期盼与中方开展更加广泛、更深层次、更加务实的合作。

二是期盼中方更加开放市场。两位部长和企业反映，根据中柬目前签署的贸易备忘录，柬直接出口中国的农产品只有大米、木薯、玉米等少数几种，而热带水果、淡水鱼类等只能通过大量出口越南、泰国，再冠以该国品牌转口卖入中国市场，既不符合中柬关系实际，也对中柬农产品贸易带来消极影响。商业部长希望中方对柬木薯加工提供技术援助，投资建厂，生产塑料、燃料等产品，提高经济效益。

三是期盼早日直通。柬政府部门、私营企业、在柬中资企业以及本次赴柬中方企业代表，一致期盼中柬两国政府尽快签订贸易备忘录，使柬更多品种、更大数量、更高品质的农渔产品直接进入中国市场，既可以缩短运输时间，有利于农产品保存，保证产品品质；还可以建立原产地追溯体系，降低贸易风险，保障农民利益；同时，也解决了柬口岸“满箱入，空箱出”的问题，降低运输和交易成本，提高两国商品市场竞争力。

四是期盼多方合作。柬农林渔业部长建议其下设农业工业司与我国农业农村部农产品加工局建立对口联系，所属科学机构与中国热带农业科学院建立合作关系；商业部公务人员建议中方为柬年轻公职和科研人员提供更多的到中国大学进行培训和教育的名额与机会。对此，中方代表团表示，将积极向中国高层反映柬所涉需求；关于与农业农村部农产品加工局建立对口联系事宜，归国后按程序请示；中国热科院同意与其科研机构建立合作关系，但终因柬方准备不充分，来不及签署合作备忘录，后续将继续推进。

## 三、工作意见和建议

建议通过外交途径，与柬等“一带一路”国家合作建立农产品加工国际园区，集中土地、财政、金融、电力等政策，也利于中方企业抱团，形成合力；可适时邀请柬等“一带一路”国家派代表参加一年一度的中国农产品加工业投资贸易洽谈会，让他们更好地了解中国农产品加工业发展现状，增强他们引进中国农产品加工企业的信心。

（出访团成员：杜丽清、何建湘、蔡力、赵巍、郑如钦）

# 赴柬埔寨执行学术交流任务的情况报告

应柬埔寨橡胶研究所邀请，中国热带农业科学院周建南研究员一行 6 人于 2018 年 5 月 7—13 日赴柬埔寨执行“一带一路”热带国家农业资源联合调查与开发评价项目任务。

## 一、出访基本情况

### （一）目的和意义

本次出访活动主要为完成“一带一路”热带国家农业资源联合调查与开发评价项目中“中国—柬埔寨天然橡胶联合实验室”共建任务内容。项目拟与柬埔寨橡胶研究所合作，在柬埔寨橡胶研究所基地共建天然橡胶联合实验室，提供部分仪器设备，为柬方提供相应的人员技术培训；并联合开展包括土壤和叶片分析诊断、橡胶树人工授粉、橡胶树育苗、割胶技术等研究工作。

此次出访拟达成以下目标：①商讨合作建立联合实验室、资源考察与种质圃建立及相关技术示范基地建立的初步计划与方案；②了解柬埔寨橡胶施肥管理、品种使用及栽培、加工情况；③了解柬埔寨橡胶研究所实验室情况及建设需求、种质资源收集条件及试验基地情况，讨论下一步工作计划及人员培训计划。

本次出访充分了解了柬埔寨橡胶研究所试验条件及科研工作现状，为下一步共建联合实验室、种质资源收集评价、示范基地建设的顺利进行奠定基础。有利于在“一带一路”倡议下，加快热带农业对外合作步伐。

### （二）主要活动

此次出访，主要在金边访问了柬埔寨橡胶研究所总部，了解了其整体组织架构和研究情况，探讨了“一带一路”热带国家农业资源联合调查与开发评价项目任务内容，对联合实验室建设、种苗繁育基地建设、品种资源收集利用等事宜进行了对接；到磅湛省柬埔寨橡胶所基地以及桔井省的 Sopheaknika Investment Group Co. Ltd. 橡胶种植公司及小胶园主 Monin Lien 的种植园进行橡胶生产情况考察；另外，结合服务企业走出去工作，考察了广东农垦在桔井的春丰公司，了解了其生产情况，为其土壤改良提供了建议。

在柬埔寨橡胶研究所总部，周建南研究员向柬方人员介绍了本项目的整体任务和内容，根据双方达成的科技合作协议，将在土壤—植物样品分析联合实验室、橡胶树种质资源利用、橡胶树种苗繁育基地及高产示范基地建设方面开展科技合作工作。并介绍了中国热带农业科学院在对外合作方面的整体情况。土壤农化专家从联合实验室的建设内容、所提供的仪器设备、人员培训方式等与柬方人员进行了探讨；育种专家介绍了天然橡胶产业技术体系研究现状及育种方面的合作情况，与柬埔寨人员探讨了橡胶树品种交换工作事宜；栽培专家介绍了种苗繁育基地建设方案。柬埔寨橡胶所 Mak 所长介绍了柬方研究情况及各领域合作对接计划，就项目合作内容进行了深入了解。

之后，中方代表团一行到柬埔寨橡胶所磅湛省基地进行考察，对其橡胶树种苗繁育、基地实验室条件、栽培种植模式、授粉园及橡胶树选育种情况进行了详细了解。并对种苗繁育基地规模、联合实验室建设内容、种质资源收集利用的具体内容进行了现场讨论。

在桔井省的橡胶种植公司及小胶园主的种植园，了解了其生产种植规模、割制、品系等情况，并与其管理者探讨了双方橡胶生产管理的异同；在广垦春丰橡胶有限公司了解了中资企业在柬埔寨发展橡胶生产的情况，对其种苗繁育技术、橡胶栽培管理情况进行了现场指导和考察。

## 二、主要收获与成果

### （一）了解了柬埔寨橡胶所的研发基础和现状，对其科研条件有了比较清楚的认识，奠定了双方下一步合作的基础

柬埔寨橡胶研究所为橡胶种植公司和小农户提供技术支持和服务。其中提供种苗是其服务的主要内容之一，目前，他们种苗繁育基本上还是用芽接桩的形式进行，繁育效率有待提高，他们有 0.35 公顷的苗圃基地，主要提供 IRCA230、IRCA130（来自于 CIRAD 的品系），育苗的成活率大概在 85%~90%。双方讨论了育苗的生产成本，育苗的人工工资大概在 8~10 美元/天，育苗容器等材料费较高。柬埔寨橡胶所对中方提供籽苗芽接技术培训示范表示欢迎，双方讨论确定了基地规模，确定在其基地建立 0.2 公顷的试验示范基地，并为其提供 3 名技术人员的培训，基本确定 2018 年种苗繁育计划。

双方考察了其基地原有的土壤叶片分析实验室，目前该实验室有一台定氮仪和烘箱等简单设备，水电条件基本具备，但由于缺乏必要的技术培训以及配套仪器设备和药品，实验室基本没有开展工作，实验室条件亟待完善。在考察过程中我方专家根据其实验室条件提出了实验室仪器配置方案，拟定提供 pH 计、分光光度计、原子吸收仪等仪

器设备。双方对仪器设备的运输安装等环节进行了讨论，决定邀请柬方人员到中国先行进行实验分析技能的培训。对实验室条件改造提出了具体的要求，以为下一步实验室的建设运转提供便利。

**（二）柬埔寨橡胶研究所育种方面情况**

在育种方面，我们了解到柬埔寨橡胶研究所有专门的育种研究室，共有 6 名研究人员，是柬埔寨境内唯一专业从事橡胶树育种的机构。研究力量尽管薄弱，但人员素质较高，同时试验站具备一定育种基础和设施条件，且具有未来开展各级各类品种试验试种的土地余量。经过近期的积累，柬埔寨橡胶研究所初步搭建了橡胶树育种技术体系，建立了品种材料保存基地、繁育基地、小规模品种试验基地、矮化授粉园等基地。具体情况如下。

**1. 品种保存基地**

面积约 0.2 公顷，共种植 74 个品种，包括从泰国、印尼、科特迪瓦等国引进的 GT1、BPM24、AVROS308、AF261、HARBEL 60、IRCA230、IRCA209、IRCA145、IRCA130、IRCA111、IRCA109 等。每个品种种植了一行，每行约 15 株，株行距 1 米×1 米。

其中包括了从 CIRAD 和 Michelin 公司联合育成的抗南美叶疫病种质，2013 年共引进 12 个品种，分别是：FDR5802、FDR5597、FDR5240、MDX624、FDR5788、FDR5665、PMB1、MDX607、FDR4575、CDC56、CD1174、CDC312。

**2. 育苗基地**

面积 0.35 公顷，主要培育大规模推广品种，包括 IRCA230、IRCA130，这些品种的年产量可达到 1 800公斤/公顷。他们以袋育苗方式进行生产，提前半年将种子播于袋内，芽接时间可从 January 至 October，一般 45～50 天后锯干，一蓬叶可以种植。种植的最佳时间是 Mid-June to July，过冬有三蓬叶较好。

**3. 品种小规模试验区**

了解到的有 3 个试验区。

第一个是优良母株后代的小规模试验区，该试区 2017 年 8 月建立，共种植 20 个材料（从 CHUPP 公司 1924 年种植的有性系胶园内，2010 年开始，收集生长快产量高的母株的种子 1 000余个，通过胶乳生理参数测定、试割，选出 20 个材料），每个材料 5 株，3 个重复，随机区组设计，种植间距 3 米×6 米，对照品种是 PB217、PB260、RRIM600、GT1，面积 1 公顷。

第二个试验区是从米其林公司引进的 12 个品种，也进行了小规模试验，每个材料

5株，3个重复，随机区组设计。

第三个是与法国共同开展的品系收集，共51个品系（这些品系已经DNA鉴定），每品系种植了20株，3个重复，面积共6公顷。

**4. 矮化授粉园**

面积2.5公顷，2013年建立，种植了16个品系，每个品系种植了30株，种植间距5米×10米。第三年开始锯干矮化树干。目前已看到部分品系有花，预计明年授粉园可投入实质性使用。

柬埔寨橡胶研究所还自行在1924年建立的橡胶树种质园的品种基础上选育了20个品系，正在对其性状表现进行研究，可以作为新的种质资源选育来源。双方拟定2018年下半年邀请柬埔寨橡胶研究所育种团队2~3人访问中国，并与柬埔寨橡胶研究所开展授粉、小规模试验的深度合作。向柬埔寨引入我国的品种，种植于矮化授粉园，联合开展授粉和有性系鉴定评价。

**（三）此次出访另一方面还了解了柬埔寨橡胶生产情况，有利于我国天然橡胶生产技术的输出及为企业走出去提供服务**

其中Sopheaknika Investment Group Co. Ltd. 橡胶种植公司有17 000公顷的胶园，其中开割面积11 000公顷，间隔种植45个品系，以提高橡胶树的抗性及产量，采用d3割制，施用1.5%的乙烯利进行刺激割胶。在施肥方面，施用15：15：25的复合肥，200克/株，每年施肥2次。其间隔种植不同品系的方式值得借鉴，对提高橡胶的抗性和产量有益。春丰橡胶有限公司是由广东省广垦橡胶集团有限公司控股的合资企业。公司基地位于柬埔寨桔井省，拥有特许经营地1.2万公顷，计划建设橡胶园7 800公顷。2013年公司收购完成后，取得了较好的成效，解决了近500人就业，带动了当地经济发展，促进了“一带一路”建设，为两国友好往来打造新的平台。该公司目前存在问题主要是：①土壤表土少，土层薄，石头多，如何改良土壤。②旱季有死苗，如何提高抗旱性。③增粗慢。急待叶面诊断和测土配方施肥。④每年有绯腐病、炭疽病、流胶病等病害发生，恐后期加重。经过现场考察，土壤专家提出了挖深沟、回表土、施用有机肥做基肥的建议，并就后续的检测及改良提出了相关建议。

## 三、工作意见和建议

近年来，在IRRDB等国际组织平台框架内中国热带农业科学院橡胶研究所与柬埔寨橡胶研究所展开了全方位合作交流，已签订科技合作协议，具有较好的合作基础。通过本次访问，双方决定，将尽快促成柬方人员到中国的访问及对其土壤分析、橡胶育种及繁育、栽培技术等领域研究人员的培训工作，并加快推进在柬埔寨进行联合实验室、种质资源联合收集调查、种苗繁育及栽培技术示范基地建设工作，促进项目的顺利实施。

本次出访主要是执行“‘一带一路’热带国家农业资源联合调查与开发评价”项目任务。我们认为，柬埔寨橡胶研究所具备一定育种基础和设施条件，但研究力量还显薄弱。同时，其土壤-叶片分析的实验条件基础不好，种苗繁育技术有待提升。这些导致了其天然橡胶领域的研究开发及科技创新能力薄弱，对产业支撑不足。因此，通过合作建立优异材料种质资源圃，可为今后开展橡胶树优良品种和特异种质资源的双边交换奠定良好基础；同时，通过在柬埔寨建立天然橡胶种植示范基地，促进我国天然橡胶生产技术在当地的熟化应用；通过共建中国—柬埔寨天然橡胶联合实验室，可促进双方在天然橡胶研究领域的合作和交流。

今后，中国热带农业科学院需要深入推进相关项目任务，强化与柬埔寨橡胶研究所的科技合作，提升我国天然橡胶科技在东南亚及 IRRDB 国家的影响力，为我国天然橡胶科技“走出去”提供联合研发平台，同时在我国提出的“一带一路”倡议下，加快热带农业对外合作步伐。

（出访团成员：周建南、茶正早、王文斌、曾霞、王纪坤、罗雪华）

# 赴老挝执行“橡胶树采胶技术联合研究与应用”项目任务的情况报告

应老挝国家农林研究院的邀请，中国热带农业科学院罗世巧研究员一行2人于2018年9月19—27日赴老挝执行“橡胶树采胶技术联合研究与应用”项目任务。

## 一、出访基本情况

### （一）目的和意义

天然橡胶产业是老挝优先发展的种植产业，也是我国热带农业“走出去”的重点领域。针对老挝中资植胶企业对低频采胶技术的迫切需求，本次出访旨在系统调查老挝天然橡胶生产技术水平，通过与老挝国家农林研究院、老挝云橡投资有限公司（中资）合作，开展适用于老挝国情、橡胶树品的低频采胶技术研究与应用示范工作，实现中资植胶企业的采胶技术升级，全面提升老挝的采胶技术水平。该项目将为我国热带农业“走出去”企业提供技术支撑，提高我国热带农业科技的国际影响力和话语权，服务于国家“一带一路”倡议。

### （二）主要活动

此访先后考察了海胶集团控股老挝老挝锦森橡胶有限公司、云胶集团控股老挝云橡投资有限公司波乔分公司、广胶集团控股老挝泰华橡胶有限公司、云胶集团控股老挝云橡有限责任公司及其与老挝农林部合作建设的老挝天然橡胶产业研究院（筹建）。

访问交流期间，出访团实地考察了老挝锦森橡胶的植胶基地（北部）、橡胶加工厂；考察了老挝云橡集团波乔分公司的植胶基地、收胶站以及相邻的民营胶园（北部）；拜访了老挝泰华橡胶公司总部，并实地考察了老挝泰华万象省（中部）植胶基地、沙湾拿吉（中南部）植胶基地及相邻的越资胶园；最后拜访了老挝云橡万象总部，并考察了老挝天然橡胶产业研究院（筹建）建设工地。访问组每到一处，均先与橡胶公司的经营管理和技术人员相互交流及会谈，然后下到胶园实地考察，系统调查了解老挝当地天然橡胶生产情况、割胶技术水平和发展趋势。

在访问老挝云橡有限责任公司期间，访问组与云橡董事长谭仕明先生进行了深入座谈，并介绍了中国热科院在橡胶树新品种选育、新型种苗繁育、种植模式、营养与施肥、采胶技术、死皮防治和综合利用等方面的科研工作情况；作为“老挝天然橡胶产业研究院”承建单位，老挝云橡有限责任公司谭仕明董事长着重介绍了老挝云橡海外发展战略及老挝橡胶产业研究院建设、胶园生产管理和企业科技需求等情况。双方初步达成了在天然橡胶生产先进技术、标准建设、示范推广方面开展合作的意向，并一致同意依托“老挝天然橡胶产业研究院”与中国热科院合作建设“中国热带农业科学院老挝农业实验站”，罗世巧研究员与老挝云橡有限责任公司书记陈翠英女士为试验站揭牌。针对中资植胶企业割胶用工难的问题，双方先期签订橡胶树高效安全采胶技术联合研究合作协议，旨在开展适用于老挝的低频采胶技术研发与应用示范，实现中资植胶企业的采胶技术升级和老挝的采胶技术水平提升。

## 二、主要收获与成果

### （一）老挝天然橡胶生产总体情况

老挝国土面积约 23. 7 万平方千米，人口 676 万。橡胶在老挝的种植历史很早，在 1930 由法国人首次引入，1980—1990 年期间橡胶行业发展十分迅速，目前种植面积达 30. 4 万公顷，其中外国投资占比 55%，小农 35% 。大量胶园从 2001 年开始生产，2011 开始大规模割胶，2016 年产量达 26. 8 万吨，预计到 2019 年产量 37 万吨左右，开割橡胶树达到 75%以上。

老挝橡胶产业起步晚，生产技术欠缺，2011 年才开始建设橡胶苗圃，种植优良种苗。现在大多数胶园都进入开割期，但农民不懂割胶技术。老挝胶园以生产杯胶为主，占比 99%，主要用于生产颗粒胶和烟片胶，但由于缺乏橡胶产品的标准化，产量质量不高。

老挝植胶区主要分为北部（南塔、乌多姆赛、波乔）、中部（万象、波里坎赛、甘蒙、沙湾拿吉）、南部（占巴色、沙拉湾、阿速波）三大区域。上述植胶区橡胶树品系和技术分别依靠中国、泰国和越南。北部以波乔省考察为例，中资橡胶公司（老挝锦森公司还是老挝云橡波乔分公司胶园）均采用推刀割胶。由于气候条件与我国云南地区类似，种植品系多为云南省主栽品系 GT1、云研 774 或云研 772。均采用“二分之一”割线“三天一刀”割胶技术，但不涂施乙烯利，采用杯团收胶，割胶树位可达 400~500 割株，人均割胶在1 500株左右。老挝云橡波乔分公司还安装防雨帽，定期开展割胶检查，各项参数基本遵照我国割胶生产技术规程。而民营胶园则管理较差，同样采用推刀割胶，但割胶技术差，伤树严重，且刀次多、耗皮大，割胶技术培训有待加强。中部以万象省和沙湾拿吉考察为例，天然橡胶树受泰国影响较大。例如老挝泰华橡胶树种植品种以 RRIM600 为主，采用“三分之一”割线“二天一刀”拉刀割胶技术，但不涂施乙烯利，杯团收胶（泰国广泛采用的割胶技术）。由于中部地势较平坦，割胶树位可达 800～1 000割株，人均割胶在2 000株左右。通常年份，割胶生产期达 10 个月，即当年 4 月份开割，到次年的 2 月份停割，割胶刀数可达 140 刀以上。南部以占巴塞省为例，大多为越南投资建设胶园，例如越南橡胶工业集团（VRG）在老挝就有 8 个项目，橡胶树种植面积达 2. 71 万公顷。种植品种以 PB 255 和 RRIV 1 等越南自主品系为主，割胶技术沿用越南割胶技术规程（与我国类似），通常为“二分之一”割线，但采用拉刀割胶，整体伤树较严重。越资橡胶公司非常重视标准化胶园建设，种植基地大多选择大面积平坦土地，种植规模大且规范，胶园管理到位。胶园道路均硬化，方便胶工摩托车收胶，大大减轻了胶工的劳动强度。

### （二）老挝天然橡胶产业研究院建设情况

老挝橡胶研究院作为“老挝—中国现代农业科技示范园”项目，由云南农垦老挝云橡投资有限公司承担建设，占地面积为 2 公顷，总建筑面积为9 405平方米，隶属于老挝国家农林科学院。目前研究院以开工建设，预计 2019 年底建成，将成为老挝唯一的国家级橡胶产业研究院，以促进天然橡胶为主的农产品技术推广、标准制定等方面技术服务平台，下设老挝橡胶和农产品检验检疫中心、老挝橡胶和农产品检测中心、老挝橡胶和农产品技术标准中心、老挝橡胶和农产品培训中心、罂粟替代种植成果展览馆。

### （三）中国热带农业科学院老挝农业实验站揭牌

访问团与云南农垦老挝云橡投资有限公司深入商讨后，双方一致同意依托老挝天然橡胶产业研究院合作建设“中国热带农业科学院老挝农业实验站”，并为试验站揭牌。目前，双方在天然橡胶先进生产技术方面已达成合作意向，下一步双方将进一步商讨，如何利用试验站平台，从不同领域推动中老热带农业的长期合作交流。

### （四）老挝橡胶树“四天一刀”技术研究与示范推广

获得了 1 套针对老挝北部植胶区的“四天一刀”技术规程，并已落实云南农垦老挝云橡投资有限公司的专业技术人员进行老挝语的编译。依照该技术规程，在老挝南塔省建立了“四天一刀”技术示范点 1 个，面积 500 亩。截至 9 月中旬，已有数据显示，“四天一刀”技术试验区产量比对照区（“三天一刀”），单位面积产量提高 5%左右，人均产量提高 28 左右，节约用工 33%。基本完成了该项目的研究工作，达到预期目标。

## 三、工作意见和建议

老挝国土自北向南延伸，全境可种植橡胶树，且气候类型丰富，北部气候和土壤环境与我国云南地区相近，中部和南部气候条件与泰国、柬埔寨类似，是橡胶树的高产抗逆育种和栽培技术研究的优良场所，建议在“老挝—中国现代农业科技示范园”中设立建立橡胶树育种试验基地，种质资源圃等配套设施，搭建适用技术、产品进行引入、应用和推广平台。

建议依托“老挝橡胶产业研究院”和“中国热带农业科学院老挝农业实验站”平台，加强各类项目支持，推动热作新品种新技术在老挝的实验示范推广、创建优质农作物良种繁育生产基地、开展科技决策和咨询服务、加强农业科技人才交流培训等形式，推动中老两国农业产业经济又好又快发展。

老挝中资控股植胶企业超 20 家，总植胶面积超过 10 万公顷，目前中资植胶企业均面临胶工短缺，割胶技术水平低等问题，建议中国热带农业科学院能滚动支持“老挝橡胶树采胶技术研究与转化应用”项目，服务天然橡胶“走出去”。

（出访团成员：罗世巧、仇键）

# 赴老挝执行国际交流与合作项目任务的情况报告

应老挝人民民主共和国农业和林业部农业司的邀请，中国热带农业科学院韩丙军研究员一行4人于2018年9月9—22日访问老挝。

## 一、出访基本情况

### （一）目的和意义

老挝具有独特的地理区位优势和丰富的农业资源，2009年9月，中国与老挝建立了全面战略合作伙伴关系，在农业科技、贸易和投资领域已经开展诸多合作。中国热带农业科学院以热带农产品为研究对象，着重解决热带农产品育种、栽培、品质、质量安全、病虫害等技术中的重大科技问题。中国热带农业科学院在“一带一路”国家倡议带领下，积极推动“走出去”国家发展战略，通过开展老挝热带农产品质量调查与评价，对老挝各省市热带农产品种植、采收与加工现状进行深入了解，并在农产品质量安全领域探索科学的合作方式，加快老挝国家农产品质量安全体系建设，提升老挝农产品国际市场的竞争力。

2018年9月9—22日，韩丙军、袁宏球、张月和赵方方4位同志赴老挝开展老挝热带农产品质量调查与评价，深入了解老挝主要热带农产品质量现状，并采集土壤和水等环境样品，并分别对万象、万荣、琅勃拉邦、乌多姆赛、琅南塔等省市热带农产品种植、采收与加工现状开展热带农产品质量调查与评价。与老挝农业与林业部农业司及其直属单位植物保护中心建立联系，收集老挝热带农产品质量安全相关标准、法律法规、农药管理条例等资料。

### （二）主要活动

出访老挝期间，考察团一行访问了农业与林业部种植业司和直属单位老挝植物保护中心，对老挝农产品质量安全现状及农药管理进行交流和座谈，针对农产品质量安全及农药登记进行了2次技术培训，反响强烈，并与农业与林业部农业司草拟了农业技术合作框架协议，建立了合作关系。考察了老挝万象有机蔬菜试点市场及琅勃拉邦蔬菜市场，对老挝蔬菜质量安全管理现状有了初步了解。走访了云橡有限责任有限公司驻万象、琅勃拉邦、琅南塔分公司。搜集到了老挝GAP标准、有机食品标准、农药残留标准和农产品质量安全相关法律法规资料。共采集了水和土壤样品各 23 个，顺利完成考察任务。

**1. 拜访老挝农林部并进行座谈**

考察团赴老挝农业与林业部种植业司进行了访问，种植业司司长威来苏·恳那丰、法律法规处处长 Souliya Souvandouane 先生、计划与合作处处长 Phanpradith Phandara 博士会见了考察团，司长向考察团介绍了老挝政府对老挝农业发展的计划，表示老挝政府高度重视农产品质量安全，希望与中国政府有更多领域的合作，加快老挝国家农产品质量安全体系建设，提升老挝农产品国际市场的竞争力。法律法规处处长介绍了目前老挝农产品质量安全现状及农药管理现状及相关的农业政策及规章制度。同时，考察团对老挝国家的热带农产品生产和种植基地的化肥、农药等投入品使用情况有了一定的了解，搜集到了老挝 GAP 标准、有机食品标准、农药残留标准和农产品质量安全相关法律法规资料。

**2. 开展农产品质量安全及农药登记管理技术培训**

老挝农业与林业部种植业司计划合作处处长 Phanpradith Phandara 博士及相关管理人员参加了培训。培训开始前，Phanpradith Phandara 博士对 DOA 的组织机构组成及单位职责向考察团进行了介绍。韩丙军结合我国目前热带农产品质量安全现状及农药管理情况，针对农产品质量安全相关法律法规、标准及农药登记进行了 2 次技术培训，反响热烈，培训结束后参加培训的相关人员针对本国的实际情况与考察团进行了讨论和交流。同时提出希望与热科院在热带农产品质量安全领域有进一步的合作。

**3. 执行热带农产品质量安全市场调查**

在老挝农业与林业部农业司作物管理处处长 Vanhthieng 先生的带领下，考察了老挝万象有机蔬菜试点市场。Vanhthieng 处长向我们介绍了当地的化肥、农药等投入品使用情况，目前老挝蔬菜水果等基本很少使用农药等投入品，同时老挝农产品质量安全管理手段基本依靠相关法律法规，没有开展相应的检测监测工作。

同时，考察了琅勃拉邦市场 Phosy Market，了解到当地种植的主要热带农产品包括香蕉、龙功果、红毛丹、杧果及叶菜类蔬菜等。

**4. 与老挝农业与林业部种植业司深入座谈**

考察团在初步了解老挝当前热带农产品质量安全及农药管理现状的基础上，与老挝农业与林业部种植业司相关领导人和技术人员再次进行了深入交流，希望在热带农产品管理体系、检测技术、质量标准等方面进行进一步的合作，并草拟了农业技术合作框架协议，建立了合作关系。

**5. 考察老挝植物保护中心并进行座谈**

考察团对老挝植物保护中心进行了访问，中心主任 Viengkham Sengsoulivong 女士及检测实验室、合作处等相关人员与考察团进行了交流，Sengsoulivong 女士对中心相关部门及研究领域进行了介绍，并指出了中心在农产品质量安全领域的不足，考察团针对农产品质量安全领域提出了相关合作交流方式。检测实验室及合作处相关管理人员表现出了极大的兴趣。同时，考察团参观了植物保护中心实验室，对实验室环境、设施、仪器、试剂等情况进行了解。目前实验室处于未使用状态，实验室环境、设施筹建不完整，相关检测仪器如气液相、气质等都处于闲置状态，相关检测人员没有得到系统的培训，对仪器操作、实验室管理运行等不了解。考察团对中心实验室设计、仪器管理等各方面给予了一定的建议。

**6. 考察老挝云橡有限责任有限公司**

考察团在老挝期间分别走访了云橡有限责任公司驻万象、琅勃拉邦、琅南塔分公司。其中，云橡有限责任公司驻琅南塔分公司董事长谭仕明就目前公司发展现状及未来几年的发展趋势与考察团进行了交流，同时指出今后公司将在蔬菜种植方面有所拓宽，希望与热科院在农产品质量安全领域有更多的合作。同时考察团在谭仕明董事长的带领下考察了橡胶种植基地及热带水果火龙果种植基地，对该公司发展规模及人员管理情况均有了一定的了解。

**7. 考察老挝各省市水稻种植基地并采集土壤和水样**

考察团对万荣、琅勃拉邦、乌多姆赛、琅南塔等省市水稻种植基地进行了考察，调查了水稻的种植情况、化肥农药使用情况、病虫害情况以及在老挝种植遇到的问题等，并分别抽取了水稻土壤、水等产地环境样品各 23 个。

## 二、主要收获与成果

### （一）对老挝农业发展现状有了一定了解

通过走访老挝，感受到老挝政治环境稳定、农业资源丰富、民风淳朴老挝在地理位置上与中国相邻，具有独特的地缘优势和传统的人文渊源，且经济发展势头良好，是中国未来对外农业合作的重点国家之一。老挝与中南半岛地区的其他四国（缅甸、越南、泰国、柬埔寨）被称为“亚洲粮仓”，具有巨大的农业合作潜力。特别是，对老挝目前主要热带农产品质量及农药管理现状有了一定了解，与老挝农业与林业部农业司及其直属单位植物保护中心建立了联系，收集到了老挝热带农产品质量安全相关标准、法律法规、农药管理条例等资料，采集到水稻土壤、水等产地环境样品各 23 个。通过考察老挝万象有机蔬菜试点市场及琅勃拉邦蔬菜市场，对老挝蔬菜质量安全管理现状有了初步了解。为今后进一步合作打下了良好的基础。

**（二）与老挝农业与林业部种植业司建立了合作关系，找到了中国农业科研院所在中老合作中的位置和优势**

目前老挝农业基础设施不完善，国家农产品质量安全体系建设未成立，检测人员整体专业素质不高，直接影响着老挝热带农产品的国际市场竞争力。热科院可充分发挥自身的科研优势，建立科技战略合作关系。考察团此次访问老挝，与农业与林业部种植业司建立了合作关系，并草拟了农业技术合作框架协议，希望通过建立农产品质量安全中心实验室，加强农产品质量安全人才交流培训，开展农产品管理、检测、标准的科技决策和咨询服务等，来推动中老两国农业快速发展。

## 三、工作意见和建议

根据老挝国家当前的需求，为加快老挝国家农产品质量安全体系建设，提升老挝农产品国际市场的竞争力，积极推动“走出去”国家发展战略，建议热科院在热带农产品管理体系、检测技术、质量标准等方面与老挝进行合作，将热科院的科研成果及先进经验推广到老挝，保障老挝优质农产品的质量，促进老挝绿色农业的发展。

一是建立农产品质量安全中心实验室。以老挝现有实验室环境、仪器条件、人员为依托，引进中国的农产品质量安全管理体系、检测技术、质量标准，建立老挝农产品质量安全中心实验室，开展老挝农产品进出口质量检测、产品认证检测等工作。

二是加强农产品质量安全人才交流培训。老挝选派科技人员赴热科院实验室开展农产品质量安全管理体系、检测技术、质量标准等培训；热科院应老挝邀请赴老挝进行现场培训交流，为老挝建立农产品质量安全监管体系提供技术支持。

三是开展农产品质量安全相关的科技决策和咨询服务。双方加强农产品质量信息交流与服务，共同组织专家就农药登记管理、农药残留限量标准体系等具体质量安全相关的重大问题进行研究，为农产品质量提供保障。

四是中老双方相互协作、整合资源，积极向中国和老挝政府及其他各级组织申请国际合作项目，获得项目资金支持，促进农产品质量安全相关工作顺利进行。进一步推动中国热带农业科学院先进技术在老挝的转移，实现热带农业技术输出。

（出访团成员：韩丙军、袁宏球、张月、赵方方）

# 赴老挝执行澜沧江—湄公河项目任务的情况报告

应老挝国家农林部农林科学研究院的邀请，中国热带农业科学院周建南研究员等一行5人于2018年6月27—7月6日共10天时间赴老挝执行澜沧江-湄公河国际合作项目任务。

## 一、出访基本情况

### （一）目的和意义

天然橡胶是重要的战略物资，种植橡胶对环境造成的影响是全球的研究热点。本项目拟系统调查澜沧江-湄公河区域橡胶林群落植物的种类组成及分布特征，通过分析橡胶林群落物种组成、生物多样性及其影响因素与机制，评估橡胶种植后对该区域植物多样性的影响；提出切实可行的措施推进橡胶林生态系统的健康、协调发展。其研究结果对促进澜沧江—湄公河区域经济效益和生态环境建设以及多样性保护都有重要的意义。

### （二）主要活动

对云南农垦集团在老挝的南塔分公司、波桥分公司、琅勃拉邦分公司进行了访问，参观了云南农垦集团在南塔的制胶厂。同时对位于万象的老挝云橡有限公司进行了访问，并与公司的李林凯总经理进行了交流。李林凯总经理向周建南研究员详细介绍了老挝橡胶产业研究院的总体规划展。老挝橡胶产业研究院是由云南农垦云橡投资有限公司旗下老挝云橡有限责任公司和了老挝国家农林部农林科学研究院联合开发的研究结构，项目位于万象市郊区，项目建成后将是老挝橡胶和农产品检验检疫中心。

访问了位于万象老挝国家农林部，并与农林部农林科学研究院主管外事的主任进行了交流。老挝农林部主管外事的主任带领团组成员参观了位于万象的珍贵用材树种的种苗繁育基地，参观结束后就老挝农林部，特别是即将组建的老挝橡胶产业研究院与中国热带农业科学院的下一步合作与交流进行了深入探讨。通过参观与交流，初步了解了老挝农林部农林科学研究院的主要研究领域与概括。

本次外出野外调研的主要任务首先是开展老挝橡胶林植物多样性的调查工作；其次是开展老挝森林植被变化的调研工作。团队成员一行五人从云南省西双版纳州勐腊县磨憨口岸入境进入老挝的南塔省，沿途调研了南塔省、波乔省、乌多姆赛省和琅勃拉邦省等地橡胶林植物多样性。调研初期，由于老挝适逢雨季，道路泥泞，给野外工作带来极大的不方便，但团组成员克服重重困难，坚持冒雨工作，完成了调研任务。由于出国时间有限，本次出访仅调研了老挝北部的橡胶林分布及多样性概况。

## 二、主要收获与成果

通过本次出访，与云南农垦及其旗下的云橡投资有限公司旗下老挝云橡有限责任公司建立了良好的合作关系。通过访问老挝农林部农林科学研究院，不仅了解了老挝农林业发展的基本概况，也加强了中国热带农业科学院与老挝国家农林部农林科学研究进一步的意愿。双方一致同意在老挝和云橡投资有限公司联合建设的老挝橡胶产业研究院加强合作。

通过本次调研，基本上摸清了老挝橡胶分布区域及概况，老挝橡胶重要分布于北部的丰沙里省、南塔省、波桥省、沙耶武里省、乌多姆赛省和琅勃拉邦省，北部总植胶面积约 15 万公顷，其中南塔、波桥和乌多姆赛的面积最大；中部分布于波里坎塞和沙湾拿吉省，面积约 4. 5 万公顷；南部主要分布占巴塞省和阿速波省，面积约 6. 6 万公顷。因此，整体来说老挝的橡胶北部面积远大于中部和南部。本次选取了 15 个橡胶林样方，这些样地基本上覆盖了老挝北部橡胶分布的主要区域。每个样方的大小为 20 米×20 米，采集植物照片 1 500余份。此外标记带地理坐标的天然橡胶等典型热带作物野外样点 450 份。圆满地完成了老挝橡胶林群落多样性的调研任务。

## 三、工作意见和建议

### （一）加强与农林部农林科学研究院的合作与交流，开展环境友好型生态胶园研究

通过本次调研，我们发现老挝北部地区橡胶种植的自然条件与我国云南地区相似，橡胶主要分布山地区。从景观多样性的角度上来看，老挝山区景观多样性较高，主要表现为橡胶林、柚木林及热带森林的交错分布，特别值得我们学习的是，老挝保留了沟谷地带的原生植被，这样无疑增加了整个区域的景观多样性，有利于病虫的防治及抑制病原菌的传播。从植物多样性的角度上来说，老挝橡胶林植物多样性较高。这样的橡胶林实际上复合环境友好橡胶园的标准。鉴于此，应加强我所与老挝农林科学研究院在环境友好型生态胶园的建设及示范等领域的合作。另外，老挝拥有丰富的热带珍贵乡土树种，双方可在构建橡胶林复合生态系统方面加强合作与交流，如开展橡胶树与珍贵热带树种混种的相关方面的研究。

**（二）加强与老挝农林部农林科学研究院合作与交流，建立中国热带农业科学院老挝橡胶产业研究院的联合实验室**

老挝自然气候条件较好，多数区域适合橡胶树的经济性生长和生产。但是老挝天然橡胶产业起步较晚，目前尚未成立专门从事天然橡胶研究的科研机构。目前，老挝在天然橡胶研究的各个领域研究基础还比较薄弱，鉴于此，老挝农林部与云橡投资有限公司联合建设农林产业研究院。在天然橡胶育种、栽培和割胶技术领域，中国热带农业科学院与老挝农林科学研究院具有一定互补性，即中国的技术与越南柬埔寨的热带土地资源，因此中国热带农业科学院很有必要和老挝橡胶产业研究院建立联合实验站，这将有利于促进老挝天然橡胶产业和进一步拓宽中国热带农业科学院的研究区域，对于区域经济发展也有重要意义。

（出访团成员：周建南、兰国玉、王纪坤、郑定华、杨川）

# 赴马尔代夫执行“一带一路”热带国家农业资源联合调查与开发评价项目任务的报告

应马尔代夫渔业与农业部Mariyam Vishama Ahmed处长的邀请，中国热带农业科学院（CATAS）刘奎研究员一行3人于2018年9月5—11日访问马尔代夫，开展椰心叶甲绿色防控技术的示范工作。

## 一、出访基本情况

### （一）目的和意义

依据《推进“一带一路”建设科技创新合作专项规划》的总体要求，开展“一带一路”沿线国家热带农业资源合作研究，推进与沿线国家广泛开展热带作物资源的联合调查与示范评价，提升中国热带农业科学院在国际热带农业科技创新与应用方面的影响力。为此，项目组应马尔代夫渔业与农业部Mariyam Vishama Ahmed处长的邀请，前往马尔代夫Gan Island进行椰心叶甲综合防治技术示范，并在马尔代夫推广椰心叶甲绿色防控技术，提升马尔代夫对椰子害虫的防治能力，扩大中国热带农业科学院在国际热带农业科技创新与应用方面的影响力。

### （二）主要活动

此次出访主要在马尔代夫开展重大外来入侵害虫椰心叶甲绿色防治技术示范，并与马尔代夫渔业和农业部的相关人员进行了椰心叶甲防控领域的交流与讨论。

马尔代夫渔业和农业部的相关领导及其技术人员认为椰心叶甲在马尔代夫难以防控的主要原因包括：①当地种植人员对椰心叶甲危害的重视程度不够，致使椰心叶甲疫情不能得到及时报告，从而延误了防治；②椰子树通常较高（10米左右），且椰心叶甲主要危害椰子树的心叶未展开部位，针对这一危害特点，马方技术人员显得办法不多，不能有效开展具有针对性的防控；③对椰心叶甲的天敌寄生蜂的规模化饲养技术掌握不当，无法开展大规模的饲养，致使椰心叶甲生物防治在马尔代夫不能得到大面积的推广和应用。

为此，项目组在马方的协助下，选取Gan Island（甘岛）作为椰心叶甲绿色防控技术的示范地，并对该岛进行了环岛调查，了解岛上作物栽培情况，以及椰心叶甲在该岛的危害情况。对危害较为严重的区域，进行了椰心叶甲天敌椰甲截脉姬小蜂的释放。针对马方人员推出的问题，在甘岛的中心农场对 4 名农场工人进行了椰心叶甲饲养与防治，以及椰甲截脉姬小蜂饲养与释放的技术培训。

## 二、主要收获与成果

### （一）确定了在马尔代夫进行椰心叶甲防控的地点，即 Gan Island；通过环岛调查，基本掌握了该示范点的情况

该岛大约 18 平方千米，人口约 1 万人，岛屿形状呈现长条形，四面环海。该岛实际上是由 2~3 个小岛通过一条中国援建的等级公路连接而成。岛上有大面积的成块椰子林，多为 20 年以上的老龄椰树。岛上有不少矮化品种的椰子树，这可为椰心叶甲的大量饲养提供一定量的持续稳定的椰子新叶。通过调查，发现岛屿南部和中部的椰子树受椰心叶甲危害较为严重，而岛屿北部的椰子林相对较健康，椰心叶甲危害较少甚至几乎没有，但二疣犀甲的危害较为严重。

### （二）论证了在该岛应用椰心叶甲寄生蜂进行椰心叶甲防治的可行性

目前，该岛椰心叶甲的防治主要依赖化学农药和绿僵菌，但其防治效果有限。由于岛上椰子树大多较为高大，药包防治法较难以开展，只适合矮小椰子树。为此，在岛上大量应用椰心叶甲天敌寄生蜂对其防治是其最佳选择。另外，岛上有许多矮化椰子品种，可提供大量的新鲜椰子新叶，这为椰心叶甲规模化饲养奠定了基础，也使应用天敌寄生蜂防治椰心叶甲成为了可能。

### （三）确定了今后工作的重点

通过调查和问询，发现当地人虽然对生物防治有一定的了解，但对椰心叶甲饲养和其天敌的规模化扩繁等技术了解甚微，无法对椰心叶甲开展生物防治。为此，项目组今后的工作重点是大力宣传和推广椰心叶甲室内饲养和规模化扩繁技术，以及天敌寄生蜂的工厂化饲养与释放技术。

## 三、工作意见和建议

由于旅游业的繁荣，马尔代夫的经济得到了巨大进步，当地人的生活水准得到了广泛的提高，直接体现在首都马累的摩托车数量急剧增多，房子数量增多以及房子翻修增多；服务多样化且服务质量增强。旅游业的繁荣带来大量的人员流动，景观建设需要进口更多的棕榈植物，致使椰心叶甲疫情有进一步加剧的可能性，使得危害面积增大，危

害程度变强。椰心叶甲等重要病虫害的防治任务繁重。因此，在加强旅游业发展的同时，应加强植物检疫，开展病虫害的综合防治。

在国外进行技术示范与推广，会遇到各种困难，其主要集中在受援方不易对技术细节有全面的理解和掌握。因此，可利用“明白纸”“宣传册”、就地技术演示等方式，增强技术细节和关键点的接受程度。此外，可采用小规模、多地点、多次培训和宣传推广的思路，加速技术的推广和普及率。

（出访团成员：刘奎、龚治、金启安）

# 赴马来西亚、印度尼西亚<br>执行大型海藻资源收集与合作研究任务的情况报告

应马来亚大学海洋与地球科学研究所（IOES）所长 Sumiani Yusoff 博士和印度尼西亚萨姆拉图兰吉大学渔业和海洋科学系（FFMS）主任 Grevo S. Gerung 教授的邀请，中国热带农业科学院鲍时翔研究员、邹潇潇副研究员于 2018 年 8 月 10—29 日率团访问马来西亚和印度尼西亚，在国外停留 20 天，其中访问马来西亚的时间为 2018 年 8 月 10—19 日、访问印度尼西亚的时间为 2018 年 8 月 20—29 日，执行大型海藻资源收集与合作研究任务。

## 一、出访基本情况

### （一）目的和意义

中国—东盟热带藻类资源丰富，开发潜力巨大。但国内外的热带海藻产品单一、养殖和加工技术落后，限制了国内外相关产业的发展。马来亚大学和印度尼西亚萨姆拉图兰吉大学在热带海藻资源研究和利用方面具有丰富的经验，组织了马来西亚、印度尼西亚、新加坡、越南等国家对大型海藻资源的联合调查，进行了大型海藻养殖及红藻生物能源利用技术的研发，并获得了多项发明专利，在海藻领域具有很大的国际影响力。与东盟国家联合开展热带海藻资源研究和利用，有利于促进热带海藻产业的升级。此次出访将增进与马来西亚、印度尼西亚的合作研究，促进我国与东盟国家热带大型海藻产业的共同发展。

### （二）主要活动

本次出访执行的主要公务活动包括：访问马来亚大学海洋与地球科学研究所（IOES）；参观马来西亚 Famous Alpine、Tyon Stellar 海藻养殖加工公司及 SE Aquatech 海水养殖有限公司；访问印度尼西亚萨姆拉图兰吉大学渔业和海洋科学系（FFMS）；拜访印度尼西亚华商经贸联合会，参观 Cilegon 海藻贸易市场和 Makassar 大型海藻养殖场等。通过此次访问，摸清了马来西亚和印度尼西亚海藻资源研究、养殖和加工利用现状，为进一步开展热带海藻合作研究，促进热带海藻精深加工产业链的形成，推动热带海藻产业转型升级提供了第一手资料。具体情况如下。

**1. 访问马来亚大学海洋与地球科学研究所（IOES），调查和采集 Port Dickson 海藻资源**

在 IOES 访问期间，双方科研人员就各自在热带大型海藻资源调查、系统进化和环境适应性研究等方面的工作进展进行了深入交流。IOES 相关科研人员向中方代表团展示了以大型海藻纤维为原材料开发各类纸质产品、以及利用微藻生物质能发电等最新科研成果。此次访问得到了马来亚大学荣誉副校长 Phang Siew Moi 教授的亲自接待，并举行了座谈会，双方就联合举办“中国—东盟大型海藻资源与利用技术培训班”达成了合作意向。

在 Phang Siew Moi 教授和 YeongHuiYin 博士的陪同下，中方代表团到 Port dickson 对潮间带的大型海藻进行了资源调查和样品采集。研究发现，所调查区域内绿藻门蕨藻属海藻是该季节的优势种。初步统计，该区域内分布的蕨藻有 5～6 种，此外还有少量马尾藻、江蓠等大型海藻。将采集的样品带回 IEOS 实验室进行了初步分类，并选择了 20 余份典型代表样品进行干燥处理和妥善保存。

**2. 参观马来西亚 Famous Alpine、Tyon Stellar 海藻养殖加工公司及 SE Aquatech 海水养殖有限公司**

为了解马来西亚大型海藻资源养殖利用状况，在马来西亚渔业局工作人员 AdibiRahiman 和 IOES 工作人员 YeongHuiYin 博士的陪同下，中方代表团拜访了 Famous Alpine、Tyon Stellar 海藻养殖加工公司，以及 SE Aquatech 海水养殖有限公司。参观了 Famous Alpine 公司在沙巴州斗湖的卡帕藻养殖基地；并与相关工作人员就马来西亚大型海藻养殖规模、养殖模式、养殖周期以及产品销售等方面进行了深入交流，双方达成了在大型海藻养殖等方面开展合作的意向。

**3. 访问印度尼西亚萨姆拉图兰吉大学渔业和海洋科学系（FFMS）**

在印度尼西亚访问期间，中方代表团拜访了 FFMS，与系主任 Grevo S. Gerung 教授和 Calve 博士、Stenly Wullur 博士等进行了深入交流，双方介绍了印度尼西亚和中国的大型海藻资源多样性、养殖和开发利用现状，并就大型经济海藻经济价值评估、高效种苗繁育、养殖模式、病虫害防控等相关问题展开了热烈讨论，达成了在热带大型经济海藻研究、养殖等方面的合作意向。

**4. 拜访印度尼西亚华商经贸联合会，参观 Cilegon 海藻贸易市场和 Makassar 大型海藻养殖场**

中方代表团拜访了印度尼西亚华商经贸联合会会长 Chen Lee Yu Hsiang，并到 Cilegon 和 Makassar 分别参观了当地海藻贸易市场和大型海藻养殖场。中方代表团了解到虽然印度尼西亚的海藻养殖规模和产量都很大，但是目前海藻产品主要集中在卡帕藻及其加工产品，而用于食用的海藻产品非常少，因此还有很大的开发空间。经深入交流后，双方达成了在大型海藻养殖和高质化产品开发等方面进行交流合作的初步意向。

## 二、主要收获与成果

### （一）了解 IOES 最新海藻研究进展，达成合作意向

在 IOES 访问期间，了解到 Phang Siew Moi 教授研究团队正在开展以大型海藻纤维为主要原料，进行新型纸质产品的研发。此外，在利用微藻光合作用的能量转化为电能方面，也取得了突破性进展，与传统的技术相比，可使发电效率提高 119%。目前 IOES 已经掌握的相关产品的实验室生产技术，下一步将进行技术推广。

在双方相互了解最新工作进展的基础上，中方代表团与 IOES 达成了双方科研人员交流互换，实验材料、研究信息共享，以及共同开展中国—东盟大型海藻资源与利用的学术研讨和技术培训等方面的合作意向。

### （二）初步掌握了 Port Dickson 的海藻资源生长分布状况，采集到多种热带大型海藻资源

对马来西亚 Port Dickson 潮间带大型海藻资源生长和分布进行了初步考察，发现蕨藻类是此次考察期间生长的优势种，其中以长茎葡萄蕨藻、总状蕨藻、棒叶蕨藻等种类的生物量最大。此外，对 PasirPanjang 的潮间带的长茎葡萄蕨藻，总状蕨藻、棒叶蕨藻、马尾藻等 20 余份热带海藻资源进行了样品采集和妥善保存。通过此次调查，中方代表团初步掌握了 Port Dickson 的海藻资源生长分布状况，有利于下一步与 IOES 开展热带海藻资源研究和利用方面的合作。

### （三）摸清马来西亚大型海藻养殖和开发利用现状，探明科技合作方向

通过对马来西亚 Famous Alpine、Tyon Stellar 和 SE Aquatech 等公司的卡帕藻、江蓠等热带大型海藻养殖基地和加工工厂的访问，获得了大量关于马来西亚大型海藻资源养殖和开发利用现状的有用信息：马来西亚最大的海藻养殖场主要集中在沙巴州，其中卡帕藻是最主要的海藻养殖种类。目前主要的养殖模式为延绳挂养，收获的卡帕藻经晒干后，可以直接食用或者用于下游产品的开发。目前在马来西亚市场上已有的海藻产品包括海藻胶原系列、面食系列、米食系列等，市场需求量大，开发前景广阔。因此双方今后可进一步加强热带海藻养殖和高值化产品开发方面的科技合作，促进热带海藻产业的转型升级。

### （四）了解 FFMS 最新海藻研究进展，达成合作意向

在 FFMS 访问期间，了解到 Grevo S. Gerung 教授及其研究团队主要从事热带海洋生

物多样性的调查和保护工作，同时也十分关注现有的海洋生物资源在人类医疗健康和食品等方面的开发应用。据 Grevo 教授介绍，FFMS 海藻研究团队目前正在进行印度尼西亚热带大型海藻资源的调查和评估等研究，初步结果显示，该国可能有上千种热带大型海藻资源，生物多样性十分丰富，开发潜力巨大。在双方相互了解最新工作进展的基础上，中方代表团与 FFMS 达成了双方科研人员交流互换，实验材料、研究信息共享，以及共同开展中国—东盟大型海藻资源与利用的学术交流等方面的合作意向。

### （五）摸清印度尼西亚海藻养殖和开发利用现状，探明科技合作方向

通过与印度尼西亚海藻养殖和海产品贸易公司的交流，获得了大量关于印度尼西亚海藻资源养殖和开发利用现状的有用信息：印度尼西亚的大型海藻养殖场主要集中在南苏拉维西省 Makassar 地区。其中养殖的种类主要为卡帕藻、麒麟菜和江蓠等，养殖规模较大，但养殖品种不多，结构单一；此外，收获的海藻经晒干后，大多用于工业海藻胶的提取，而食用、医疗保健等高质化产品非常稀少，海藻加工利用落后，技术含量不高且创新不足，不能满足海藻产业持续健康发展的需求。因此双方今后可以在海藻养殖和加工利用方面加强合作与交流，利用中方的技术优势和印度尼西亚的资源优势，共同促进热带海藻产业的发展。

## 三、工作意见和建议

中国—东盟热带海藻资源丰富，但热带海藻资源的本底不清，研究和开发利用体系落后，海藻精深加工的深度和广度远远不够，未形成完整的产业链。因此，亟待加强中国—东盟涉海研究机构之间的合作研究，发挥各自优势，攻克难关，促进热带大型海藻精深加工产业链的形成，推动热带海藻产业的转型升级。

建议加强中国热带农业科学院热带海藻研究团队与东盟国家的相关高校、科研院所、企事业单位的交流合作，联合开展中国—东盟热带海藻资源调查，研究和评价该区域内的热带海藻的多样性及潜在的开发应用价值等。此外，还可与国内外的热带海藻科研机构共同开展热带大型海藻资源利用技术培训，培养高水平、高层次海藻业科技人才；定期举办热带大型海藻资源利用研究进展研讨会，深化各方合作交流。

（出访团成员：鲍时翔、邹潇潇）

# 赴马来西亚参加2018 IRRDB财务委员会会议及天然橡胶国际研讨会的情况报告

应国际橡胶研究与发展委员会的邀请，中国热带农业科学院周建南研究员于2018年7月8—13日赴马来西亚参加2018IRRDB财务委员会会议及天然橡胶国际研讨会。

## 一、出访基本情况

### （一）目的和意义

根据IRRDB章程每年在年会召开前须召开财务委员会会议，对上一年度的财务审计状况和本年度的财务情况进行审核，审核2017年的财务报表，提交审计公司审计，并就下一年度的财务预算进行审核，财务委员会将把委托审计的2017年审计报告及下一年度的财务预算提交即将于2018年10月在科特迪瓦阿比让召开的国际橡胶研究与发展委员会理事会审议通过。此次还应邀参加了由马来西亚橡胶局主办的橡胶国际学术研讨会。

### （二）主要活动

2018年7月8—13日赴马来西亚吉打州亚罗士打执行参加马来西亚参加2018IRRDB财务委员会会议及天然橡胶国际研讨会的出国任务。财务会议时间是9日早上10：00—13：10；10—11日参加马来西亚天然橡胶国际研讨会（以马来西亚橡胶大会为基础），12日实地考察马来西亚橡胶局新建的双溪莎丽（Sungai Sari）科研站。

## 二、主要收获与成果

一是会议达成了共识，形成了会议纪要，圆满完成了财务委员会会议的任务要求。会议主要讨论和审核的内容有：确认2017年9月11日召开的财务会议的会议纪要；讨论2017年研发和秘书处基金的使用情况报告等。

二是会议一致同意确认2017年9月11日财务委员会会议纪要；同意将2017年的未审计账目提交审计公司审计；同意2017年的培训项目；去年会员国未缴缴纳会费的成员国已大部分缴纳了会费，并补足原来未缴纳的部分；对秘书处提交的2019年学术活动、培训项目进行了修改，学术活动由原来的9个缩减为5个，另一个研讨会由菲律宾年会前提交则增加到 6 个，主要原因是今年菲律宾原本要举办的会议由印尼承办了，在印尼举办植保研讨会，重点是今年 3 月在印尼爆发严重的 fusicoccum 落叶病，胶树落叶达 80%以上，无品种间差异，目前仍未抽叶，对印尼橡胶产量将产生一定的影响。形成的会议纪要将提交 2019 年 10 月在科特迪瓦阿比让召开的国际橡胶研究与发展委员会理事会会议审议。

三是应邀参加的此次学术研讨会主要以马来西亚全国橡胶大会为基础，共有 250 多人参加，来自马来西亚各州，同时了邀请了参加 IRRDB 财务委员会的所有成员（包括印度尼西亚、中国、越南、柬埔寨）参加此次会议。此次会议是由马来西亚橡胶研局组办的以全国橡胶大会为基础的国际研讨会，会议的主题是“天然橡胶，我们的未来”，马来西亚政府对此会议非常重视，马来西亚新上任的原产业部部长 Teresa Kok Suh Sim 女士参加了开幕式并致辞，副部长也出席了会议，马来西亚橡胶局局长致欢迎辞。参加会议的主要来自马来西亚从事天然橡胶上游、中游、下游等的科研人员（包括马来西亚橡胶研究院、马来西亚农业大学等的科研人员和大学教授）、农户、企业家等，会议共有 28 篇报告，涉及橡胶的方方面面，从上游到下游，从科研、生产到服务，涉及橡胶的整个产业链。会议还有不少企业参展。会议还邀请了 IRRDB 秘书长 Aziz 博士、印尼橡胶所所长 Karyudi 博士分别做了“全球橡胶产业现状”“印尼橡胶产业：小胶园主面临的挑战与机遇”。大会内容丰富，达到了预期的目的，对目前马来西亚橡胶产业面临的困境及今后的发展进行了充分的探讨。此次会议对目前的形势有谨慎乐观的，也有悲观的，更多的认为要重点发展下游产业，目前加工业面临无原料，小胶农不愿割胶，不得不加大从泰国进口原料，尤其是胶乳，用于加工手套（马来西亚是手套的最大生产国）。会上有专家认为 2022 年甚至 2024 年天然橡胶才可能走出困境，有些专家认为如果橡胶价格在 1.5 美元/千克以下，马来西亚橡胶种植业将不存在，只能从邻国进口原料。

四是实地考察了马来西亚橡胶局新建设的科研站。该站占地面积 636 公顷，2009—2012 年开始建设，投资1 800万林吉特，2014 年建成，以取代吉隆坡雪兰莪州双溪毛糯科研站（该站绝大部分都被政府换地，卖给了公司），双溪毛糯科研站原来的 IRRDB 种质资源圃也将逐步转移到新的科研站。该地主要是山地，坡度大，也是橡胶发展的重点地区，参观了该站的一个山坡胶园，刚开割一年。该站正在探索山地植胶，已种植开割了 3 个树位。同时还参观了一个杯胶加工设备，生产皱片胶，循环利用废水生产白坚木糖醇和蛋白粉，用作优质的动物饲料，水质近饮用标准。还展示了一个杯胶及皱片胶的干胶含量的测试议，但准度偏低。

五是会议期间与印尼橡胶研究所所长进行了长谈，其希望中国热带农业科学院能与开展合作，可以合作把我们好的科研产品通过他们公司代理，合作推广。印尼研究所是自筹经费运转的研究所，没有国家资助，但承担国家的橡胶产业科研与开发工作，经费主要是通过公司自营谋利提供，目前也是困难时期，其公司不仅仅经营橡胶产业，还经营其他作物产业或产品。

六是会议期间与柬埔寨橡胶研究所进行了沟通，重点加强中国热带农业科学院橡胶所在橡胶技术和联合实验室上开展合作，建立种苗示范基地、育种授粉园和种质收集评价，以及土壤分析和叶片分析和加工联合实验室，并谈到了中国热带农业科学院橡胶所团组 7 月 13—20 日前往柬埔寨橡胶研究所拟探讨的合作事宜，进一步了解了对方的需求和合作意向，为中国热带农业科学院“一带一路”项目打下坚实的基础。

## 三、工作意见和建议

一是 IRRDB 准备于 2019 年支持橡胶 Fucicoccum 落叶病的研究项目，主要是支持成员国间开展科研的往来交通费用等，希望中国热带农业科学院的环植所能积极参与其中，与 IRRDB 成员国的其他病理学专家共同参与项目研究活动。

二是向农业农村部和海南省相关部门提出设立国际合作科研项目。由于橡胶价格持续低迷，各成员国橡胶科研受到不同程度的影响，中国热带农业科学院应抓住这个有利时机，向农业农村部或海南省相关部门提出共同合作研究的项目，而非单纯的交流类项目，以项目的形式共同开展研究，即可以吸引成员国的高端科研人员参与研究，又能扩大中国热带农业科学院的影响，还能培养中国热带农业科学院的科研人才队伍。

三是中国热带农业科学院橡胶所提出的后基因组方法及其在作物改良中的应用 IRRDB 研讨会将与马来西亚提出的基因组 GWAS 分子育种 IRRDB 研讨会合并在我国召开，由中国热带农业科学院承办，对提高由中国热带农业科学院橡胶所负责建立和运管的 IRRDB 橡胶基因数据库的应用效率，加强 IRRDB 成员国间的科研合作与攻关，提升中国热带农业科学院在橡胶分子育种研究方面的影响力有重大意义。

四是加强与马来西亚橡胶局的合作。原来的 IRRDB 种质资源保存圃将从雪兰莪州迁到吉打州的新建科研站，可以利用此机会引进种质资源；马来西亚新的品系 F5/21 等新的品系，可考虑通过其他渠道引进；马来西亚研发的杯胶的综合利用生产加工技术值得中国热带农业科学院加工所的课题组前往学习；马来西亚橡胶胶原以平地种植为主，目前由于平地面积有限，已逐步向山地坡地转移，但经验不足，中国热带农业科学院橡胶所可以与马来西亚橡胶研究院分享我国坡地的种植经验。此外，中国热带农业科学院橡胶所研发的机械割胶刀、籽苗芽接、干胶测定仪都可与马来西亚橡胶局交流。

五是加强与柬埔寨橡胶研究所和印尼橡胶研究所的合作，以柬埔寨为落脚点，做好中国热带农业科学院“一带一路”热带国家农业资源联合调查与评价项目，建好中国—柬埔寨天然橡胶联合实验室及种质资源收集与评价示范点，开展好与马来西亚、泰国、印尼等橡胶生产国及科特迪瓦等非洲橡胶生产国的资源联合调查与评价工作，同时今年或明年派专家赴橡胶生产国尤其是印度尼西亚、马来西亚等国展示中国热带农业科学院的成果，推荐成熟的技术，与其合作，共同开发市场，如自动割胶刀、干胶仪、刺激剂等。

（出访团成员：周建南）

# 赴马来西亚执行“一带一路”项目的情况报告

应马来西亚沙捞越森林局和丰洋生物（马）有限公司 的邀请，中国热带农业科学院梅文莉研究员一行4人于2018年7月16—22日赴东马来西亚古晋执行“一带一路”热带国家农业资源联合调查与开发评价项目任务。

## 一、出访基本情况

### （一）目的和意义

为了执行中国热带农业科学院“一带一路”热带国家农业资源联合调查与开发评价项目子项目——沉香种质资源联合调查与评价（ZYLH2018010113）任务，2018年7月16—22日，中国热带农业科学院研究员梅文莉、副研究员王军、副研究员黄圣卓和助理研究员罗冠勇应马来西亚沙捞越森林局和丰洋生物（马）有限公司的邀请，调查了东马古晋人工种植沉香的主要树种、种植规模、种苗的繁育、植物学性状、气候条件、沉香市场，收集了结香样品、精油等。考察了沙捞越森林局和种植户的沉香种植基地，访问了森林局下属的生物多样性中心（Biodiversity Centre）。在森林局，研究员梅文莉做了题为“Research and utilization of Agarwood”的报告，并与森林局官员、管理员、技术员、香企、香农就沉香结香技术、沉香种质资源、沉香产业发展等方面开展了广泛地交流与探讨。充分利用丰洋生物（马）有限公司在当地的优势，将我所整树结香技术在东马进行应用推广，结香示范选取了6个点，每个点结香3~4株。此次沉香植物资源考察与结香团队的出访，圆满完成了热科院“一带一路”项目既定的种质资源考察与收集任务，进一步深化了与当地政府和企业的合作，为保证该项目的顺利完成和整树结香技术在马来西亚的全面推广及后续海外沉香示范基地的建设打下良好的基础。

### （二）主要活动

考察了东马沙捞越森林局及周边农户的沉香种植基地，收集了沉香树种苗、种子、结香样品等；考察了森林局下属的生物多样性中心；在森林局开展学术交流活动，研究员梅文莉做了题为“Research and utilization of Agarwood”的报告；考察了沉香交易市场，收集了沉香样本。

**1. 东马沙捞越森林局基地考察与交流**

考察了沙捞越森林局、农户的 6 处沉香种植基地，运用新的整树结香技术和结香方法分别试点结香。考察团分工合作，丰洋公司协助开展结香，并收集沉香树的果实、种子、种苗等。

在森林局的会议室开展学术报告与交流，森林局领导致欢迎辞后，中国热带农业科学院研究员梅文莉做了题为“Research and utilization of Agarwood”的学术报告，介绍了热科院生物所沉香研究团队在沉香方面的研究进展，包括沉香化学成分、活性筛选、品种选育、产品研发、结香技术等。报告会场有森林局官员、管理人员、企业代表、种植户等共计 50 多人，双方在融洽的氛围中展开了讨论，会后研究员梅文莉代表热科院生物所向森林局领导提交了书面邀请，并赠送了沉香书籍 5 套。布置展台展出的产品有新型结香剂、输液钢瓶、结香样品等，由热科院生物所研发的沉香系列产品，如护肤系列产品、线香、精油等，参会人员会后纷纷询问试用，收到良好的效果。

**2. 生物多样性中心考察与交流**

访问了森林局下属的生物多样性中心，由中心的工作人员带领结香团成员和丰洋公司管理人员参观了多样性中心的植物园、实验室、标本馆等，该中心收集了大量的药用植物，开展迁地保护、扩繁与研究利用，为双方合作开发与研究当地物种提供了良好的资源保障。随后参观了该中心的标本馆，标本馆配置有美国先进的电脑扫描拍照系统，方便查询和检索。查阅了沉香属的植物标本，并与相关专业人士交流学习。

**3. 沉香交易市场考察**

考察了东马来西亚沙捞越沉香交易市场和沉香店铺。在位于东马与印尼边境的沉香市场考察了解到，该地沉香产品主要是来源于马来沉香和小果沉香，质量参差不齐，价格不高，但品质较低，考察时发现有一些造假的沉香。此外，考察了古晋市区黄先生的沉香店铺，这里的沉香香片质量较好，都是野生的小果沉香香片，相比海南沉香，价格稍贵。

**4. 整树结香技术试点**

通过与丰洋生物（马）有限公司合作，将热科院生物所新型结香剂 ITBB-002 结合最新的加压技术，在东马沙捞越洲 6 个沉香种植园开展了结香试点，每个地点结香 3~4 株，共计 23 株沉香树，一旦能够在东马获得成功，将会把这种合作模式复制到西马，通过跟西马森林局的合作，进一步扩大整树结香技术在马来西亚的应用推广。

## 二、主要收获与成果

一是考察了沉香树种植情况。沙捞越洲种植的沉香树种主要为小果沉香（*Aquilaria*

*microcarpa*）、科拉斯那沉香（*A. crassna*）和贝卡利沉香（*A. beccariana*）种，并有少量的柠檬果沉香（*A. citrinacarpa*）和土沉香（*A. sinensis*），种植总数量超过500万株，面积超过2.5万亩。其中小果沉香、贝卡利沉香和柠檬果沉香为本地种，其他种类为引种栽培，小果沉香和贝卡利沉香生长较为缓慢，而科拉斯那沉香生长较快。当地野生资源人为破坏严重，胸径超过30厘米以上的沉香树难以见到。当地接近赤道，为典型的热带雨林气候，非常适宜种植沉香树；土壤以沙黄壤为主，较为贫瘠，干旱坡地沉香树生长较为缓慢，而红壤土种植生长较快，这可能与当地树种质地较为坚硬有关；种植密度多为2米×3米，少见5米×5米，华裔刘先生在沉香园中套种香草兰，管理较为粗犷，但植物生长和产量均不错，长期作物套种短期作物，可快速收回成本，此种植模式值得借鉴。

二是通过野外调查、种植基地考察等，采集标本11号，共计30份，收集2种沉香树（*Aquilaria microcarpa*，*A. crassna*）的种苗、种子、分子材料、结香样品等。采集到贝卡利沉香（*A. beccariana*）的分子样品。此外，还采集了4种龙血树（*Dracaena angustifolia*，*D. cambodiana*，*D. cochinensis*，*D. elliptica*）和其他植物（如：酸藤子、铁樟木、红厚壳等）的分子材料。采集分子样品共13份，收集野生沉香树结香样品1份，人工结香样品5份，野生沉香精油样品2份，购买人工结香样品4份，引进小果沉香种苗120株、种子300克和科拉斯那沉香种苗50株、种子100克，收集到种质种植在生物所科研基地，丰富了科研材料。所有精油和提取样品都将开展数据检测，并与合作方共享。

三是在森林局的邀请和组织下，该洲林业相关官员、沉香种植企业和种植户参与学术交流会，会上梅文莉研究员做了题为“Research and utilization of Agarwood”的学术报告，详细介绍了热科院生物所沉香研究团队开展的沉香化学成分、活性筛选、品种选育、产品研发、结香技术研发与推广等工作，展示了沉香系列产品和书籍，收到了很好的效果，提升了热科院生物所的形象，扩大了影响力，为该项目的顺利执行和进一步深化合作奠定扎实的基础，为今后在种质资源的收集、整树结香技术的应用与推广及系列产品研发等方面建立良好的关系。

四是考察了东马来西亚沙捞越沉香交易市场、沉香销售店铺。在边境市场考察了解到，该市场出售的主要是来源于马来沉香（*Aquilaria malaccensis*）和小果沉香香片、摆件、手串等，质量参差不齐，价格多在400~800马币/千克，价格不高，但品质不佳，考察时还发现有一些造假的沉香。另外，当地还有卖一些其他木材原料、手串等，如坤甸木、帝王木、鳄鱼木、檀香等。考察团购买了沉香香片作为实验样品。此外，在华裔刘先生的带领下去考察了黄先生的沉香店铺，这里的沉香香片质量较好，有虫漏、皮油、树心油等，都是野生的小果沉香香片，价格为2 000~16 000马币/千克，相比海南沉香，价格稍贵。当地的沉香销售产业并不是很兴旺，没有诸如“沉香街”等集中销售沉香产品的地方，多为少数店面，规模也不大，香片主要出口中国大陆，精油主要出口中东国家。

五是拍摄沉香树、结香样品、沉香种苗、结香操作、交流座谈等考察学习相关照片300 多张，重点收集了当地本土沉香树种的种子、种苗、结香样品、分子材料、精油产品等，对当地的沉香树主栽品种，栽培生境、结香情况，沉香属植物资源的种类、分布、市场、产品等有了更深入地了解。

六是通过整树结香技术的推广与当地森林局建立合作关系，推动中国热带农业科学院热带生物技术研究所的整树结香技术在东南亚地区输出奠定了扎实的基础，也符合国家“一带一路”的倡议精神，为确保中国热带农业科学院“一带一路”热带国家农业资源联合调查与开发评价项目子项目——沉香种质资源联合调查与评价（ZYLH2018010113）顺利执行和完成验收提供保障。

## 三、工作意见和建议

此次东马来西亚沙捞越之行，与沙捞越森林局、丰洋生物（马）有限公司开展了整树结香试点，与东马沙捞越森林局、沉香种植企业、种植户等的交流学习，受益匪浅，收获颇多，收集了较多的沉香属种质资源，了解了当地沉香本土品种、栽培品种、种植生境、沉香市场、沉香产品等方面的信息。在建立国际科研合作方面虽然取得了一定的成绩，但仍需继续努力，加大力度，为此提出如下建议。

一是加大国际合作项目的倾斜力度，拓宽与发展中国家及发达国家的科技合作关系，充分利用国外优势资源，助力我国热作事业的快速发展。

二是政府应为引进热带种质资源提供更加便捷的通道，丰富研究资源库，为引种驯化、新品种繁育、新技术研发营造良好的科研环境，建立共享种质资源库，提供更加顺畅的信息共享平台。

三是以更加开放的姿态吸引国际合作型人才，大力培养国际合作人才，促进国际合作交流，为热带农业科研事业做好人才储备。

四是热科院应积极拓宽国际合作领域，加强院内各所之间在国际合作的交流，共享对外合作的经验和信息，搭建国际合作平台，扩大国际合作范围，不断推进热带农业“走出去”的科技外交。

（出访团成员：梅文莉、王军、黄圣卓、罗冠勇）

# 赴缅甸执行“一带一路”热带国家农业资源联合调查与开发评价项目任务的情况报告

应缅甸联邦共和国教育部教育创新部门（DRI）邀请，中国热带农业科学院陈松笔研究员一行7人于2018年10月8—14日赴缅甸执行“一带一路”热带国家农业资源联合调查与开发评价项目任务。

## 一、出访基本情况

### （一）目的和意义

中国和缅甸是中国—东盟自贸区成员国，中国是缅甸最大的贸易伙伴和投资来源国。缅甸地处陆地上连接东南亚与南亚、中亚的重要通道，是中国联通印度洋的西南大通道。缅甸北部和东北部同中国西藏和云南接壤，近年来中国积极推动“一带一路”和“孟中印缅经济走廊”建设，缅甸是我国面向西南开放的重要节点国家，农业是中缅全面战略合作的重点领域，缅甸的区位优势突出。近年来，中缅双方在农作物品种交换、育种和栽培技术的交流、农业科研技术人员培训等方面开展了一系列合作，并取得了积极的成果。中国的种子、化肥、农药、小型农机等农资产品，在缅甸市场占有很大比例。2014年中缅签署的《关于加强农业合作的谅解备忘录》决定成立农业、畜牧兽医和渔业合作分委会，全面指导在缅甸开展农业技术示范推广合作、现代农业改造与育种合作、跨境动植物疫病联防联控合作等。“一带一路”倡议的提出使中缅两国农业合作再次面临重要机遇期。

本次出访缅甸的专家在木薯和香蕉种质资源开发评价、综合育种、分子育种、热带经济作物病虫害综合防控研究方面具有坚实的基础。本次组团考察目的在于与缅甸联合开展主要热带作物种质资源和害虫基础信息调查、加强中缅双方的学术交流与合作。

### （二）主要活动

本次出访由缅甸教育部生物技术研究局Dr. Aye Myat Mon安排，共考察了9个单位和3个种植园。分别是国家农业研究所，曼德勒科技大学，作物绿色生产繁育公司，皎施科技大学，缅甸教育部生物技术研究局，耶津农业大学，缅甸种子银行，阿耶瓦底江地区炯标木薯贸易协会和缅甸商业部消费事业局，勃生腰果贸易协会以及香蕉、木薯、腰果种植园。

国家农业研究所为缅甸培养农业方面的人才，而曼德勒科技大学是缅甸排名第二的大学，陈松笔研究员和陈青研究员分别介绍了中国热带农业科学院热带作物品种资源研究所和环境与植物保护研究所研究与发展概况。国家农业研究所首席科学家 Lay Lay Khaing 博士介绍国家农业研究所的定位和重点任务；曼德勒技术大学生物技术系主任 Myo Myint 博士介绍大学的情况。双方就热带经济作物种质资源联合开发评价、作物高产抗逆理论基础、害虫综合防控等展开了深入的交流讨论，并对优秀中青年科学家来华访问和攻读研究生等人才培养事宜进行了交流。位于曼德勒 Patheingyi 镇的绿色生产繁育公司董事长 May Chi Htwe 女士详细介绍了公司在水稻优良品种选育、推广、水稻病虫害绿色防控、公司基地加农户合作等生产经营模式的经验，中方也就上述几点分享交流了我国科研院所和相关大型种业集团在作物优良品种研发、管理和经营方面的中国模式和经验。

皎施科技大学是缅甸排名第三的大学，陈笔松研究员介绍了中国热带农业科学院热带品种资源研究所研究与发展概况，皎施科技大学主管外事的 Thwe Thwe Win 教授介绍了学校发展的基本情况，随后双方主要针对人才培养事宜进行了深入交流。陈松笔研究员在缅甸教育部生物技术研究局和该局局长 Aye Aye Khaing 教授分别介绍了中缅双方人员所在研究机构的发展定位、目标任务和各自所取得的重要进展。随后中方参观了隶属于研究局的昆虫实验室、水生生物实验室、天然产物化学实验室和组织培养中心，并详细了解了缅方在利用蚊子辐射不育技术防控疟疾，利用虾壳中提取的壳聚糖和虾红素作为生长调节剂改善作物品质，利用缅甸当地特有抗虫植物提取物防治害虫、以及香蕉、菠萝、杧果、荔枝等热带水果组织培养方面的研究工作。访问结束后陈松，笔研究员代表中方和生物技术研究局 Aye Aye Khaing 局长详细商定下一步所要签署的合作谅解备忘录方案。

耶津农业大学是缅甸唯一的农业大学，陈松笔研究员介绍了中国热带农业科学院热带作物品种资源研究所研究与发展概况，随后魏守兴研究员做了题为“Banana Industry in China”的学术报告。Prof. Khin Thida Myint 详细介绍了耶津农业大学在学生培养、科学研究、国际交流合作等方面的发展情况。中方还参观了耶津农业大学昆虫学系，双方就热带经济作物种质资源开发评价、保存鉴定等研究工作，以及昆虫学科建设和人才培养等事宜进行了深入的讨论交流，并达成了人才互访交流、联合实验室建立、国际合作项目申报等多个合作意向，并计划签署了合作协议。随后中方参观农业、家畜和灌溉部农业研究局木薯和香蕉种质资源圃，了解缅甸木薯和香蕉收集引进情况。还考察了农业研究局的种子银行，了解缅甸水稻、小麦和玉米等作物品种培育和生产情况。

阿耶瓦底江地区炯标木薯贸易协会和缅甸商业部消费事业局调控当地的农作物种植及贸易，中方向其了解当地木薯、香蕉品种种植概况，并与木薯贸易协会会 U Kyaw Thura 博士和消费局局长 Thein Naing 先生就木薯和香蕉产业发展中的问题展开讨论，双方就技术培训和人员交流等方面加强合作达成了初步意向。而勃生腰果协会是缅甸较大的腰果组织，双方就腰果田间管理、品质改良和病虫害防治等问题展开了深入交流，陈青研究员到腰果种植园为协会种植户进行了现场技术指导。

## 二、主要收获与成果

### （一）缅甸热带作物种质资源调查

出访团调研了位于耶津的农业、家畜和灌溉部农业研究局木薯种质资源圃，该圃保存有木薯种质资源 18 份，主要为泰国、越南、柬埔寨、马来西亚以及缅甸当地品种；而对炯标地区的木薯贸易协会的木薯种植基地的种质资源调查发现，该种植园引进我国华南 205 号木薯品种，经种植户反馈品质和产量均达到理想水平，其中 KM98-1、泰国种 1 号、泰国种 2 号、日本种、马来西亚种、大象种质和罗勇 9 号株型较好，结薯多，口感甘甜苦涩味少，并在田间表现出一定的病虫害抗性，与缅方协商同意后，中方将上述木薯种质引回国内做进一步品质和抗病虫特性评价研究。而缅甸教育部生物技术研究局的组培中心对主要香蕉种质均进行了系统的组培保种，并具备向种植户提供优质脱毒苗的产出能力。调研农业、家畜和灌溉部农业研究局香蕉种质资源圃，了解到该圃保存香蕉资源 55 份，其中有野蕉、大蕉、粉蕉、红香蕉及当地 3 倍体（AAA）香蕉等，以及位于 Kyonpyaw 和 Ayeyarwaddy 地区的香蕉种植园，深入了解了当地香蕉主栽品种的特性及栽培措施，该地区香蕉主要种植品种有 Phee Gyan Banana、Sour Banana、Butten Banana 以及 Yac Kyi Banana 等，考察上述香蕉种质在产量、品质和抗逆性等方面是否具有生态适应性，经协商同意后中方将上述种质引回国内做进一步研究。总体而言，针对缅甸上述地区木薯和香蕉种植园的种质资源调研表明，种植园存在田间管理粗放，栽培模式落后、化肥农药施用量少且不合理，病虫害综合防控技术缺乏等问题，因此木薯和香蕉产量及品质均不高。

### （二）缅甸热带作物病虫害发生基础信息及生防资源调查

本次出访共调查了木薯、香蕉、木瓜、腰果、柑橘、热带瓜菜等作物虫害发生情况。发现木薯上木薯绵粉蚧、木薯单爪螨、朱砂叶螨、螺旋粉虱、烟粉虱为害较为严重，香蕉上黄胸蓟马、螺旋粉虱、朱砂叶螨为害较为严重，木瓜和番石榴上木瓜秀粉蚧、螺旋粉虱为害较为严重，腰果上天牛和叶甲为害较为严重，柑橘上潜叶蛾为害较为严重，在瓜菜上瓜实蝇、普通大蓟马、豆蚜、瓜蚜、豆荚螟、斜纹夜蛾为害较为严重。在害虫生防资源方面，在木薯园发现了害螨天敌捕食螨，香蕉园发现了天敌狭臀瓢虫和稻红瓢虫。

### （三）初步达成的合作意向

在缅甸考察交流期间，除了强化与缅甸高校、研究机构以及公司等单位在木薯、橡胶、热带果树蔬菜等种质资源开发评价、病虫害综合绿色防控、产品价值链提升方面的合作外，拟和曼德勒科技大学生物技术系、缅甸教育部生物技术研究局、耶津农业大学签署在经济作物种质资源交换、博士研究生培养、科研项目申报、共建联合实验室等方面签署合作协议。初步和缅甸教育部生物技术研究局就申报我国科技部亚非杰出青年科学家工作计划项目拟订人才培养计划。

## 三、工作意见和建议

此次出访主要是与缅甸高校、研究机构等进行交流，双方就所在研究机构的发展定位、目标任务和各自所取得的重要进展等进行介绍，并参观了部分实验室和种植园。研究内容较浅显，但以实用为主，如利用蚊子辐射不育技术防控疟疾，利用虾壳中提取的壳聚糖和虾红素作为生长调节剂改善作物品质，利用缅甸当地特有抗虫植物提取物防治害虫、以及香蕉、菠萝、杧果、荔枝等热带水果组培苗生产，为企业提供脱毒苗等。而木薯和香蕉种植园的种质资源调研显示，种植园存在田间管理粗放，栽培模式落后、化肥农药施用量少且不合理，病虫害综合防控技术缺乏等问题，因此木薯和香蕉产量及品质均不高。中国热带农业科学院在热带作物研究方面历史悠久，尤其是木薯、香蕉等研究技术处于优势地位，可以在“一带一路”倡议的指引下和 2014 年中缅签署的《关于加强农业合作的谅解备忘录》支持下，通过和曼德勒科技大学生物技术系、缅甸教育部生物技术研究局、耶津农业大学签署在经济作物种质资源交换、博士研究生培养、科研项目申报、共建联合实验室等方面签署合作协议，加强中国—缅甸热带作物研究的合作。

（出访团成员：陈松笔、魏守兴、薛晶晶、程世敏、程青、梁晓、唐良德）

# 赴缅甸开展澜沧江—湄公河国际合作项目的情况报告

应缅甸橡胶种植者与生产者协会的邀请，中国热带农业科学院周建南研究员一行5人于2018年11月5—19日共15天时间赴缅甸执行澜沧江—湄公河国际合作项目任务。此次出访的目的是开展澜沧江-湄公河国际合作项目：澜沧江-湄公河区域种植橡胶对生物多样性的影响。

## 一、出访基本情况

### （一）目的和意义

天然橡胶是重要的战略物资，种植橡胶对环境造成的影响是全球的研究热点。本项目拟系统调查澜沧江-湄公河区域橡胶林群落植物的种类组成及分布特征，通过分析橡胶林群落物种组成、生物多样性及其影响因素与机制，评估橡胶种植后对该区域植物多样性的影响；提出切实可行的措施推进橡胶林生态系统的健康、协调发展。其研究结果对促进澜沧江-湄公河区域经济效益和生态环境建设以及多样性保护都有重要的意义。

### （二）主要活动

团队成员访问了位于缅甸毛淡棉的缅甸农牧水利部多年生作物局，团队成员在多年生作物局负责人的带领下参观了缅甸多年生作物局的植物病理研究室、组培研究室、栽培研究室和土壤研究室，并与相关可以人员进行了交流，同时就下一步合作与交流进行了深入探讨。缅甸多年生作物局为缅甸从事天然橡胶研究的国家级科研单位，主要从事天然橡胶及其他多年生热带作物的育种、栽培技术、病虫害防治及割胶技术等方面的研究。

本次外出野外调研的主要任务是开展缅甸橡胶林植物多样性的调查工作；其次是开展缅甸森林植被变化的调研工作。团队成员一行五人11月5日到达缅甸仰光。11月6日从仰光出发北上勃固，然后掉头南下开始调研。缅甸南部主要调研了斋托、直通、毛淡棉、木冬、丹彪扎亚、勒迈、椰城、土瓦、德耶羌、丹老。11月11日从缅甸南部城市丹老出发，沿原路从南部向北部返回缅甸勃固。然后从勃固开始向北开始调研，主要调研了彪关、东吁、格劳、东枝、因多和眉缪等地橡胶林植物多样性。调查地点基本上包含了缅甸橡胶分布的南部全部区域、中部区域。缅甸东部及北部区域也有橡胶林的分布，但由于缅甸国内这些区域局势不稳，为保证出行安全，这些区域没有进行调查。

## 二、主要收获与成果

### （一）与缅甸种植者与生产者协会及面年农牧水利部多年生作物局建立了良好的合作关系

通过访问缅甸多年生作物局及其橡胶园，不仅了解了缅甸天然橡胶产业发展的基本概况，也加强了中国热带农业科学院与缅甸多年生作物局进一步的意愿。双方一致同意今后在项目联合申报、人才联合培养及学术交流加强合作。同时在天然橡胶种植者与生产者协会的负责人的带领下，参观了缅甸亚洲橡胶国际公司的种植园及公司本部。

### （二）基本上摸清了缅甸天然橡胶的分布区域及概况

目前全缅橡胶树种植面积约有 970 万亩，在这些树中，开始生产胶水的橡胶树约有 700 万株，而“超龄”不能再生产胶水的老树约有 5 万株，缅甸南部地区中，孟邦与克伦邦是种植橡胶最多的地区。其他地区诸如勃固省、仰光省、德林达依省虽也有种植。本次选取了 47 个橡胶林样方，这些样地基本上覆盖了缅甸南部及中部橡胶分布的主要区域。每个样方的大小为 20 米×20 米，采集植物照片 1 500余份。此外标记带地理坐标的天然橡胶、柚木等典型热带作物（林木）野外样点 1 800份，圆满地完成了缅甸橡胶林群落多样性的调研任务。

## 三、工作意见和建议

通过本次调研，我们发现缅甸的天然橡胶发展具有优势和潜力。首先是自然条件优势。缅甸具有较好的橡胶种植生产条件，光、热与水分条件充足，土壤肥沃。更为重要的是缅甸全年无台风风害影响，不像国内的海南植胶区，每年会不同程度上遭受台风的危害。当然缅甸南部一些区域的降水量过高，达到 3 000~4 000毫米，降雨量过多会导致部分品种如 RRIM600 发生严重疫霉病，疫霉病发病后会导致橡胶树落叶达 50%~80%，严重地影响了橡胶树的产量，疫霉病严重的情况还会导致橡胶树死亡。此外缅甸土地资源丰富，宜植胶面积大。其次是劳动力资源丰富，劳动力工资水平低，当地能为投资者提供廉价的劳动力。因此，缅甸天然橡胶的发展大有潜力。鉴于此，建议中国加强与缅甸相关科研单位加强合作，特别是加强与缅甸农牧水利部多年生作物局合作，互补长短，共同攻克天然橡胶生产中的科学难题。

此外，我们在缅甸中部调研发现缅甸中部种植橡胶较少（缅甸东部和北部有橡胶种植，但由于安全问题未能调研），而柚木较多，特别是在掸邦的东枝和眉缪等地区柚木长势良好。柚木（学名：*Tectona grandis* L. F.），又称胭脂树、紫柚木、血树等，是一种落叶或半落叶大乔木，树高达40~50米，胸径2~2.5米，干通直。柚木是热带树种，要求较高的温度，垂直分布多见于海拔高700米以下的低山丘陵和平原。柚木系喜光树种，原产地年平均气温为20~27℃，绝对低温2℃，年降雨量1 100~3 800毫米，干湿季明显。能生长于砂页岩、花岗岩发育成的红壤和赤红壤上，喜深厚、湿润、肥沃、排水良好的土壤。可入药，也是制造高档家具地板、室内外装饰的材料。柚木号称是缅甸的国宝，价格相当的昂贵。因此建议，一方面可以引进缅甸柚木作为云南、海南等热带地区质量较低的热带林的改造树种之一；另一方面也可以加强和开展柚木生理生态及材质等方面的研究。

（出访团成员：周建南、兰国玉、吴志祥、陈帮乾、杨川）

# 赴日本执行农药施药技术交流任务的情况报告

应日本科学技术协会邀请，中国热带农业科学院环境与植物保护研究所林勇研究员于2018年7月8—15日期间赴日本执行农药施药技术交流任务，期间与东京农业大学、农林水产航空协会、千叶大学进行了访问和学术交流，并参观在日本带广举办的第34届国际农业机械展览会。

## 一、出访基本情况

### （一）目的和意义

此团出访的目的是执行中国热带农业科学院环境与植物保护研究所参加的由中国农业科学院植物保护研究所主持的国家重点研发计划“化学农药对靶高效传递与沉积机制及调控”项目（编号：2017YFD0200300）的子课题“杧果、豇豆有害生物防控药剂与施用技术参数优化及效果验证”（编号：2017YFD020030305）的国际交流任务，赴日本实地了解日本农药喷雾技术及施药器械发展现状，学习交流以无人机为载体的超低容量航空喷雾技术及其作业规程等。同时，也是对今年3月份邀请千叶大学名誉教授本山直树博士（前日本农林水产省农业资材审议会会长兼农药分会会长，东京农业大学客座教授）的回访，探索中国热带农业科学院（环境与植物保护研究所）与东京农业大学（综合研究所）科技交流合作的可能领域。

### （二）主要活动

#### 1. 访问东京农业大学

在本山教授引见下，林勇研究员与东京农业大学国际交流中心方野功一事务局长和后藤菜穗女士座谈交流，介绍了我方的合作需求，提交单位的简介资料，就双方合作备忘录签署有关事宜进行商谈（2018年4月本山直树教授来访期间，与中国热带农业科学院环境与植物保护研究所易克贤所长会谈时达成合作意向）。此外，访问了东京农业大学热带植物保护研究室及综合研究所，与足达太郎教授、副学部长夏秋启子教授进行了学术交流，共同探讨与东京农业大学及综合研究所合作的可能领域，并参观了东京农业大学科技成果展馆。

**2. 访问农林水产航空协会**

目前，日本的应用无人旋翼直升机植保技术非常先进，此次出访计划借鉴日本农林水产航空协会的技术资料。年初通过电话联系得知负责人为五月女淳先生，并于2018年2月发去信函，请求授权发行中文译本。4月，本山直树博士应邀访问我所，观摩指导了中国热科院环境与植物保护研究所在海南省的3处无人机植保作业现场，表示愿意帮助授权出版相关资料，作为实际参考应用。在本山直树教授引见下，林勇研究员拜会了日本农林水产航空协会会长齐藤武司、常务理事兼事业推进部部长五月女淳，本山教授介绍了中国无人机植保作业现场情况，林勇研究员介绍了环境与植物保护研究所作为国家级非盈利性公益性研究所概况，并就引进《为了应用产业用无人旋翼直升机防除病虫害的从业人员的安全对策手册》等4个中文译本的授权进行商讨，并初步达成合作共识。

**3. 参观在日本带广举办的第34届农业机械展览会**

展览会上，重点观摩了现代施药器械。了解国际最新施药器械，喷施作业方式和技术手段，特别是以无人机施药的新器械和技术资料，与日本雅马哈公司和杨曼公司技术人员交流了多旋翼无人机作业时，药液穿透树冠深层的技术手段等。同时，也掌握了最先进的常规施药器械和最新系列喷头喷嘴产品使用方法及购买方式。

**4. 访问千叶大学园艺学部**

与本山直树教授进行学术交流，并学习了航空植保作业时空气样品采集装置与检测方法。此外，参观了科研用现代农业生产和加工设施。

## 二、主要收获与成果

**1. 提交中国热带农业科学院环植所与东京农业大学合作备忘录（草案）**

以书面方式向东京农业大学国际合作中心提交了由易克贤所长与本山直树教授（2018年4月来访）会谈时形成的合作备忘录（讨论稿），并按对方要求以电子邮件方式提交相应电子版。对方表示将列入东京农业大学国际合作研究讨论的工作议程，期间要经过教授会和学科会等研讨，待对方研讨出结果，再做汇报。此外，在会谈中了解到，目前东京农业大学已与中国农业大学和上海交通大学有合作关系。

**2. 获得农林水产航空协会授权发行中译本技术资料**

在会谈中，五月女淳部长提出日本农林水产航空协会的相关资料是依据日本航空植保状况而定，不一定完全适合中国，如果按照此手册作业出现问题，则日方不承担责任。林勇研究员回复这些资料只是提供参考，中国是按照自己的规定作业，日方不需要对此承担责任。最终，齐藤武司会长同意授权，并指示由五月女淳常务部长具体办理，经五月女淳部长与事务局长福盛田共同商定以电子邮件形式授权，首先由林勇研究员以电子邮件提出请求，再由五月女淳常务理事确认授权予中国热带农业科学院环境与植物保护研究所。会谈后，分别合影留念，并约定如果申请到相关的国际合作项目，将邀请其来我所访问交流。

**3. 获得了第 34 届农机展览会相关施药器械资料**

参观国际农机展时，获得的常规施药器械和植保无人机作业相关技术资料，可为在研项目中农药减施增效技术措施提供重要借鉴。

**4. 获得了无人机作业施药时空气环境监测的技术资料**

访问千叶大学园艺学部时，由本山教授提供了空气样品富集柱等实验材料样本和检测分析方法技术资料，其是空气中农药含量监测的关键技术。

## 三、工作意见和建议

日本作为现代农业科技发达国家，无论是植保还是环保，特别是旋翼无人机航空植保领域的技术储备都具有世界一流水平，其相关技术、作业规范及监测方法的引进，对我国热带农业发展和农药的减施增效，都具有重要借鉴和应用价值。建议拓宽交流合作渠道，提升交流级别，建立互信互惠的合作模式。本次出访圆满完成项目和上级领导交办任务，后续工作具体如下。

一是密切跟踪与东京农业大学合作备忘录事项的进展，为申报国际交流项目，提升交流科技人员数量和级别，做好准备。

二是加紧翻译校对，加快出版日本农林航空协会授权的植保无人机作业技术手册等的进程，早日推广应用到实际工作中。

三是借鉴获得的技术资料，提升科研创新水平，拓宽解决科研中相关技术问题的途径和方法，更好地完成承担的科研任务。

（出访团成员：林勇）

# 赴斯里兰卡参加国际橡胶研究与发展委员会（IRRDB）经济专委会会议的情况报告

应斯里兰卡橡胶研究所（RRISL）的邀请，中国热带农业科学院何长辉助理研究员于2018年9月30日—10月6日赴斯里兰卡参加国际橡胶研究与发展委员会（IRRDB）经济专委会会议。

## 一、出访基本情况

### （一）目的和意义

本次会议由RRISL与IRRDB主办，来自IRRDB秘书处、马来西亚、泰国、中国、印度、印度尼西亚、柬埔寨、斯里兰卡的科研人员做相关报告，会议主要目的是激励社会经济学家在研究中运用恰当的统计方法，以便为政策制定者制定政策时提供依据，引导天然橡胶产业沿着正确的方向发展，并与国外专家讨论当前天然橡胶产业发展趋势，了解世界天然橡胶生产发展形势，获取世界其他国家天然橡胶生产及相关产业信息。

本次研讨会有利于加强我国科研人员与其他主要天然橡胶生产国科研人员在产业经济研究方面的联系，有利于了解其他国家天然橡胶产业发展现状以及研究进展，促进各国之间的交流与合作。

### （二）主要活动

本次研讨会有三个重要内容：一是统计学方法学习；二是各国天然橡胶生产情况汇报；三是橡胶园及加工厂考察。

主办方邀请了斯里兰卡 University of Peradeniya、University of Sri Jayawardenepura、Wayamba University of Sri Lanka 等大学的教授为与会代表讲述线性回归、时间序列分析、聚类分析、主成分分析、参数估计、多变量统计分析、决策支持系统等统计学方法，并通过 SPSS、SAS、R、Netica 等统计软件进行示范。

研讨会报告了当前社会经济情况及其对橡胶生产的影响，来自泰国、马来西亚、柬埔寨、斯里兰卡、中国、印度等国的与会代表介绍了各自国家民营橡胶发展的现状及面对的主要问题。橡胶价格低迷、劳动力供应不足是各国面临的普遍问题；寻求更多的政府支持、研发成本更低的生产技术、发展林下经济是各国采取的主要应对措施。中国热带农业科学院何长辉报告中分析了中国橡胶生产情况，并对 2025 年以前的产能进行模型分析，发现受价格和劳动力供给影响，我国目前可能有 20 万吨产能被闲置，并针对情况提出相关建议。

会议结束后，RRISL 带领各国与会代表到当地胶园和加工厂考察。了解 RRISL 在林下种植茶叶，发展林下经济的情况；还前往当地一个烟片胶厂，参观了解胶片胶制作过程和生产情况。

## 二、主要收获与成果

本次参会的各国代表均从事橡胶产业经济问题研究，主要介绍各自国家橡胶产业发展现状、小胶农面临的问题以及应对措施。

印度橡胶研究所的代表介绍了印度橡胶产业发展情况以及小胶农面临的经济社会问题、挑战和机遇。2016 年，印度橡胶种植面积和产量分别为 81. 8 万公顷和 62. 4 万吨，均据世界第六位；橡胶单产为 1 402 千克/公顷，据世界第三位，橡胶消费量为 103. 3 万吨，占全球天然橡胶消费量的 8. 2%，据世界第二位。小胶农是最重要的生产主体。2017 年印度橡胶种植面积达 82. 1 万公顷，覆盖 130 万小胶农和 537 个国有胶园，其中小胶农胶园占全国总面积的 91%和总产量 92%，平均种植规模为 0. 57 公顷。相对于泰国、印度尼西亚和马来西亚而言，印度小胶农种植规模太小。

20 世纪 90 年代以后，印度天然橡胶价格开始与国际市场接轨，2012—2013 年价格断崖式下跌，导致印度国内天然橡胶市场原有优势丧失，小农户生产能力受到威胁，产业发展情况不佳，产量连续 3 年下滑，幅度在 13%~17%。扩大了生产和消费的差距，进一步增加了橡胶进口量。2017—2018 年，印度天然橡胶消费量的 42%来自进口。尽管如此，橡胶种植在印度经济社会发展中仍有重要意义。与橡胶相关的生产活动每天直接或者间接创造了 50 万个就业机会，同时对 130 万户小胶农家庭生计有重要意义。在东北部地区，特别是在 Tripura（特里普拉邦），橡胶种植增加了农民收入，帮助他们远离叛乱。橡胶种植园还有明显的生态效益，每年可以抵消国家运输部门排放二氧化碳总量的约 5%，使得裸露的生态系统得到恢复，还是再生木材的重要来源，能够减少对森林的采伐。

Kerala（喀拉拉邦）政府 2015—2016 年实施了橡胶生产激励计划（RPIS），由橡胶局负责实施，旨在确保种植者橡胶价格能够达到 150 卢比/千克。该项计划共计投入 97. 8 亿卢比，登记受益种植户 45. 4 万人。通过政府实施的 Pradhan Mantri Kuashal Vikas Yojana（PMKVY）项目，超过 30 000 人接受培训并提高了割胶质量；到 2020 年所有的割胶者计划通过 PMKVY 项目认证。

印度代表认为小胶农几乎完全无法应对来自自由市场的挑战，成本竞争则是他们生存的关键。通过改进管理策略和采用创新的成本节约技术能够显著降低成本并且不影响产量。主要技术有：橡胶树机械化种植技术、胶园间作减少杂草、选择性除草、适当减少施肥。

马来西亚代表介绍了该国橡胶生产情况以及政府扶持措施。2017 年马来西亚橡胶产量、消费量分别为 74. 0 万吨、48. 9 万吨，相对 2016 年都有一定幅度上升，天然橡胶制品进口量和出口量分别为 109. 6 万吨和 119. 4 万吨，相对 2016 年增幅均超过 17%。2017 年干胶和胶乳产量分别为 70. 2 万吨和 3. 9 万吨，对应的消费量分别为 6. 5 万吨和 42. 4 万吨。

小胶农需要在马来西亚橡胶局注册才能获得橡胶交易许可证。截至 2018 年 9 月 28 日，在橡胶局注册的小胶农数量为451 351人，所有者兼经营者占总数的 56%，平均年龄为 57 岁；所有者占总数的 22%，平均年龄为 56 岁；经营者占总数的 22%，平均年龄是 51 岁。小胶农胶园占马来西亚橡胶种植总面积的 93. 1%，平均种植规模为 2. 1 公顷。2013 年的调查数据显示 80%的小胶农月收入少于2 500令吉，收入超过4 000令吉的仅占 4%。2013 年以来，小胶农平均月收入低于2 000令吉，2016 年甚至低于1 000令吉。

马来西亚政府采取的措施主要有：①更新补助，在马来西亚半岛更新种植补贴9 230令吉/公顷，在砂拉越更新种植补贴13 500令吉/公顷，在沙巴更新种植补贴14 000令吉/公顷。②马来西亚基础产业部出台小胶农安全网法案，在 2017 年季风季节对 44 万小胶农提供600 令吉每户的经济援助；2017 年 11 月至 2018 年 1 月，每月支付 200 令吉，总共安排 2. 61 亿令吉。获得橡胶交易许可证的小胶农可以通过网上申请。③橡胶生产激励措施，主要目的是减少小胶农在低收入期间的经济负担，为下游生产活动持续提供原材料。具体措施为，当 SMR20 号标胶月度平均价格低于 5. 5 令吉/千克或者杯胶月度平均价格低于 2. 2 令吉/千克时，橡胶生产激励计划开始启动。本月的平均价格低于计划启动价格水平时，下个月计划开始启动。小胶农需要申报上个月橡胶的产量，总共安排资金 1. 3 亿令吉。该计划最早于 2015 年 1 月开始执行。④为小胶农合作社提供贷款。该项措施让 20 个合作社获得了贷款并且扩大业务，他们提供的收购价格比农场销售价格高出 20 分，从而迫使周围的交易商也提高价格。

研究显示，橡胶生产激励计划没有真正发挥作用，小农户更多将补贴用于日常生活需求，由于生产资料价格和生活成本依然很高，补贴不足以激励农户提升橡胶产量，橡胶价格低迷的情况下，小农户不愿意割胶、施肥、除草。研究表明，当橡胶价格高于 4

马币时，他们才有动力去从事胶园管理。

泰国代表介绍了当前泰国橡胶生产情况，面临的问题，提出通过有效的技术转移机制解决问题的思路。泰国是世界最大的天然橡胶生产国，2017 年天然橡胶产量 475.5 万吨，占世界总产量的 35%以上。橡胶主要用于出口，2017 年出口量为 416.7 万吨，其中约 62%都出口到中国。庞大的天然橡胶产量和对国外市场的高度依赖是导致当前困境的主要原因之一。国内天然橡胶产业结构变化，比如小胶农转向生产胶乳，橡胶工厂的快速扩张，企业家收入减少，中小加工企业的倒闭，则进一步加剧了国内橡胶生产的困境。

泰国从事橡胶种植的小胶农超过 150 万户，针对当前小胶农的困境，政府出台了一系列解决方案。概括起来主要有：刺激国内橡胶消费、减少橡胶种植规模、推动其他经济作物替代橡胶、减少国有胶园、为小农户提供贷款和基金、强化研究机构的作用、为橡胶生产企业提供贷款支持、组建国有企业采购橡胶、建立橡胶中心市场与小胶农网络。①成立三国橡胶委员会（ITRC），通过削减出口和供应管理计划以稳定胶价，但由于政治原因没有得到彻底执行。②在刺激国内消费方面，计划在 2017 年 12 月到 2018 年 12 月，投入 410 亿泰铢建设橡胶公路，消耗 7.1 万吨胶乳和 1 200吨干胶。③计划在 2016 年 3 月到 2018 年 6 月期间，投入 150 亿泰铢用于为橡胶制造企业提供贷款，以扩大产能和改进设备。计划在 2015 年到 2023 年投入 50 亿泰铢，为橡胶生产组织的采购和储存提供贷款。④2018 年以来，采取的新措施主要在于控制生产和提升企业生产效率：计划 2018 年 1 月到 2019 年 12 月，投入 200 亿泰铢，提升橡胶企业的生产效率，降低生产成本；2018 年 1 月到 3 月，永久性减少橡胶面积 20 万莱，投入资金8 000万泰铢；2018 年 1 到 3 月，停止总计 10 万莱国有胶园割胶；达成协议，在 2018 年 1 月到 3 月，泰国减少 23 万吨橡胶出口。⑤在技术转移方面，主要有割胶技术培训、施肥技术培训、病虫害防治技术、提升采收后胶乳质量、介绍橡胶加工过程、吸收支持新一代农民。良好农业操作规范（GAP），良好生产规范（GMP），等措施。

泰国烟片胶在国际市场上的份额高达 73.9%，泰国橡胶主要出口市场为中国、马来西亚、日本和韩国。由于高度依赖出口，泰国在橡胶初加工环节积极推动 GMP 计划，主要目的在于控制和提升烟片胶质量、在全球市场中建立买家和用户的信心和降低生产成本。目前泰国已有 16 家烟片胶厂和 18 家白绉片胶加工厂（通过米其林和普利司通认证）实施 GMP 操作，每月产量在4 000吨上下。

柬埔寨代表介绍了该国橡胶生产情况及橡胶价格低对小胶农和加工厂的影响。橡胶是柬埔寨仅次于水稻的第二大农作物，尽管橡胶种植的历史较长，但真正大规模种植橡胶还是在 2005 年以后。2005 年柬埔寨橡胶种植规模为 6.04 万公顷，2015 年达到 27.78

万公顷，投产面积为11.12万公顷，产量为12.7万吨，出口量为12.8万吨。柬埔寨生产的橡胶几乎全部用于出。2017年橡胶种植规模达到43.63万公顷，其中52%的胶园为经济特许权土地，36%属于小胶农胶园，12%属于国有企业胶园。

橡胶价格低迷，对产业带来较大冲击。由于成本较高，生产者无利可图，一些企业不得不从银行贷款，一些企业不得不被迫关闭。对农户而言，许多农户砍伐橡胶树，种植玉米、大豆和木薯，一些农户则推迟割胶。部分农户不得不从银行贷款维持橡胶生产支出，一些农户会要求他们的孩子辍学来从事割胶，一些农户则被迫出售土地。关于柬埔寨对橡胶产业的相关政策，与会代表并没有介绍。

斯里兰卡代表介绍了其在非传统植胶区种植橡胶的经验。2017年斯里兰卡胶园总面积为13.5万公顷，其中幼龄胶园2.97万公顷，成龄胶园10.53万公顷，干胶产量8.3万吨。胶园主要集中分布在西南部和中部地区，其他地方为非传统植胶区，有零星的胶园分布。为了满足国内每年约15万吨的天然橡胶消费需求，考虑在非传统植胶区种植橡胶，传统植胶区因为工业化、城镇化的发展，橡胶园扩张受到限制甚至有缩减的趋势。东方省、北方省和中北省被视为新发展橡胶种植的区域。东方省2003年开始推广橡胶种植，在Ampara（安帕拉）地区已经扩展到1 800公顷，从业农民达到2 500人，居民收入和生活水平得到显著提升。北方省在2010年开始引入橡胶种植，目前在Vavuniya（瓦武尼亚）种植50公顷，主要的限制在于人们接受程度低，沟通不畅，橡胶价格低迷。斯里兰卡小胶农胶园面积占全国总量的70%，种植规模一般小于20公顷。尽管当前橡胶市场价格低迷，但是长期来看，橡胶对改善农户生活水平、满足国内橡胶需求意义重大，因此斯里兰卡仍然重视橡胶种植面积的扩张和生产技术的推广。

## 三、工作意见和建议

中国是最大的天然橡胶消费国，每年都需要从泰国、印尼、越南、马来西亚、柬埔寨、缅甸等国家进口大量的天然橡胶。把握其他国家天然橡胶生产情况和产业发展政策有利于我们分析全球天然橡胶供给需求的整体走势，有利于我国在制定天然橡胶生产相关政策时在国际视野下得到更多更充分的决策依据。马来西亚的天然橡胶产业管理水平在主要产胶国中首屈一指，充分利用了现代科技和互联网技术，管理上凸显了精准化、精细化的特点，政策出台和执行效果较好，对我国天然橡胶产业管理提供了良好的借鉴。泰国是最大的天然橡胶生产国和出口国，其主要出口国就是中国。受困于当前的产业发展困境，泰国政府正积极削减国内产能，刺激国内消费，着力提升橡胶品质。其国内产业发展政策和落实情况都会影响到中国天然橡胶消费，因此泰国天然橡胶产业发展政策值得长期关注。另外，柬埔寨、缅甸、老挝等新兴天然橡胶生产国，种植面积扩张，产能还未完全释放，尽管单个国家产能不突出，但是整体上看未来这些国家也是影响全球天然橡胶供应的重要力量。这些国家在生产技术和加工工艺方面相对较为落后，可以成为我国天然橡胶生产管理技术输出的主要目标国。

（出访团成员：何长辉）

# 赴斯里兰卡执行“一带一路”热带农业资源联合研究专项任务的情况报告（一）

应斯里兰卡椰子研究所（CRISL）主席 Jayantha Jayewardene 先生的邀请，中国热带农业科学院椰子研究所王富有研究员一行 4 人于 2018 年 7 月 9—13 日访问斯里兰卡。

## 一、出访基本情况

### （一）目的和意义

为响应国家“一带一路”倡议，加快推进中国热带农业科学院与斯里兰卡热带农业科技交流与合作，促进中国热带农业科学院热带农业科技成果向这一区域转移转化，代表团主要考察了斯里兰卡椰子研究所和商讨中国—斯里兰卡椰子联合实验室的建设，调查了科伦坡和南方省椰子种植、主要病虫害防治情况，了解了斯里兰卡橡胶产业的总体发展规划。期望通过上述调研，为中国热带农业科学院农业科技成果“走出去”奠定前期基础。

### （二）主要活动

出访期间，10 日访问斯里兰卡椰子研究所，上午参观椰子研究所，下午开座谈会；11 日全天对科伦坡周边地区的椰子产业现状进行调研；12 日上午对南方省（加勒）的椰子种植业及病虫害情况进行调研，下午访问了斯里兰卡种植业部。

**1. 访问斯里兰卡椰子研究所**

斯里兰卡椰子研究所是该国唯一以椰子为研究对象的科研单位隶属于斯里兰卡种植业部，研究方向包括：品种选育、栽培、植保、加工、产业研究等。斯里兰卡椰子研究所主席 Priyanthie Fernando 博士和副所长 Lalith Perera 博士分别向我方介绍了该所的基本情况和科研开展情况。双方就共建“中国—斯里兰卡椰子研究联合实验室”达成了初步意向，并就双方科研人员开展科技交流和合作研究展开的讨论，双方同意在椰子组织培养和组培特异基因型分析方面尽快开展合作研究，并就下一步的人员互访做初步的安排，座谈会后参观了 CRISL 的土壤实验室和椰子组织培养实验室。

**2. 对科伦坡周边地区的椰子产业现状进行调研**

科伦坡是斯里兰卡三大椰子种植区之一，椰子年产椰子鲜果 2. 25 亿个左右，近年来发生的主要病虫害为二疣犀甲、椰心叶甲、椰子织蛾和红棕象甲等。此外该国鼓励椰子种植，政府免费提供椰子种苗供老百姓种植，2018 年除外，以前每年对椰子种植户均有农业补贴。期间还拜访了科伦坡所在的西方省政府和 CRISL 的主管部门斯里兰卡种植业部的官员，就椰子产业和热带农业的合作进行了交流。

**3. 对南方省（加勒）的椰子种植业及病虫害情况进行调研**

南方省的加勒地区是斯里兰卡三大椰子种植区之一，椰子年产椰子鲜果 1.28 亿个左右，近年来发生的主要病虫害为二疣犀甲、椰心叶甲、椰子织蛾和红棕象甲等，其中尤其二疣犀甲为害严重。该地区椰子种植户基本没有防治椰子病虫害的习惯，基本情况为“重种植、轻管理”。

**4. 访问斯里兰卡种植业部**

拜访了斯里兰卡种植业部，了解到斯里兰卡对天然橡胶为业的发展非常重视，为橡胶行业制定了 2017—2026 年总体发展规划，预计届时产值达 44 亿美元，计划新增橡胶种植面积约 3.7 万公顷。

## 二、主要收获与成果

### （一）椰子产业是斯里兰卡支柱产业，椰子科技研发备受重视

椰子是斯里兰卡的主要种植园作物之一，占斯里兰卡所有农产品的约 12%。种植土地面积为395 000公顷，每年生产约 28 亿椰子果，产量是中国的 10 多倍。斯里兰卡椰子研究所是该国唯一以椰子为研究对象的科研单位，在椰子研究方面积累了上百年的基础，尤其是椰子品种培育、病虫害和产业研究方面有丰富的积累。因此，中国应加强与斯里兰卡椰子研究所开展交流合作。同时共建“中国—斯里兰卡椰子研究联合实验室”。

### （二）斯里兰卡椰子研究所的椰子组培技术值得学习

斯里兰卡椰子研究所是最早开展椰子组织培养的科研单位之一，积累了丰富的经验，以雌花子房为外植体的组培技术走在世界前列，扩繁系数已超过 1∶400，并向 1∶10 000挺进。他们同时也开展其他椰子外植体的组培技术研究，方向组培的潜能与个体的基因型有很大的关系，将椰子分成两类，组培敏感型和非敏感型的品种和个体。

### （三）斯里兰卡非常重视对种植业开发

农业可耕地面积 400 万公顷，占国土面积的 61%，土地肥沃，气候条件优越，以种植业为主，主要生产茶叶、椰子和橡胶等热带经济作物。斯里兰卡耕种地、森林、草场

等农业资源的开发利用率均不高，尚有大量可开发余地，现代农业开发潜力巨大。另外，斯里兰卡生态环境优良，农业面源污染少，发展现代生态农业，拓展绿色现代农业市场具有潜在的比较优势。

**（四）斯里兰卡非常重视天然橡胶产业的可持续发展**

斯里兰卡制定了2017—2026年天然橡胶产业总体发展规划，计划通过以下几个路径来实现：①提高天然橡胶产量；②提高橡胶产品的市场份额；③提高橡胶木的增加值；④促进产业工人发展；⑤促进技术能力发展；⑥加强产业信息管理；⑦增强可持续发展；⑧利用PPP促进规划实施。橡胶产业发展重点是要惠及包括橡胶种植农户在内的利益相关者，提高农民和工人的福祉。

## 三、工作意见和建议

通过此次访问，得到了很大收获：了解了斯里兰卡椰子的科研进展情况；了解了斯里兰卡椰子种植方面的情况；了解了斯里兰卡橡胶产业的发展规划；向斯里兰卡介绍了中国对外政策和热带农业科技成果的最新进展。

斯里兰卡历来重视椰子和天然橡胶产业，建议中国加强与斯里兰卡在椰子和橡胶产业管理、规划、科技等方面的交流合作。据此，提出如下建议。

一是加强科技合作推进中国—斯里兰卡椰子联合实验室建设。以有关项目为抓手，推动斯里兰卡与海南在热带农业方面的合作建议；以及在现有合作基础上，进一步加强中国热带农业科学院与斯里兰卡椰子研究所的友好合作关系。加强中国热带农业科学研究院与斯里兰卡椰子研究所的合作，推动“中国—斯里兰卡椰子研究联合实验室”项目的落地。

二是加强各类人才的交流。建议增派科技人员到斯里兰卡椰子研究所学习椰子组培技术和相关的研究工作，利用我方的技术优势开展椰子组培相关品种的全基因组重测序，重点开发相关联的分子标记。

三是加强科技成果转移转化。针对斯里兰卡的产业发展需求，结合我国的科技优势，通过示范推广，将电动胶刀、橡胶木改性等新技术新产品在斯里兰卡推广应用。

（出访团成员：王富有、杨耀东、阎伟、谢贵水）

# 赴斯里兰卡执行“一带一路”热带农业资源联合研究专项任务的情况报告（二）

应斯里兰卡椰子研究所（CRISL）主席 Jayantha Jayewardene 先生的邀请，中国热带农业科学院李开绵研究员一行 3 人于 2018 年 8 月 8—12 日访问斯里兰卡。

## 一、出访基本情况

### （一）目的和意义

为响应国家“一带一路”倡议，加快推进中国热带农业科学院与斯里兰卡热带农业科技交流与合作，强化中国热带农业科学院与斯里兰卡种植业部在热带农业科技的全方位合作并签订合作意向书，与斯里兰卡椰子研究所就椰子科技合作进行深入的探讨推进中国—斯里兰卡椰子联合实验室的建设，参观考察椰子研究所的间种示范基地，种质圃和育苗基地和西北省的椰棕加工厂等。期望通过上述调研，为中国热带农业科学院农业科技成果“走出去”奠定前期基础。

### （二）主要活动

出访期间，8 月 9 日上午考察科伦坡椰子的种植情况。下午拜访斯里兰卡种植业部并进行座谈，与种植业部签订热带农业科技合作意向书；8 月 10 日上午访问斯里兰卡椰子研究所与科研人员就椰子科技合作进行座谈，下午参观椰子研究所的椰子间种示范基地；8 月 11 日上午参观椰子研究所的种质圃和苗种繁育基地，下午参观西北省的椰棕加工厂。

#### 1. 访问斯里兰卡种植业部

中国热带农业科学院李开绵副院长一行 3 人访问斯里兰卡种植业部，双方就热带农业全方位的合作进行探讨，在海南省政协主席毛万春和斯里兰卡种植业部第一副部长 Champike Premadasa 先生的见证下，李开绵副院长代表中国热带农业科学院与斯里兰卡种植业部签署了热带农业科技合作意向书。今后，双方将在热带农业领域尤其是椰子、橡胶、胡椒、咖啡作物的科技和研发方面进行全方位的合作研究，共同推进双方人员交流。双方将相互协助对方科技人员开展实地研究，交换科研的最新成果，在合作研究的基础上共同发表学术论文等。

**2. 访问斯里兰卡椰子研究所**

斯里兰卡椰子研究所是该国唯一以椰子为研究对象的科研单位隶属于斯里兰卡种植业部，研究方向包括：品种选育、栽培、植保、加工、产业研究等。2015 年与热科院椰子研究所签订合作备忘录以来，斯里兰卡椰子研究所主席 Jayantha Jayewardene 和所长 Priyanthie Fernando 博士代表斯里兰卡椰子研究所对热科院代表团表示欢迎，向我方介绍了该所的基本情况和科研开展情况。双方就以“中国—斯里兰卡椰子研究联合实验室”为平台开展合作研究达成了初步意向，并就双方科研人员开展科技交流和合作研究展开的讨论，双方同意在椰子组织培养和组培特异基因型分析方面尽快开展合作研究，并就具体项目的合作研究工作做了初步的安排。

**3. 斯里兰卡椰子研究所间种示范基地**

椰子间种示范基地占地1 500亩，是斯里兰卡椰子研究所的主要试验基地之一，位于 Makndura 地区，有员工 50 多人，主要开展各种经济作物的椰林耕作系统的研究，主要包括菠萝、百香果、杨桃、香蕉、油梨、木薯、咖啡、胡椒和牧草等经济作物的间作研究，据了解，目前以菠萝作为间种物的经济效益最好。

**4. 斯里兰卡椰子研究所种质圃和种苗基地**

斯里兰卡椰子研究所的种质圃是斯里兰卡最大的椰子种质圃，位于 Ambakelle 地区是一个相对隔离的区域，收集了斯里兰卡国内和国外的各种椰子种质资源1 127份，其中包括国际椰子遗传网（COGENT）在斯里兰卡的备份椰子基因库。常年开展椰子的遗传育种试验，包括亲本的筛选和不同杂交组合的测试等计划，累积有超过 10 个育成品种推向市场。

**5. 椰棕加工厂**

位于 Madurankuliya 的椰棕加工厂是一家规模较大的椰纤维处理加工厂，是雨航私人有限公司（Yu Hang Pvt Ltd）下属的一家工厂，主要产品为椰糠和椰棕及副产品椰短纤维等。椰糠主要作为花卉的培养基质出口到中国，椰棕应用于坐垫，床垫（衬垫、花篮垫、椰糠等），沙发，椰棕雕等供应中国市场。

## 二、主要收获与成果

### （一）热带农业科技合作潜力巨大

斯里兰卡地处热带地区，农业可耕地面积400 万公顷，占国土面积的61%，土地肥沃，气候条件优越，以种植业为主，茶叶、椰子和橡胶是农业经济收入的三大支柱。斯里兰卡耕种地、森林、草场等农业资源的开发利用率均不高，还有大量可开发余地，现代热带农业的开发潜力巨大。中国热带农业科学院与斯里兰卡种植业部签署的热带农业科技合作意向书将推动双方在热带现代农业，特别是橡胶、椰子等的科技合作，进一步提升中国热科院的国际影响力，更好地服务国家“一带一路”建设。

### （二）椰子资源丰富

椰子是斯里兰卡的主要种植园作物之一，占斯里兰卡所有农产品的约 12%。种植土地面积为395 000公顷，每年生产约 28 亿椰子果。斯里兰卡椰子研究所是该国唯一以椰子为研究对象的科研单位，在椰子种质资源收集、保存和创新利用等方面做了大量的工作，已收集的各类椰子种质资源1 127份，为新品种的培育和抗病、高产品种的选育提供基础。因此，我国应加强与斯里兰卡椰子研究所开展交流合作。推进“中国—斯里兰卡椰子研究联合实验室”平台的建设。

### （三）斯里兰卡椰子间作经验值得学习

斯里兰卡椰子研究所在椰园高效利用方面开展了卓有成效的工作，将椰园作为耕作系统来研究，已开展了多种经济作物的间种模式研究，主要包括菠萝、百香果、杨桃、香蕉、油梨、木薯、咖啡、胡椒和牧草等。在间种作物的选择和间种管理等方面值得我们学习。

## 三、工作意见和建议

通过此次访问，得到了很大收获：了解了斯里兰卡在现代热带农业方面的需求和椰子的科研进展情况；签订了热带农业全方位合作的意向书；向斯里兰卡介绍了我国对外政策和热带农业科技成果的最新进展。

斯里兰卡历来重视椰子产业，建议我国加强与斯里兰卡在椰子产业管理、规划、科技等方面的交流合作，同时加强橡胶科技方面的合作。据此，提出如下建议。

一是根据与斯里兰卡种植业部签订的热带农业科技合作意向书推动斯里兰卡与海南在热带农业方面的合作，特别是椰子和橡胶方面的合作，筹建中国—斯里兰卡热带农业科技产业园，协助斯里兰卡做好橡胶产业发展的 5 年规划。

二是建议加强中国—斯里兰卡椰子联合实验室平台建设。以有关项目为抓手，以及在现有合作基础上，进一步加强中国热带农业科学院与斯里兰卡椰子研究所的友好合作关系。加强中国热带农业科学研究院椰子研究所与斯里兰卡椰子研究所在椰子组培，椰子分子辅助育种，种质资源的精准评价等方面的合作。

三是加强各类人才的交流。建议增派科技人员到斯里兰卡椰子研究所学习椰园间种的管理技术和相关的研究工作，提高海南椰子种植的经济效益和生态效益。接收斯里兰卡椰子研究所的青年科学家来华工作学习。

（出访团成员：李开绵、王富有、杨耀东）

# 赴斯里兰卡执行国际交流与合作项目任务的情况报告

应斯里兰卡种植业部顾问 Lakna Paranawithana 的邀请，中国热带农业科学院刘国道研究员一行 4 人于 2018 年 9 月 27 日—10 月 1 日赴斯里兰卡执行国际交流与合作项目任务。

**（一）目的和意义**

为响应国家“一带一路”倡议，加快推进中国热带农业科学院与斯里兰卡热带农业科技交流与合作，强化中国热带农业科学院与斯里兰卡种植业部、斯里兰卡西方省在热带农业科技方面的全方位合作，与斯里兰卡种植业部以及西方省就橡胶科技合作进行深入探讨，实地考察科技产业园选址、橡胶研究所、橡胶产业园、椰子研究所、椰子种质圃和育苗基地等，以期推进中国—斯里兰卡橡胶产业合作方案和中国—斯里兰卡热带现代农业科技产业园建设方案，为中国热带农业科学院农业科技成果“走出去”奠定基础。

**（二）主要活动**

出访期间，9 月 28 日上午与种植业部座谈，商谈合作模式及协议文本，下午与西方省座谈，推动“中斯热带现代农业科技产业园”项目规划；9 月 29 日上午实地调研产业园选址，下午实地调研橡胶研究所、橡胶产业园；9 月 30 日上午拜访斯里兰卡椰子研究所，下午赴斯里兰卡椰棕加工厂调研。

**1. 访问斯里兰卡种植业部**

中国热带农业科学院刘国道副院长一行 4 人访问斯里兰卡种植业部，与部长 Gamini Thilakasiri 举行座谈交流，围绕橡胶领域全方位的合作进行探讨。双方达成共识，一是加强农业政策交流，增进相互了解，更好推动合作；二是加强农业技术合作，两国在天然橡胶、椰子等品种选育、种植、加工和营销方面各有优势，可以相互借鉴；三是加强“政府+科研机构+企业”合作模式，互利共赢。

**2. 与西方省省长座谈**

斯里兰卡西方省与海南省是友城。西方省省长哈穆库马拉纳纳亚卡拉博士（Dr. Hemakumara Nanayakkara）对刘国道一行来访表示欢迎，感谢中方为斯方培训农业专家，在斯开展很多投资和技术合作项目，希望中方在人员培训、农机、功能性叶菜种植技术等方面给予帮助。刘国道表示，中斯两国都高度重视农业发展，积累了很多可供借鉴的技术和经验，中方愿与斯方加强农业政策交流和项目合作，加大农业技术人员培训力度；加强农业技术特别是天然橡胶技术合作，推动两国政府、农业科研院所、企业开展相互交流，推动建立中国—斯里兰卡热带现代农业科技产业园。

**3. 考察西方省农业部农业培训中心**

西方省农业部农业培训中心位于科伦坡 Homagama AGA Division，占地面积 24 英亩，园内椰子种植面积 12 英亩、山竹种植面积 1.5 英亩、水稻种植面积 0.75 英亩，还有畜禽养殖区和花卉栽培区。培训中心提供长（12 个月）、中（4 个月）、短期（4~5 天）培训，饮食住宿全包，主要开展针对在校本科生和农业技工的封闭式培训、针对农技和农机的专业教师培训、以及针对农学林学畜牧农机专业的学生社会实践。

**4. 考察橡胶产业园**

斯里兰卡橡胶产业园位于科伦坡郊区，有十余家企业，其中大部分以生产橡胶手套为主，有全自动生产线，但打包环节全部依靠人工。

**5. 考察橡胶种植户**

斯里兰卡大部分土地属于私有性质，因此小种植户居多，橡胶种植及加工多为家庭式，不成规模。

**6. 访问斯里兰卡椰子研究所**

斯里兰卡椰子研究所是该国唯一以椰子为研究对象的科研单位隶属于种植业部，研究方向包括：品种选育、栽培、植保、加工、产业研究等。2015 年与热科院椰子研究所签订合作备忘录。

**7. 斯里兰卡椰子研究所种质圃和种苗基地**

斯里兰卡椰子研究所的种质圃是斯里兰卡最大的椰子种质圃，位于 Ambakelle 地区是一个相对隔离的区域，收集了斯里兰卡国内和国外的各种椰子种质资源 1 127份，其中包括国际椰子遗传网（COGENT）在斯里兰卡的备份椰子基因库。常年开展椰子的遗传育种试验，包括亲本的筛选和不同杂交组合的测试等计划，累积有超过 10 个育成品种推向市场。

## 二、主要收获与成果

### （一）中国—斯里兰卡热带现代农业科技产业园建设达成初步共识

通过中斯双方的多次沟通基本达成中国—斯里兰卡热带现代农业科技产业园建设的

初步方案，坚持共商、共建、共享原则，在斯里兰卡西方省建设中斯现代热带农业科技产业园。按照“一园多区”的总体思路布局，规划面积 30 公顷，依托椰子、橡胶、胡椒、咖啡、槟榔等主要热带作物，集现代热带农业科技创新中心、热带农业展览与商务中心、现代农业企业总部、绿色食品加工基地于一体，展示中国热带农业新品种、新技术。由西方省提供建设用地、基础设施、税收优惠等支持措施，中国热带农业科学院，海南农科院等科研单位提供技术、人才支持，中斯两国政府提供基础扶持政策、项目资金，引进大型企业运营，共同推进产业园的建设。

### （二）热带农业科技合作潜力巨大

斯里兰卡地处热带地区，农业可耕地面积 400 万公顷，占国土面积的 61%，土地肥沃，气候条件优越，以种植业为主，茶叶、椰子和橡胶是农业经济收入的三大支柱。斯里兰卡耕种地、森林、草场等农业资源的开发利用率均不高，还有大量可开发余地，现代热带农业的开发潜力巨大。中国热带农业科学院与斯里兰卡种植业部签署的热带农业科技合作意向书将推动双方在热带现代农业，特别是橡胶、椰子等的科技合作，进一步提升中国热科院的国际影响力，更好地服务国家“一带一路”建设。

## 三、工作意见和建议

通过此次访问，了解了斯里兰卡在现代热带农业方面的需求和橡胶、椰子的科研进展情况；商谈了中国—斯里兰卡橡胶产业合作方案和中国—斯里兰卡热带现代农业科技产业园建设方案；向斯里兰卡介绍了中国对外政策和热带农业科技成果的最新进展。

据此，提出如下建议。

一是推动中国热带农业科学院与斯里兰卡在热带农业方面的合作。根据与斯里兰卡种植业部签订的热带农业科技合作意向书推动中国热带农业科学院与斯里兰卡在热带农业方面的合作，特别是橡胶和椰子方面的合作，筹建中国—斯里兰卡热带农业科技产业园，协助斯里兰卡做好橡胶产业发展的 5 年规划。

二是加强中国—斯里兰卡椰子联合实验室平台建设。以有关项目为抓手，以及在现有合作基础上，进一步加强中国热带农业科学院与斯里兰卡椰子研究所的友好合作关系。加强中国热带农业科学研究院椰子研究所与斯里兰卡椰子研究所在椰子组培，椰子分子辅助育种，种质资源的精准评价等方面的合作。

三是加强各类人才的交流。建议接收斯里兰卡橡胶研究所、椰子研究所等单位的青年科学家来华工作学习。

四是举办热带农作物技术培训班。橡胶是斯里兰卡的三大支柱产业之一，但目前均采用人工割胶，成本高效率低，建议在斯里兰卡西方省等地举办针对割胶技术培训班，培训当地农民，推广电动胶刀。西方省农业部农业培训中心的教学、餐饮、住宿设施齐全，硬件条件较好，可以考虑作为中国热科院的海外培训基地。

（出访团成员：刘国道、谢贵水、范海阔、刘少姗）

# 赴泰国、印度尼西亚考察种质资源的情况报告

应泰国玛希隆大学 Visith Chavaist 博士和印度尼西亚油棕研究所 Suroso Rahutomo 博士的邀请，中国热带农业科学院雷新涛研究员一行 9 人于 2018 年 7 月 10—24 日访问泰国和印度尼西亚考察种质资源。

## 一、出访基本情况

### （一）目的和意义

“一带一路”国家中，油棕和椰子产量大国有越南、马来西亚、斯里兰卡、印尼、泰国等十几个东南亚和太平洋岛国，油棕和椰子产业为当地的支柱性产业，有很多农民培育品种、野生种、杂交种等，具有丰富的生物多样性。其中，印尼和泰国作为油棕生产国，在油棕科研和生产等方面值得我国学习和借鉴，为了收集上述国家椰子种质资源详细信息，为我国油棕和椰子种质创制提供丰富的研究材料，学习油棕和椰子科研方面的先进成果。特访问泰国玛希隆大学营养研究所和印度尼西亚油棕研究所等单位，通过出访活动可以加强与这些国家的交流与合作，进一步为我国相关领域的研究提供技术储备。

### （二）主要活动

本次出访分别访问了泰国玛希隆大学营养研究所（IONMU）、泰国素叻他尼油棕研究中心（SOPRC）、印尼油棕研究所（IOPRI）和天津聚龙集团在印尼的油棕种植园，考察了泰国和印度尼西亚的油棕、椰子种质资源。

在泰国，访问了泰国玛希隆大学营养研究所（IONMU）和素叻他尼油棕研究中心（SOPRC），双方就进一步加强合作、促进双方技术及人员交流交换了意见；考察了泰国南部华欣、春蓬、素叻他尼、普吉、蔻立、甲米等地油棕、椰子种质资源和种植园分布情况。

在印度尼西亚，参加了由印尼油棕研究所（IOPRI）和马来西亚油棕署（MPOB）组织的油棕组织培养技术研讨会（ISOPB 2018）和国际油棕大会（IOPC 2018），了解目前油棕主产国的产业现状及油棕组培技术存在的问题、新的突破和未来的发展趋势，对我所发展油棕有借鉴意义，同时部分成员访问了印尼油棕研究所并调查棉兰油棕、椰

子产业概况；考察了巨港、帕朗卡拉亚等地的油棕、椰子种质资源及种植情况；在雅加达天津聚龙集团印尼总部共同签署了中国热带农业科学院椰子研究所与天津聚龙集团战略合作协议，同时启动了印度尼西亚热带农业试验站，对于推动我国相关热带农业技术、成果、人才“走出去”具有重要意义。

## 二、主要收获与成果

### （一）泰国南部油棕、椰子的分布情况

泰国南部地处中南半岛中南部，具有典型的热带季风气候。本次出访自北向南依次考察了曼谷、华欣、春蓬、素叻他尼、普吉、蔻立、甲米等地油棕、椰子种植园及生产加工企业的情况，初步掌握了油棕、椰子的分布区域以及相关的生境数据，为我国相关领域研究提供技术储备。

### （二）加强了双方科技人员之间的互访交流

本次出访访问了泰国玛希隆大学营养研究所（IONMU），泰国春蓬园艺研究中心（CHRC），泰国素叻他尼油棕研究中心（SOPRC），印尼油棕研究所（IOPRI），双方就油棕应用基础研究、新品种试种、产业技术合作研发以及主产区技术服务等进行了深入探讨，加强了双方该领域的交流学习。收集了上述国家部分油棕、椰子种质资源详细信息，为我国油棕和椰子种质创制提供丰富的研究材料。在授粉杂交方面，在参观泰国素叻他尼油棕研究中心（SOPRC）时，学习了在授粉花絮下部叶柄背部刻字记录授粉时间的技术。

### （三）印尼棉兰、巨港、帕朗卡拉亚的油棕、椰子分布情况

在棉兰参加的油棕组培技术研讨会和国际油棕大会获取的目前油棕产业的概况，在油棕组培技术中马来西亚、泰国和巴布亚新几内亚都有新的进展。大会还有很多从事油棕肥料、病虫害防治、机械化采收、棕榈油化工等企业前来参展，便于了解油棕行业全产业链的相关信息。同时还出访了印尼油棕研究所，了解了印尼油棕科技及产业发展现状。

在印尼巨港的调查阶段学习了当地椰农的经营管理方式，将椰果大量收集，去掉的椰衣直接送往加工厂加工为椰子纤维并压缩打包，椰壳与椰肉在收集地直接劈开弃用椰子水，装袋送往椰肉加工厂用于加工椰子油或者椰蓉等。

### （四）与聚龙集团战略合作协议的签订及印尼区种植基地考察情况

在印尼雅加达聚龙集团总部，在我驻印尼大使馆的参与下与聚龙集团签署了战略合

作协议，为未来更加深入的合作打下基础。调查团队一行在聚龙集团种植区人员的陪同下前往位于中加里曼丹和南加里曼丹省的油棕种植园区调研，了解到目前园区存在水涝、肥料配比、油棕果产量波动、组培苗畸形等相关问题，双方同意进一步针对上述问题开展相关合作研究。

## 三、工作意见和建议

泰国是东南亚第二大经济体，地处中南半岛中南部，具有典型的热带季风气候。非常适合油棕、椰子生长发育，而工业基础相对完善，油棕产业发展空间很大。并且，目前已吸引了大量中国企业进驻投资。因此，有必要加强与泰国油棕科研机构与企业的交流与合作。

泰国的油棕和椰子科研机构拥有优质的油棕和椰子种质资源，但由于侧重于旅游业的发展，科研水平和基础尚有提升空间，因此建议我国从事热带农业的相关科研机构能够利用自身优势，进一步加强与本次访问单位和出访部门、有关科学家、企业的联系，并通过人员互访加深了解、优势互补、促进合作，进而提升我国在油棕和椰子研究方面的科技实力。

印度尼西亚位地跨赤道是世界最大的群岛之国，是东盟最大的经济体，其棕榈油产量居世界第一位。目前，聚龙集团已经在印尼加里曼丹岛建立多个油棕种植园和榨油厂，但是在种植园的生产和管理上还缺少必要的科技支撑，建议中国热带农业科学院与聚龙集团在本团交流的基础上开展持续的、紧密的、实质性的合作。

印尼油棕研究所在油棕科研方面具有优势，建议我所能够主动沟通，与其建立长效的、互利的合作关系，这有利于提升中国热带农业科学院在油棕方面的科研实力，以便于中国热带农业科学院在我国“一带一路”倡议和“走出去”战略实施中为中资企业发展包括非洲和美洲在内的境外油棕项目提供技术支撑的过程中能够减少国外油棕相关技术壁垒所限制，并有所创新和发展。

（出访团成员：雷新涛、范海阔、王永、张大鹏、弓淑芳、吕朝军、赵志浩、韩明定、刘海清）

# 赴泰国开展热带农业基础资源调查的情况报告

应泰国湄公学院邀请，中国热带农业科学院科技信息研究所刘晓光副所长等6人于2018年8月2—8日赴泰国开展热带农业基础资源调查。

## 一、出访基本情况

### （一）目的和意义

此次出访的目的是调研泰国热带农业科技、热带农业产业发展、热带农产品市场贸易及社会发展等基础信息，寻求与湄公学院、泰国孔敬大学、泰国泰华树胶公司等在主要热作产业经济研究、热带农业信息化研究、农业人力资源培训等合作的可行性，了解我国“走出去”企业对农业技术的需求。

### （二）主要活动

调研组应邀首先参加了泰国湄公学院主办的2018年湄公论坛。在论坛结束后，调研组先后调研了泰国湄公学院、孔敬大学、泰华树胶（大众）有限公司、泰国达拉泰农产品批发市场、华侨社团泰国广西总会。

参加了2018年湄公论坛。2018年湄公论坛由泰国湄公学院主办，包括大湄公河次区域国家政府官员、驻泰国使领馆代表、有关国际组织、非政府组织、学者、企业和媒体代表等200多人参加论坛。论坛由泰国前能源部长兼商务部长，湄公学院委员会主席Narongchai Akrasanee博士做了“转型和起飞：加速湄公河次区域的竞争力和连通性”的主旨报告。论坛还进行了三场大会主体讨论，围绕“研究增长动力的挑战”“通过创新提高竞争力”“利用发展合作加强连通性”三个主题，老挝、越南、泰国、缅甸政府官员、科研机构代表及亚行泰国常驻代表、联合国经济及社会理事会、美国国际开发署—亚洲区域发展任务区域科学技术和创新顾问、欧洲联盟泰国代表团等国际组织官员进行了大会讨论。

在湄公学院访问期间，调研组与湄公学院执行理事Dr. Watcharas Leelawath、项目官员Ra Thorng等进行了座谈。双方互相介绍了各自单位的基本情况和的主要研究领域，在学术交流、共同申报项目、出版物和信息交换共享、互派人员短期交流等领域合作可行性进行了探讨，调研组邀请湄公学院执行理事Dr. Watcharas Leelawath与项目官员 Ra Thorng 加入“一带一路”热带农业智库。湄公学院对参与“一带一路”热带农业智库建设，联合申报“南南合作”基金与澜湄专项基金、出版物和信息交换共享方面表达较强合作意向，并表示可以提供相关的便利条件，邀请信息所外派员工前往湄公学院进行工作合作与交流，也愿意来院进行进一步沟通合作与交流。

在孔敬大学访问期间，调研组与孔敬大学农学院 Monchai Duanginda 院长等进行了座谈交流。Monchai Duanginda 院长详细介绍了学院在农学、农业经济学、渔业学、土地资源与环境学等学科方面的学历教育及科研工作的主要进展。调研组针对农业经济学、土地资源与环境学中 GIS、物联网技术等领域的合作进行了交流。孔敬大学农学院表示可提供土地支持双方在农业物联网技术应用示范园区建设合作。

在橡胶泰华树胶有限公司，调研组与公司执行总裁万大川先生及负责初加工技术及基地管理副总等进行了座谈。调研组介绍了中国热带农业科学院、信息所主要研究工作，并说明了调研的主要目的。万总详细介绍了泰华公司概况、广垦投资泰华背景、泰华产业发展情况及遇到的困难等。双方就天然橡胶科技信息收集、员工培训等方面合作进行了探讨。泰华公司表示可以为调研组后续开展种植基地的调研等提供各类便利条件。

调研达拉泰农产品批发市场，该市场是泰国最大的农产品批发市场。调研组在泰华公司翻译的陪同下进行了实地调研，详细了解泰国瓜菜，菠萝、香蕉等水果的市场价格，主销品种及上市时间等供销状况。

在泰国广西总会，调研组与总会主席李铭如女士、饶培中名誉主席、林茂强副主席等 10 余人进行了座谈。调研组介绍了中国热带农业科学院和信息所的主要研究领域，李铭如女士、饶培中名誉主席介绍了广西总会总体概况和发展历程以及广西总会在推动中泰友好，经贸、文化往来方面所做的工作。林茂强副主席重点介绍了广西总会了解的泰国农业企业的技术需求情况。李铭如主席、饶培中名誉主席表达了愿意参与“一带一路”热带农业智库建设意愿。

此外，调研组还利用休息时间，对当地一些超市热带水果价格进行了调研，走访了泰国股票交易所，了解泰国上市农业企业的基本信息。

## 二、主要收获与成果

### （一）了解了大湄公河次区域合作发展现状与趋势

通过参加论坛，了解到澜湄区域国家已普遍认识到创新和协同合作是推动目前湄公河区域经济转型、发展的不可或缺的机制；投资强大的技术创新体系是提高效率和增强竞争力的必要条件；同时，巩固以包容性为基础的发展合作战略至关重要。澜湄区域国家合作重点将是聚焦该地区增长势头的限制因素和条件，探索创新增强竞争力的思路，加强区域人力资源建设，改善区域的互联互通性来努力实现区域共同繁荣。

### （二）初步掌握了泰国企业农业技术需求情况

通过调研了解到，泰国很多公司对热带农业技术很感兴趣，正积极寻求目前价格低迷橡胶的替代作物，对蔬菜及甘蔗品种、种植技术等有较大需求，特别是对瓜菜无土栽培技术、甘蔗收割机械装备等需求强烈。其次，包括泰华树胶有限公司的众多企业对天然橡胶等热作产业的相关最新科研动态、农业技术成果信息需求较为强烈。

### （三）寻找到了出双方潜在的合作领域

经过调研，综合分析双方的工作基础，我们认为与湄公学院可以在“一带一路”热带农业智库建设、大湄公河次区域国家的热带农业合作信息和出版物交换共享、联合合作申报“南南基金”及澜湄合作专项基金、共同组织学术交流会议、互派人员访问交流等方面开展合作。与泰华树胶有限公司可以在天然橡胶最新科研动态信息、天然橡胶初加工技术进展跟踪等方面开展合作。与泰国广西总会，可在“一带一路”热带农业智库建设、农业企业涉农投资的潜力和前景分析研究方面开展合作；与孔敬大学农学院，可以在联合共建农业信息化技术示范园区方面进行合作。

### （四）了解了泰国农产品市场总体情况

通过调研了解到，目前泰国全国90%的蔬菜都由进口供给，其中80%以上的蔬菜来自中国；经由泰市场流通的所有水果，进口水果占30%左右，其余为本地水果。通过采集到的达拉泰农产品批发市场价格与国内农产品批发市场蔬菜、水果价格比较分析发现，泰国主要蔬菜价格普遍高于国内价格，较国内批发市场价格高出20%～200%。从水果价格比较来看，橙子价格约为国内的价格的1.8倍，其他热带水果则大大低于国内价格，除了香蕉、菠萝价格与泰国差距相对较小外，国内其他热带水果大多较泰国价格高2倍以上。此外，泰国农产品流通过程中价格增幅较大，对比泰国农产品批发市场价格和当地超市热带水果价格发现，超市价格远高于泰国批发市场价格，部分水水果涨幅达2~4倍。

## 三、工作意见和建议

### （一）以湄公论坛为窗口，提升中国热带农业科学院在澜湄区域国家影响力

湄公论坛每年定期举行，参加人员既有澜湄区域六国政府官员、科研机构也有众多

国际组织和媒体，国际社会影响力较大。建议中国热带农业科学院各领域研究专家应积极参加论坛，并争取代表中国热带农业科学院在大会主体讨论上发言，展现中国热带农业科学院在热带农业科技创新研究成果及科技合作推动澜湄区域共同发展的成效，提升中国热带农业科学院国际社会影响力和显示度。

**（二）重视与华侨社团的交流与合作**

泰国广西总会等泰国华侨社团成员企业涉及的行业广泛，其中农业是其众多成员企业涉足的行业。华侨社团领导多为有一定社会影响力的公众人物、企业家等。与华侨社团建立稳定联系渠道，利用好华侨社团的桥梁作用，能为院所与华侨社团所在国的交流和合作提供众多便利条件，有效推动国际合作于交流。

**（三）应加强对泰国、菲律宾、越南等东南亚国家果蔬的价格监测研究**

开展中国果蔬产业损害预警工作，主动应对东南国家对我国热带农业产业的冲击，为促进中国与东南亚国家果蔬产品的贸易与投资，减少对中国热带水果产业损害提供政策参考。

**（四）分步有序推动潜在的合作意向落地**

针对本次调研获得潜在合作意向应进一步地进行针对性分析并跟踪推进，前期重点推动与湄公学院在共建“一带一路”智库、学术交流合作、联合项目申报、出版物交换等方面合作落地。

（出访团成员：刘晓光、李光辉、汪佳滨、侯媛媛、金琰、曾小红）

# 赴泰国执行“一带一路”热带瓜菜种质资源联合调查与评价项目任务的情况报告

应泰国兰纳皇家理工大学农业技术研究所 Jinatana Jomduang 博士的邀请，中国热带农业科学院杨衔研究员等一行 5 人于 2018 年 9 月 24—30 日赴泰国执行农业农村部国际交流与合作项目“一带一路”热带瓜菜种质资源联合调查与评价。

## 一、出访基本情况

### （一）目的和意义

执行 2018 年农业农村部国际交流与合作项目“一带一路”热带瓜菜种质资源联合调查和评价任务，在一带一路热带国家泰国开展苦瓜、辣椒、西瓜等蔬菜种质资源调查，与泰国科研机构进行学术交流与合作，实地调研其实验室及蔬菜种植基地。同时还到清迈省、南邦省等蔬菜育种公司进行调研，了解其现在的蔬菜种植及育种情况。并与泰国专家针对泰国的蔬菜种质资源保存情况及生产存在的问题，进行交流讨论和探讨解决方案。此外，利用本项目所提供的优势条件，引进泰国的优良蔬菜种质，丰富中国热区蔬菜育种资源。

### （二）主要活动

中国热带农业科学院热带作物品种资源研究所杨衔研究员、刘子记副研究员、詹园凤副研究员、韩旭副研究员和秦于玲助理研究员组成中方技术专家组赴泰国执行项目，与泰国 CHIA TAI 育种公司、皇家项目 Nonghoi 试验站、农友育种公司、泰国兰纳皇家理工大学农业技术研究所等蔬菜育种公司和科研机构开展学术交流与合作，并对清迈省、南邦省等蔬菜主产区进行了调查，引进了泰国优良的蔬菜种质资源。

## 二、主要收获与成果

### （一）科技交流与合作

#### 1. CHIA TAI 育种公司

2018 年 9 月 24 日，中方代表在 Chanuluk Khanobdee 博士的陪同下考察了泰国 CHIA

TAI 农业公司，与 CHIA TAI 育种公司相关专家开展了座谈和学术交流活动。中方杨衍研究员和刘子记副研究员分别向泰方介绍了蔬菜在中国的研究概况和本单位的蔬菜研究情况，泰方相关专家也介绍了本公司的基本概况和主要蔬菜包括番茄、辣椒和西瓜的生产情况，公司的番茄主要以加工番茄为主，西瓜的育种主要围绕品质优良、耐运输为育种目标，其甜度达到 14，辣椒的辣度为 7 万 SHU，中泰专家还对上述蔬菜产业中存在的问题开展了热烈的讨论交流。

学术交流会后并在工作人员的陪同下考察了辣椒、番茄种植基地，并就病虫害防控和栽培技术等进行了交流。

**2. 皇家项目 Nonghoi 试验站**

2018 年 9 月 25 日，中方代表在 Chanuluk Khanobdee 博士的陪同下访问了位于泰国清迈的皇家项目 Nonghoi 试验站，并与相关专家开展了座谈和学术交流活动。试验站负责人介绍了试验站蔬菜的生产情况和试验站的职能，主要包括蔬菜项目研究、农场技术管理及采后处理、市场管理等工作。蔬菜生产有农民自发和农场主承包两种形式，农民使用的蔬菜种子大多数来源于种子公司。

座谈会后，中方代表在试验站工作人员带领下参观了蔬菜采后加工厂，各类蔬菜经加工厂包装贴标签后销往各个农贸市场和酒店，提升了蔬菜的附加值。随后并赴该试验站基地进行考察，参观了其香料蔬菜种植基地和高山蔬菜种植基地，并就基地内的香料蔬菜繁殖和栽培技术进行了交流。

**3. 皇家植物园、农友育种公司**

2018 年 9 月 25 日，中方代表访问了位于清迈省的皇家植物园，并在相关工作人员的带领下考察了植物园内的野生植物资源的保存情况，并参观了其玻璃温室内的热带兰、水生植物、多肉植物等的种质资源。

随后中方代表在 Chanuluk Khanobdee 博士的陪同下前往农友育种公司考察蔬菜育种情况。农友公司总经理刘瑞麟接待了中方代表，刘瑞麟经理首先介绍了农友公司近年来在蔬菜品种选育方面取得的成果，中方代表对农友公司选育的西瓜、洋香瓜、小番茄和木瓜品种给予高度赞扬，其公司选育的品种抗病、品质优良并且耐湿热。学术交流后，公司工作人员育种人员陪同中方代表参观了苦瓜育种基地和黄瓜育种基地，该公司选育的苦瓜品种以绿色为主，长度在 25~30 厘米，与海南栽培的苦瓜品种特征特性十分相似，在下一步的工作计划中，中方代表会选择性地对优良苦瓜杂交组合在泰国开展区域性生产试验。

**4. Sunsweet 甜玉米生产加工公司**

2018 年 9 月 26 日，中方代表访问了位于清迈省的 Sunsweet 甜玉米生产加工公司，并与负责人开展了座谈和学术交流活动，负责人详细介绍了该公司智能化生产的概况以及甜玉米的生产、加工情况，并参观了其公司智能化玉米包装车间。

学术交流结束后，中方代表在该负责人的陪同下赴其公司的 KC 农场参观玉米播种、移栽种植情况，并了解学习其田间智能化设备的操控。

**5. 泰国兰纳皇家理工大学农业技术研究所**

2018 年 9 月 27 日，中方代表在泰国南邦省与兰纳皇家理工大学农业技术研究所相关专家开展了座谈和学术交流活动。中方杨衍研做学术报告向泰方介绍了本单位的概况以及蔬菜种质资源保存和新品种选育情况，泰方相关专家也介绍了泰国的蔬菜的生产及产品研发情况，中泰专家还对有机蔬菜栽培与推广中存在的问题开展了热烈的讨论交流，并商定今后努力在种质资源合作研究与互换、新品种推广、人才培训和合作开展研究等多方面开展合作及国际合作项目联合申报。

中泰双方认真听取了 Chanuluk Khanobdee 博士所带研究生的学术报告，对他们研究工作中所存在的问题杨衍研究员给予宝贵的建议。

学术交流会后，中方代表在泰方科技人员的带领下参观了该所的实验室以及食品加工厂，了解学习了其实验室先进技术及设备操作。随后参观了该所的蔬菜种质资源保存圃，在种质圃，杨衍研究员对生产中存在的问题对技术人员进行了指导。

**6. 帕尧省和清莱省蔬菜育种公司**

2018 年 9 月 28 日，中方代表在 Chanuluk Khanobdee 博士陪同下访问了位于帕尧省和清莱省的蔬菜育种公司，并与公司负责人进行了蔬菜种植交流，帕尧省蔬菜育种公司主要种植的是黄秋葵，种植户给中方代表介绍了所种植黄秋葵品种的特征特性，种植的黄秋葵品种来自于印度，果实长 9~11 厘米，果色为亮绿色，是目前泰国市场比较流行的品种之一，收获的黄秋葵主要销往曼谷、清迈等地，而后针对黄秋葵在生产栽培中碰到的问题进行了深入探讨，并就后续合作交流进行了讨论。

**（二）蔬菜种质资源调查与引进**

2018 年 9 月 29 日中方代表在 Chanuluk Khanobdee 博士陪同下调研了位于清迈省的新鲜蔬菜农贸市场，蔬菜种类丰富，主要有黄瓜、土豆、白菜、辣椒、苦瓜等。本次出访，通过田间调查及与泰国多家蔬菜科研机构和育种公司开展学术交流，基本摸清了苦瓜、辣椒和西瓜等在泰国的生产概况及资源分布情况，为今后进一步开展蔬菜种质资源奠定了基础。泰国的蔬菜研究主要集中在泰国相关的农业大学和科研院所，并且拥有蔬菜种质保存库，保存有 100 多个种类，约 1.5 万份蔬菜资源。泰国主要蔬菜有辣椒、甜玉米、洋葱、甘蓝、豇豆、西瓜等，种植面积分别为 4.78 万公顷，2.21 万公顷，1.19

万公顷，1.07 万公顷，0.98 万公顷，0.87 万公顷。

中方专家组赴泰国清迈、南邦、帕尧等地开展了苦瓜、辣椒和西瓜等蔬菜种质资源调查，共收集蔬菜资源 57 份，其中叶菜类资源 29 份、豇豆资源 6 份、苦瓜资源 3 份、辣椒资源 10 份、黄瓜资源 5 份、番茄资源 4 份。

## 三、工作意见和建议

在赴泰国执行农业农村部国际合作与交流任务的过程中，中方技术团队与泰国多家蔬菜育种科研机构和育种公司开展了实际有效的学术交流与合作，取得丰富的成果，为今后更好地开展中泰蔬菜研究与合作奠定了基础。在工作过程中，根据中方技术团队的体会和与泰方专家交流后的思考，形成如下的意见和建议。

一是中泰蔬菜研究专家将继续合作及开展科技交流，通过交流互访和合作研究，进一步推动中泰蔬菜种质资源评价研究，提升双方蔬菜优良种质培育能力；

二是中方技术团队将与泰方技术团队合作，联合申报国际合作项目；

三是建议加强中国热带农业科学院与热区国家交流，进一步加强作物种质资源收集，促进热区蔬菜耐湿热优良新品种选育。另外建议加大资金投入，促进作物种质资源的高效利用。

（出访团成员：杨衍、刘子记、詹园凤、韩旭、秦于玲）

# 赴泰国执行咖啡、香草兰等资源调查评价任务的情况报告

应泰国清迈大学农学院邀请，中国热带农业科学院陈志权等一行 4 人于 2018 年 7 月 22—29 日赴泰国执行咖啡、香草兰等资源调查评价任务。

## 一、出访基本情况

### （一）目的和意义

泰国是“一带一路”沿线国家的重要关键节点，地处亚洲中南半岛中部，为热带季风气候，土壤肥沃，热带香料饮料资源丰富。目前，泰国规模化种植的热带香料饮料作物主要有咖啡、茶叶、香草兰、柠檬、高良姜等，具有悠久的种植历史和丰富的管理经验，已经逐渐转变为生产有机香料饮料农产品。泰国清迈大学（Chiang Mai University）位于泰国北部的清迈府，是泰国北部的第一所高等学府，占地面积约 1 400 公顷，下设 21 个院系、3 个研究机构和 1 所研究生院，有约 2 160 名教学科研人员、10 700 名辅助人员、30 000 名在校学生。泰国清迈大学农学院（Faculty of Agriculture, CMU）是专门从事热带作物教学与研究的部门，拥有专业的热带植物资源圃、花圃、果园等试验基地。在咖啡、茶叶、香草兰、柠檬等热带香料饮料作物种质资源保存、品种选育及高产栽培等领域达到国内领先水平。

本次出访的目的为了执行农业国际交流与合作项目《“一带一路”沿线国家热带农业资源联合调查与开发评价》任务，开展咖啡、香草兰等热带香料饮料作物种质资源调查评价、选育种合作研究及产业现状考察，并与泰国清迈大学农学院等有关单位进行学术交流，为下一步咖啡、香草兰产业关键技术“走出去”提供基础资料，为开展合作示范推广奠定基础。

### （二）主要活动

本次出访先后赴泰国清迈府清迈市、南奔府以及清莱府清莱市与相关单位商讨联合开展咖啡、香草兰高效生产技术研究与示范事宜，调查当地咖啡、香草兰等热带香料饮料资源，考察各地香料饮料和特色果树产业情况，评价热带香料饮料分布及利用情况，掌握了泰国北部咖啡和香草兰产业的第一手资料，为今后开展合作研究提供了基础数据

和参考。

清迈府：与泰国清迈大学农学院（Faculty of Agriculture，Chiang Mai University）进行座谈交流，Choochad Santasup 副院长介绍了农学院的基本情况与研究领域，希望与热科院、热科院香饮所加强在热带农业科技创新方面的合作，同时拓展人员互访、学生实习等人力资源提升方面的合作。与泰国清迈大学农学院下属的高地研究与培训中心（Highland Research and Training Center）进行学术交流，Patchanee Suwanwisolkit 主任介绍，该中心主要通过科学研究与培训服务，用咖啡、茶叶等经济作物代替罂粟等毒品种植来改善当地居民的生活条件。参观了高地研究与培训中心的咖啡种苗圃、咖啡豆厂房以及烘焙厂房。目前，该中心在海拔 800 米以上推广小粒种咖啡，在 800 米以下尝试推广中粒种咖啡，还通过提供配套的咖啡产业关键技术培训以及小型咖啡烘焙和包装设备来增加种植户收益。与清迈大学农学院植物组织培养中心（Plant Tissue Culture Center）进行学术交流，Chamchuree Sotthikul 主任介绍，该中心以教学为核心，科技服务为导向，主要承担实验教学任务，也承接一些公司、企业的科技研发任务；同时展示了奇楠沉香（*Aquilaria crassna*）、柚木（*Tectona grandis*）、香草兰（*Vanilla planifolia* Andr.）等种苗工厂化快繁技术方面的诸多研究成果。双方就共同开展香草兰健康种苗繁育及种质交换达成一致意见。前往诗丽吉王后植物园（Queen Sirikit Botanic Garden）调查泰国北部植物资源。泰国诗丽吉王后植物园的前身为皇家森林植物园（Mae Sa Botanic Garden），是泰国第一个按国际标准建设的植物园，占地面积1 000公顷，最高海拔约1 200米，旨在保护泰国20 000多种维管植物和2 000多种非维管植物，在植物园内发现了野生香草兰资源。

南奔府：前往南奔府三康蓬（Sankangpang）地区的有机龙眼种植园，该园占地 48 亩，龙眼定植采用垄上定植，每 2 行行间深挖约 1.5 米深的排水沟，排水沟兼具排水和蓄水的功能，管理上施用牛粪等有机肥和生物源农药抗病虫害。经过交流，还收集了自然变异的龙眼资源以及甜度较高的龙贡果（Long kong）资源。

清莱府：与黎敦山发展项目（Doi Dung Development Project）试验站进行座谈交流，皇太后基金会（The Mae Fah Luang Foundation）项目负责人 Teeraphan Toterakun 介绍了黎敦山发展项目的初衷与成效，该项目由诗纳卡琳皇太后（Princess Srinagarindra）亲自发起，通过在泰北金三角区域推广种植咖啡、香草兰、油茶和澳洲坚果来替代罂粟，在恢复森林绿化和保护少数民族权益等方面取得了显著成效。前往黎敦山现场调查了依托该项目建立的咖啡、香草兰种植基地情况，以及澳洲坚果加工厂，双方就下一步合作开展香草兰高效生产与加工技术的示范推广达成一致意见。随后，在 Teeraphan Toterakun 陪同下参观了皇太后花园（The Mae Fah Luang Garden）。园区花卉主要以收集保存的温带植物花卉为主，包括从不同国家引进的上百种杜鹃花、郁金香和兰花等，同时也有当地少数民族的手工制品以及植物种苗出售，已经建立独自盈利的发展模式。

## 二、主要收获与成果

### （一）泰国自然条件适宜种植香料饮料作物

泰国位于东南亚地区，东部与柬埔寨为邻，北部及东北部与老挝交界，西部与缅甸接壤，南部与马来西亚相连，东南濒临暹罗湾，西南接安达曼海，海岸线长 2 535千米，地势北高南低，全境以平原为主。气候为热带季风气候，年均气温 24~30℃，全年分为 3 季：每年 11 月到翌年 2 月为凉季，3—5 月为热季，6—10 月为雨季。年降水量丰沛且集中，年均降水量1 000~2 000毫米，山区可达3 000毫米。泰国北部多属山区，当地环境保护较好，森林覆盖度较高，植物资源较为丰富。当地广泛种植的香料饮料作物主要为咖啡、茶叶、香草兰、柠檬和高良姜等，多采用在原始林下复合种植的模式，一方面对原生态环境破坏较小，另一方面也为生产高品质的有机产品提供了良好环境。在泰国北部的清莱山区调查发现，当地山区水土保持良好，云雾缭绕且存在适当的温差，有助于香料饮料作物内含物的积累，提高产品品质。

### （二）泰国香料饮料产业关键技术有待提高

通过座谈交流和实地调查发现，咖啡、香草兰、茶叶等香料饮料作物产业关键技术水平尚有待提高。在品种选育方面，泰国当地咖啡、香草兰等品种缺乏，多为国外引进品种，外来品种在当地的适应性值得深入评价。在栽培生产方面，咖啡优良种苗繁育效率较低，山地种植管理模式较粗放，部分山地坡度较高难以进行施肥、修枝整形和病虫害防控等栽培管理。在产品加工方面，咖啡脱皮、烘焙、粉碎和包装设备比较落后，缺乏精深加工；香草兰加工技术较简单，发酵的香草兰豆荚含水量较高且偏酸，导致市场售价不高。多数加工企业规模小，难以形成规模与品牌效应。

### （三）泰国香料饮料产业示范推广模式值得借鉴

泰国香料饮料作物产业的发展非常重视对种植户进行全方位的技术培训与示范支撑。高地研究与培训中心是清迈大学农学院下属的专门从事科学研究与培训服务的机构，设有资源收集、品种选育、种植推广、病害防控和产品加工等部门，同时建有 4 个野外试验站，配备相应种苗繁育基地和推广服务部门。近年来，在泰国皇家开发项目（Royal Development Project）的支持下从单一的小粒种咖啡推广逐渐增加中粒种咖啡、高良姜、柠檬等作物推广。该中心对种植户提供全产业链式的推广服务，不仅提供良种良苗，还为缺乏加工设备的农户提供配套的产品加工服务，同时还创办 CMU 品牌咖啡帮助销售。皇太后基金会是将泰国北部少数民族的权益保护与森林保育、替代种植和旅游观光相结合发展的机构。基金会下属的黎敦山发展项目在泰国北部金三角地区开展咖啡、香草兰、油茶和澳洲坚果的示范推广来替代罂粟种植。该项目雇佣当地村民从事各种作物种植、栽培管理、产品加工和旅游观光等工作，经多年发展已经建立起自身独立发展的盈利模式，该社区公益发展模式在国际上深受好评。

## 三、工作意见和建议

目前泰国仍存在香料饮料作物品种缺乏、栽培模式粗放、初加工落后等问题。泰国作为我国在东南亚国家中的重要贸易伙伴和“一带一路”重点国家，为促进我国咖啡、香草兰等作物产业关键技术“走出去”，充分发挥两种资源两个市场的利用能力，实现国内供给侧改革的消费升级，考察组提出以下两点建议。

一是与泰国清迈大学农学院和黎敦山发展项目试验站联合开展香草兰高效种植与加工技术示范推广项目，为热带农业科技“走出去”与“引进来”协同发展奠定基础。

二是加强与泰国相关科研机构与高等院校的合作与交流，进一步厘清双方的利益共同点、对方的技术需求以及我方的技术优势，做好顶层设计和整体谋划，满足双方的实际需求，实现互利共赢，使项目成果最终能够落地并造福两国人民。

（出访团成员：陈志权、刘爱勤、鱼欢、顾文亮）

# 赴泰国执行澜沧江-湄公河国际合作项目任务的情况报告

应泰国橡胶局的邀请，中国热带农业科学院周建南研究员等一行5人于2018年9月17日—10月3日共17天时间赴泰国执行澜沧江-湄公河国际合作项目任务。

## 一、出访基本情况

### （一）目的和意义

天然橡胶是重要的战略物资，种植橡胶对环境造成的影响是全球的研究热点。本项目拟系统调查澜沧江-湄公河区域橡胶林群落植物的种类组成及分布特征，通过分析橡胶林群落物种组成、生物多样性及其影响因素与机制，评估橡胶种植后对该区域植物多样性的影响；提出切实可行的措施推进橡胶林生态系统的健康、协调发展。其研究结果对促进澜沧江-湄公河区域经济效益和生态环境建设以及多样性保护都有重要的意义。

### （二）主要活动

团队成员访问了位于曼谷的泰国橡胶研究所，并与泰国橡胶研究所的所长Picheat博士进行了交流，并就下一步合作与交流进行了深入探讨。泰国橡胶研究所为泰国橡胶局的下属单位之一，主要从事天然橡胶的育种、栽培技术、病虫害防治及割胶技术等方面的研究。

本次外出野外调研的主要任务是开展泰国橡胶林植物多样性的调查工作；其次是开展泰国森林植被变化的调研工作。团队成员一行五人9月17日到达曼谷的当天直接前往泰国南部的班武里府开始调研工作。泰国南部主要调研了班武里府、春蓬府、素叻他呢府、落坤府、帕塔伦府、宋卡府，董里府、甲米府、攀牙湾府、拉廊府等；9月24日返回曼谷，然后向北开始调研，主要调研了北柳府、春武里府、罗永府、布里兰府、益梭通府、莫达汉府、那空帕农府、文干府、廊开府、黎府、彭世洛府、程逸府、清莱府等地橡胶林植物多样性，调查地点基本上包含了泰国橡胶分布的全部区域。

## 二、主要收获与成果

### （一）加强合作与交流

通过本次出访，与泰国橡胶局及其下属单位泰国橡胶研究所建立了良好的合作关系。通过访问泰国研究所，不仅了解了泰国天然橡胶产业发展的基本概况，也加强了中国热带农业科学院与泰国橡胶研究所进一步的意愿。双方一致同意今后在项目联合申报、人才联合培养及学术交流加强合作。

### （二）了解泰国天然橡胶分布

通过本次调研，基本上摸清了泰国天然橡胶的分布区域及概况。泰国天然橡胶种植面积约为4 500多万亩，其中南部为主要种植区，占总植胶面积的 68%；其次是泰国东北部以及中部地区，占比分别为 17%和 12%；而泰国北部地区的种植面积进展总面积的 3%。本次选取了 73 个橡胶林样方，这些样地基本上覆盖了泰国橡胶分布的主要区域。每个样方的大小为 20 米×20 米，采集植物照片2 000余份。此外标记带地理坐标的天然橡胶、柚木等典型热带作物（林木）野外样点2 000份，圆满地完成了泰国橡胶林群落多样性的调研任务。

## 三、工作意见和建议

### （一）植物十万错，为我国橡胶园林下覆盖提供新思路

通过本次调研，我们发现泰国南部橡胶林下分布有一种比较常见的植物十万错（*Asystasia gangetica* L.）。十万错为爵床科植物，多年生草本，高达 1 米，其全株具有药用价值，用于跌扑骨折，瘀阻肿痛，为伤科要药，治痈肿疮毒及毒蛇咬伤，无论内服、外敷，皆有一定功效，以鲜品为佳。在泰国被广泛应用为橡胶林的覆盖植物。相较于越南而言，泰国橡胶林下土壤裸露的情况较小，这在一定程度上减小了降雨对土壤的冲刷作用，起到了水土保持的作用。国内橡胶林下也见有林下覆盖，但主要以葛藤为主。葛藤覆盖的缺点是，覆盖植物会缠绕树干，从而影响割胶。此外，据胶农反映，葛藤覆盖还会给蛇类爬行动物提供庇护场所，对胶农的生命安全产生一定的威胁。覆盖十万错就能在一定程度上克服了以上问题，为中国橡胶园林下覆盖提供了一种新的思路。此外泰国橡胶园很少使用除草剂，而是使用机械割草，直接将林下植物粉碎，留在胶园，这在一定程度上要优于除草剂的效果，同时对环境造成的影响也较小。这一点也值得我们学习。

### （二）进一步加强与泰国橡胶研究所的交流与合作

泰国北部地区橡胶种植的自然条件与我国云南地区、老挝北部地区相似，橡胶主要分布山地区。从景观多样性的角度上来看，泰国北部山区景观多样性较高，主要表现为橡胶林、柚木林及热带森林的交错分布，特别值得我们学习的是，泰国同样了保留了沟谷地带的原生植被，这样无疑增加了整个区域的景观多样性，有利于病虫的防治及抑制病原菌的选播。从植物多样性的角度上来说，泰国橡胶林植物多样性较高。鉴于此，应加强我所与泰国橡胶研究所在环境友好型生态胶园的建设及示范等领域的合作。另外，泰国拥有丰富的热带珍贵乡土树种，双方可在构建橡胶林复合生态系统方面加强合作与交流，如开展橡胶树与珍贵热带树种混种的相关方面的研究。

（出访团成员：周建南、兰国玉、陈帮乾、孙瑞、杨川）

# 赴泰国执行农产品加工业调研任务的情况报告

应泰国农业大学农—工学院院长 Anuvat Jangchud 和宋卡王子大学素叻他尼校区 Charoen Nakason 邀请，中国热带农业科学院农产品加工研究所霍剑波研究员等一行 7 人于 2018 年 7 月 17—23 日赴泰国曼谷和素叻他尼执行农产品加工业调研任务。

## 一、出访基本情况

### （一）目的和意义

本调研团通过对泰国农业大学农—工学院和宋卡王子大学素叻他尼校区的实地走访调研，了解了泰国高校在农产品加工领域的研究进展，以及其在研究生培养、实验室建设、国际合作与交流、校企合作等多方面的建设情况，与两所大学分别建立了有效的交流机制，并交换了合作意向，为下一步签订合作协议及备忘录奠定了基础。

调研团还考察了泰国南部的热带水果加工厂、橡胶加工厂、椰子农场、菠萝杧果农场以及水果市场等，初步了解了泰国主要热带农产品种植、采收、加工、销售情况，以及市场和产业需求等。

本项目调研包含泰国高校院所、农业企业、农户农场、市场等多个主体，从不同的视角了解了“一带一路”倡议下泰国与中国热带农业科技合作机遇和前景，分析了热带农产品领域发展和合作的新形势、新任务，为共同书写中—泰热带农产品加工科技合作交流的奠定了基础。

### （二）主要活动

本调研团主要考察了泰国境内 2 所高校、4 家企业、2 家农场和 1 个市场，9 个不同主体涵盖了农产品种植、加工、科研到市场的多个方面，涉及内容较为广泛。

具体考察情况如下。

#### 1. 泰国农业大学农—工学院

调研团第一站访问了泰国农业大学农—工学院。农—工学院副院长 Tunyarut JinKarn 介绍了学院的学科建设、实验室建设、国际合作、留学生培养以及企业合作等方面的情况，Tunyarut JinKarn 对调研团一行的到来表示了热烈的欢迎。李普旺副所长代表调研团介绍了中国热带农业科学院农产品加工研究所的基本情况以及国际合作方向的规划，双方就学生联合培养、共建联合实验室以及联合举办国际会议和培训等多个方面交换了意见，并初步达成了合作意向。

**2. 泰华树胶（大众）有限公司**

泰国泰华树胶（大众）有限公司创立于 1985 年，曾是泰国大的天然橡胶生产者和加工者之一，“泰华树胶”也已成为世界驰名品牌。本次到访是受广垦邀请，考察了泰华橡胶曼谷办事处，与泰华橡胶负责人交流了目前橡胶产业现况、并对实际生产中遇到的技术难题进行了交流探讨。

**3. 宋卡王子大学素叻他尼校区**

宋卡王子大学素叻他尼校区是泰国橡胶加工学科的一流学府，副校长 Charoen Nakason 团队与热科院加工所在天然橡胶加工领域有着广泛的交集，双方已在联合培养研究生等方面取得了良好的成效，此次调研是对双方前期合作的进一步深化。双方针对天然橡胶加工、热带水果加工、特色植物加工等方面进行了交流，就学生联合培养、人员互访交流、共建联合实验室、联合攻关项目等多方面达成共识。霍剑波书记邀请 Charoen Nakason 副校长一行 8 月份访问加工所，落实签订合作协议等事宜。

**4. 乳胶枕头加工厂**

乳胶枕头加工厂位于泰国南部，是一家小型的乳胶枕头加工厂，主要经营各类乳胶枕头加工，其制作的天然乳胶枕远销中国等地。交流期间，工厂负责人详细地介绍并演示了天然乳胶枕制作加工的整个过程，并向调研组展示了工厂的乳胶枕产品，与调研团深入交流了技术问题。

**5. 广垦橡胶（泰南）有限公司**

广垦橡胶（泰南）有限公司位于泰国素叻他尼府扑拼县，占地面积约 25 公顷，主要生产 STR20、CPR20 等橡胶产品。负责人带领调研团参观了橡胶加工工厂，介绍了公司现况，并与项目组专家详细地交流了在橡胶种植、收割胶、加工技术、销售等方面的问题，分析了中—泰两国在天然橡胶加工产业合作的机遇，为后期联合攻关奠定了基础。

**6. GREENDELI FOODS（格林得利食品，简称 GDF）**

GDF 成立于 2003 年，公司从事果蔬种植与加工十多年，致力于新鲜果蔬和冷冻果蔬的天然无添加加工技术，其生产的冷冻热带水果作为一种新型的天然加工产品远销韩国、日本、中国台湾等地。交流期间，Panya 向项目组专家介绍了“天然、绿色、无添加”的企业生产理念，并期待能通过双方的合作将更多的产品推广到中国。

**7. THAPSAKAE SELECT（简称 TS）**

TS 是一家家族型的椰子农场，3 年前，其与泰国一家食品研究所合作共同开发椰子产品，除了市面上常见的椰子汁外，他们还研发了椰子乳饮料、椰肉甜品、椰子冰淇淋、烤椰肉等新型产品，并正在农场内打造一座椰子加工厂，计划将家族农场打造成集种植—加工—销售为一体的多元化企业。

**8. 菠萝和杧果农场**

调研团的最后一站是菠萝和杧果农场，与农场主交流了菠萝、杧果的种植、收获、保藏、效益等现状和存在的问题。

## 二、主要收获与成果

本次调研涉及泰国农业科研院所、农业企业、农户农场等多个主体，从不同的视角了解了“一带一路”倡议下泰国与中国热带农业科技合作机遇和前景，了解了泰国热带农产品加工现状和科研现状，引进了天然乳胶枕头加工、热带水果冷冻等技术，推广了热带水果果粉加工、橡胶制品加工、热带水果果酒加工等技术，加强了与泰国农业大学、宋卡王子大学、广垦橡胶集团、GREENDELI FOODS、THAPSAKAE SELECT 等单位之间的联系，增进了中泰热带科技工作者的友谊，主要收获与成果如下。

### （一）天然乳胶枕头加工技术

通过实地学习天然乳胶枕从乳胶液体到混合反应、注模、干烘、成品、脱模到合膜成品的制作全过程，通过技术交流与探讨，并结合我所橡胶团队在乳胶制品加工方面的经验，可将其进行现代化加工升级，应用于国内乳胶枕头加工产业。

### （二）热带水果冷冻技术

格林得利食品秉承的“天然无添加”农产品加工模式给调研团专家极大启发。随着人们生活水平的提高，食品安全问题成了大家普遍关注的焦点，如何在保证食品本身风味的前提下，进行绿色的加工，一直是学术界抢先研究的热点。格林得利食品采用鲜冻加工技术，为消费者提供美味、营养、健康、绿色的无添加产品，可应用于国内众多不耐储藏的农产品加工上。

### （三）泰国农业大学产学研对接模式

泰国农业大学创办于 1943 年，其农业学科位居泰国首位，是泰国农业重要的科研支撑力量。农-工学院主要致力于食物风味、益生菌、功能成分控制与缓释、生物技术、包装材料、食品安全以及 3D 纺织打印等方面的研究，学院内建设有加工中试车间、包装材料加工试验车间，供合作企业进行中试试验。学院具备 GMP、HACCP、果蔬加工、包装材料加工以及纺织品加工等方面的培训资质，更是成功与易初莲花、高露洁、联合利华、7eleven、雀巢、科尔内托等多家国际大型企业建立合作伙伴关系，是标准的产学研一体化推广基地。

### （四）宋卡王子大学校企合作模式

宋卡王子大学与乳胶枕头加工厂之间的校企合作模式给调研团留下了深刻的印象。宋卡王子大学每年会定期举办加工技术培训班，面向社会各界人士开放，可以是农民，可以是合作社，可以是企业家等。乳胶头枕老板便是其中一名典型的农民代表，通过参加宋卡王子大学举办的免费技术培训班，建立了枕头加工厂，在日常生产中遇到技术问题反馈给学校专家组，专家组派人到现场研究解决，所有的技术咨询均是免费提供，每年加工厂会提供部分利益分成给学校。通过这种培训模式构筑高校与企业间合作交流平台，不仅帮助企业提高了生产力水平，更有利于挖掘高校本身的研发能力，将科学研究与企业以及市场需求真正接轨。

### （五）管理模式

学习了泰国两所高校在研究生以及留学生培养与管理、实验室管理、仪器设备管理等方面的一些宝贵经验。特别是人性化研究生培养管理模式，整洁有序却充满人性关怀的实验室环境，规范化的仪器设备管理制度等令人印象深刻。

### （六）深入合作

此次调研最大的收获就是与泰国农业大学、格林得利食品、THAPSAKAE SELECT、菠萝农场等建立了合作交流关系，与宋卡王子大学、广垦橡胶集团之间加深了合作友谊，为我所中国热带农业科学院热带农业科技研究工作的发展创造了条件，成为开展国际合作的宝贵资源。

## 三、工作意见和建议

本次调研过程中，本团组时刻牢记领导的嘱托和肩负的出国任务，处处维护国家利益及院所的良好形象，体现出团结协作的团队精神。通过此次调研，对今后中国热带农业科学院及我国与国外热带农业科技合作发展事业有了几点思考，现将具体建议分述如下。

### （一）政府搭台

此次泰国农产品加工业调研收获颇丰，泰国较为发达的农业产业化发展模式给了调研团很多启发，也带给调研团不少思考。在与国外同行接洽交流磋商合作的过程中，仅仅依靠科研单位自身资源与外界单线联系力量稍显单薄，开展合作范围较为狭窄，且合作深度也不够，应争取建立高层对话。通过两国政府搭台，推动与国外科研院所、企业、协会和农场等的合作，以期更加有效地配置双方资源，合理布局合作模式，共同发展热带农业科技事业。

**（二）资源共享**

通过本次调研发现国内许多高校、院所、企业和合作社等与国外已经建立了合作关系，但仍然存在不少院所众多优秀的产品、成果和技术因缺少对接渠道等多方面原因，难以走出国门。中国热带农业科学院或者国家应整合优势资源，建立世界级“行业产业联盟”，收集并分析产业大数据，打造成果共享转移转化平台；不定期开展产业研究和技术指导培训，吸引更多有志之士加入联盟；定期举办产业联盟会议，共同探讨产业技术难题，促进产业健康持续发展。

**（三）持续支持**

热带农业科技合作是一项极其复杂且意义深远的工作，本次调研正是为中国热带农业科学院打开热带农产品加工产业大门，序写热带农业科技合作的完美开篇。为更进一步地联合热带国家农业资源，必须持续投入更多的人力、财力和物力，希望农业农村部、中国热带农业科学院能给予项目组更多持续的经费支持，为推动中国“一带一路”倡议的实施添砖加瓦。

（出访团成员：霍剑波、李普旺、曾宗强、曹玉坡、周伟、龚霄、彭芍丹）

# 赴以色列、约旦执行“一带一路”热带农业资源联合研究专项的“椰枣种植示范园”任务的情况报告

应以色列经济工业部外贸管理中国厅负责人 Michal Niddam Wacdhsman、约旦农业部 Khaled Hnaifat 的邀请，中国热带农业科学院椰子研究所阎伟副研究员于 2018 年 5 月 9—12 日访问以色列和约旦。

## 一、出访基本情况

### （一）目的和意义

为响应国家“一带一路”倡议，加快推进中国热带农业科学院与以色列和约旦热带农业科技交流与合作，促进中国热带农业科学院热带农业科技成果向这一区域转移转化，主要考察了第 20 届以色列国际农业博览会，调研约旦椰枣种植、主要病虫害防治和热带农业科研设施运行情况。期望通过上述调研，为中国热带农业科学院农业科技成果“走出去”奠定前期基础。

### （二）主要活动

出访期间，9 日参加第 20 届以色列国际农业博览会和访问耐特菲姆公司；10 日拜访约旦农业部；11 日访问约旦椰枣联盟和考察约旦农业联盟 Rama 农场。

**1. 参加第 20 届以色列国际农业博览会（Agritech）**

Agritech 由以色列经济和工业部、外交部、农业农村发展部以及以色列出口与国际合作协会共同组织举办，是全球最重要的农业产业盛会之一，每年吸引了来自世界各地的数以万计的参观者。以色列驻中国总领事馆还组织了华南区代表团的座谈会，首席商务官林学丹等向与会代表介绍 Agritech 的组织情况。通过参加博览会，全面了解以色列设施农业全产业链发展。以色列设施农业从上游的设施设备软件设计与研发，中游的加工生产，下游的品牌设计与营销与推广，一应俱全且科技含量高和服务质量优。

**2. 参观访问耐特菲姆公司**

耐特菲姆是智能滴灌和微灌解决方案可持续性发展的先驱之一，在全球拥有 17 家制造厂，35 家分公司和 110 多个国家和地区的客户。通过参访，了解滴灌种植技术和

水肥一体化技术等现代农业技术在农庄的应用及推广情况。代表团与该公司还进行了座谈，询问该公司在中国的业务情况，随后还参观了耐特菲姆滴灌配件全自动生产车间。

**3. 拜访约旦农业部**

会见约旦农业部及其下属机构植保厅、作物生产厅、椰枣联盟等负责人。Jamal Al Butsh、Abd Alwali Al Tahat、Anwar Maddad、Sitan Al Sorhan、Kholod Arankey 等业务部门的相关领导和专家参与会见。约旦方面介绍了约旦的农业结构组成，尤其介绍了椰枣的种植生产情况。双方洽谈了热带现代农业技术合作以及农业技术人员交流和培训事宜。中国热带农业科学院介绍了我国在棕榈科植物的研发情况，向约旦提出双方加强在椰枣种植和椰枣病虫害防治方面的合作，并提出通过“发展中国家杰出青年来华工作计划”渠道，引进约旦杰出青年科技人才来中国交流和工作。

**4. 访问约旦椰枣联盟**

约旦椰枣联盟在约旦椰枣生产及服务方面具有较强的影响力，是约旦农业技术成果示范推广的主要机构之一。与约旦椰枣联盟主席 Odeh Abedallah Al Rawashdeh、以及 Hakam Alnabelse 、Hakam H. Nabulsi 等联盟相关负责人举行座谈会。约旦农业联盟和中国热带农业科学院各派专家进行了演讲，介绍各国椰枣育种、栽培、植保、贸易的情况，达成了合作意向，特别是椰枣等热带农作物栽培技术和病虫害防治技术项目合作，以及红棕象甲防控关键技术在约旦的示范与推广。

**5. 考察约旦农业联盟 Rama 农场**

现场了解约旦椰枣生产情况。并与 Hakam H. Nabulsi 洽谈中国热带农业科学院与约旦在椰枣种植方面的技术合作，推动病虫害防治技术在该种植园转化落地。

## 二、主要收获与成果

### （一）加强与中东的农业合作

中东地区干热气候与海南省西部地区气候类似，这些国家的气候、自然环境与我海南省相似，这些国家的棕榈植物、粮食作物、蔬菜、水果品种在海南省均有种植，与这些国家相比，海南省的农业、育种、农产品加工等相对先进，因此，海南省应加强与这些国家进行往来，充分了解这些国家的市场需求，鼓励我国尤其是海南省的科研院校与当地国家相关机构开展交流合作，进行品种、技术、设备的适应性试验和熟化，向这些国家技术转移成熟的农业技术。

### （二）加强与以色列环保及高效农业的合作

以色列科技发达，不仅是全球知名的科技强国，还是创投强国，建议中国加强与以色列在现代农业、水技术、环保技术、医疗生物医药和 IT 等领域的交流合作。

## 三、工作意见和建议

通过此次访问，一方面了解了以色列和约旦两个中东国家的农业生产情况和以方、约方对中国政策的了解情况，一方面向上述两国介绍了中国对外政策和热带农业科技成果的最新进展，建议加强中国对外政策和科技成果的宣传力度，加强成熟农业科技成果技术转移力度，并加强各类人才的交流。

（出访团成员：阎伟）

# 赴印度尼西亚参加 IRRDB 育种、植保、联络官会议并开展资源联合调查工作的情况报告

应国际橡胶研究与发展委员会的邀请，中国热带农业科学院研究员周建南一行 4 人于 2018 年 7 月 28 日—8 月 6 日赴印度尼西亚参加 IRRDB 育种、植保、联络官会议并开展资源联合调查工作。

## 一、出访基本情况

### （一）目的和意义

此次橡胶植物保护会议是临时由 IRRDB 和印度尼亚提议的，主要原因是今年 3 月印度尼西亚发生大规模的 *Fusicoccum* 落叶病，尤其是在南苏门达腊省为害严重，落叶率达到了 50%以上，最高达到 90%，5 月和 6 月与同期相比分别减产 26.5 和 49.8%（只是大胶园的数据）。由此立即建议在此地召开橡胶植物保护会议，聚集橡胶植保专家和育种专家共同探讨此病及其他病虫害的防治策略，对各橡胶生产国的病虫害尤其是 *Fusicoccum* 落叶病的防治及研究具有重要的现实意义，与此同时，IRRDB 要求育种专家组召开育种会议，进一步完善橡胶品种描述及 2019—2023 年橡胶育种五年发展战略，并最后召开 IRRDB 专家组联络官会议，由各联络官汇报各专家组 2019—2023 年橡胶发展战略规划。同时也利用此次机会对印尼的主要品种进行调研。此次任务有助于中国热带农业科学院了解 IRRDB 各专家组的战略规划，育种和植保面临的问题挑战以及印尼橡胶品种情况，为下一步中国热带农业科学院进一步加强国际合作，更好地开展一带一路项目具有重要的意义。

### （二）主要活动

参加在印度尼西亚橡胶研究所的三巴瓦（Sembawa）橡胶研究中心举办的育种会议，并在其基地实地学习品种的辨别方法及其交换品种的辨别方法，进行资源调查；参加由育种专家、各联络官和相关专家召开的会议，缅甸和日本专家也参加了会议，最后举行联络官一级会议，就 2019—2023 年的战备规划做基本的要求并提出意见和要求；参加在印度尼西亚巨港阿里亚杜塔酒店（Aryaduta）召开的国际橡胶植保学术研讨会；赴印尼橡胶研究所的三巴瓦（Sembawa）橡胶研究中心胶园了解该落叶病为害特征和情

况以及资源调查；参加在勿里洞岛举办 IRRDB 联络官会议，汇报并探讨 IRRRDB 2019—2023 年橡胶发展战略规划，并进行大田资源调查。去程从广州经印度尼西亚雅加达到达巨港，前往勿里洞岛并召开联络官临时会议，归程从勿里洞岛经雅加达到广州，再转海口。

育种会议有来自中国、马来西亚、印尼、泰国、越南、印度、斯里兰卡、尼日利亚、科特迪瓦、喀麦隆 10 个国家的代表参加，各国代表对交换品种按原来提供的描述表进行汇报，缅甸和菲律宾的 3 个品种由著名育种专家 Ramli 和印度育种专家 Kavitha 代为汇报，共有 12 个国家 49 个品种，其中 44 个品种进行了描述，中国热带农业科学院张晓飞育种专家汇报了中国热带农业科学院参与交换的 5 个品种的描述情况。

国际橡胶植物保护学术研讨会（橡胶园综合防治学术研讨会），共有 12 个国家（包括参加育种会议的国家及缅甸和日本），214 名家学者及橡胶企业和胶园主参加了此次会议。进行主旨演讲和 3 个专题的演讲，共有 17 个报告。主旨演讲由印尼橡胶所新任所长 Gede Wibawa 博士主持，第一个专题为 *Fusicuccom* 落叶病，由 Weragoda 先生主持，第二主题为叶的病虫，由马来西亚橡胶局马来西亚橡胶研究院副院长育种专家 Mohd Nasaruddin Mohd Aris 主持，第三个主题为茎干与根病害，由中国热带农业科学院橡胶所周建南研究员主持。

联络官会议的第一次会议，参加会议的有来自中国、泰国、马来西亚、印尼、越南、印度、斯里兰卡、缅甸、菲律宾、喀麦隆、科特迪瓦、尼日利亚 12 个国家的 30 多人，包括临时咨询委员会成员、联络官及相关人员。会议强调了五年战略规划的重要性和必要性。各联络官汇报了各自专家组的战略规划，并进行了热烈的讨论，战略规划报告为植物育种、生物技术、作物改良，植物保护、社会经济学、非洲事务、橡胶加工与环境。

大田资源调查，到印尼橡胶研究所三巴瓦研究中心调查 *Fusicoccum* 落叶病为害情况及资源情况。此次大田联合调查人员有近 100 名参会人员。主要调查该研究中心的 *Fusicoccum* 落叶病、速生胶园、抗死皮品种筛选试验和胶园间作试验等情况。此行还一并参观了私人胶园的发展情况、印尼胡椒种植、利用发酵有机肥进行胶园施肥管理等。

## 二、主要收获与成果

著名马来西亚橡胶育种专家 Ramli（已退休）给与会代表做了一次品种描述的报告，并实地进行了实习，Ramli 从事橡胶树育种及资源收集工作 40 余年，具有丰富的品种识别和描述经验，可以较快的发现一个品种的一到几个方面的特殊表型特征。他的报告和实地教学，提升了参会人的品种鉴定能力，中国热带农业科学院代表在品种描述上学到了知识和经验，对中国热带农业科学院交换的品种描述进行了修改，效果明显。此次 IRRDB 成员国间橡胶树品种的多边交换，旨在共同推动各国橡胶树育种工作的进程，通过引进先进国家的优良品种直接应用于生产，可快速提升产能，特别对于缅甸、柬埔寨和非洲一些国家影响较大。我国通过引进国外品种，丰富了育种资源，对多性状新品种的选育奠定了基础。

国际橡胶植物保护学术研讨会上各国专家报告了新的落叶病及其他为害叶、茎、根的病害在各国的发生、发展和防治策略的研究情况和新进展，为综合防治橡胶病害的研究提供了依据和研究的方向，会议信息量大，质量高，为我国橡胶病害的研究提供了宝贵的材料。*Fusicoccum* 落叶病在近年在东南亚国家突然暴发，位于南苏门达腊省的 Mainan 村的一家私人橡胶园（PT. Melania 橡胶园，是比利时的一家私人胶园），共有 3 088公顷，2018 年 4 月有 1 920. 68公顷受 *Fusicoccum* 落叶病为害，落叶最严重的达到 90%，5 月和 6 月比去年同期减产达 50%，该公司要主要员工 12 名，胶树管理规范严格，割胶的刀次和水平要经理、副经理及技术人员在每株树的割面上做标记确认，平均单产 1. 4 吨每公顷。在大田调查过程中，三巴瓦（Sembawa）橡胶研究中心专家结合会议上做的报告，介绍了发病和为害的情况，查看了为害叶片的特征，该病 1 月开始为害，2 月开始落叶，直到 5 月，有的胶园落叶达到 70%，最严重时达到 80%~90%，该病为害所有品种，没有例外。虽然我们国家暂时没有发生，但不能掉以轻心，国内相关专家应高度重视，提前做好功课，以防这一病害对我国植胶区造成危害。

死皮是一个最重要的减产威胁，减产达 20%。三巴瓦（Sembawa）橡胶研究中心通过基因组和基因分析橡胶树的死皮抗性，对 PB260（死皮率 50%）与 SP217（死皮 30%，认为是较耐死皮的）杂交选出的 202 个基因型以及其亲本和 6 个其他品种进行抗死皮品种筛选试验对我国科研工作者开展橡胶树死皮相关研究有个很好的启发作用，若通过基因型筛选的形式来选育出抗死皮的品种，可从源头上解决死皮这一世界性疾病对各国植胶业影响的问题。但死皮往往受人为影响也较大，比如采胶制度、胶工技术水平、胶园营养等，因此，这一工作的开展需要各方的联合攻关方可取得较好的成效。

联络官会议由 IRRDB 主席主持，IRRDB 主席泰国橡胶所所长 Picheat Promoon 及中国热带农业科学院 IRRDB 副主席周建南研究员做了发言，强调合作研究的重要性，尤其是在橡胶价格低的情况下如何回应小胶园主提出的问题，提高生产效率，增加收入。只有目标明确，才能提出好的项目，共同申请项目，进行合作攻关。各联络官汇报了各自专家组的战略规划，并进行了热烈的讨论，战略规划报告为植物育种、生物技术、作物改良，植物保护、社会经济学、非洲事务、橡胶加工与环境。最后要求各联络官在原来规划的基础上进行修改，浓缩为 2 面纸，具体项目规划可作为附件，并在 8 月中提交

IRRDB秘书处征求各成员国的意见，再报理事会批准。这次会议也凸显出IRRDB各成员国合作的重要性，尤其是橡胶价格低迷时，各国科研经费受到一定的影响，中国热带农业科学院应抓住这一时机，加强与各专家组联络官的联系，主动发挥作用，积极参与每年组织的IRRDB学术研讨会，逐步引领相关领域的发展。

此次学术研讨会及战略规划研讨会议能与各不同学科领域的专家共同探讨、交流、学习，是一次难得的机会，认识了各成员国不少专家、科研人员，增长了知识，扩展了科研视野，深感合作交流的重要，只有不断加强合作交流才能够更好的做好科研工作，少走弯路，知识面才能更广，视野才能更宽，成长才能更快。此次任务的圆满完成，为今后做好科研有了明确的人生方向和奋斗目标。

## 三、工作意见和建议

育种会议主要是针对IRRDB进行的品种交换情况及品种描述情况进行总结汇报，统一对品种描述的标准。品种鉴别是一项复杂的系统性工作，目前越来越少的科研人员能够熟练掌握，建议邀请马来西亚著名育种专家到中国热带农业科学院橡胶所进行品种辨别知识的讲座。

这次IRRDB植物保护研讨会非常及时，聚集了各成员国橡胶方面的专家交流了为害橡胶树的叶、茎和根的病害，尤其是对新发生的橡胶*Fusicoccum*落叶病的进展和研究情况进行了交流，并实地调查了该病的病征和发生的情况。中国热带农业科学院环植所应主动参与该病的国际合作研究，参与到由IRRDB牵头的合作项目中，积极向国家申请相关科研项目，研究了解暴发该病的环境和气候条件，及时为我国橡胶产业提出预警和防治策略，防止该病在我国的暴发。

各专家组对IRRDB的5年战略规划提出了很多好的意见和建议，8月底左右将形成初稿，再次征求意见，届时希望中国热带农业科学院积极参与，提出修改意见和建议，并以此作为中国热带农业科学院橡胶科研发展方向的参照。橡胶价格持续低迷，各国科研经费受到一定的影响，中国热带农业科学院应抓住这一时机，加强与各专家组联络官的联系，主动发挥作用，积极参与每年组织的IRRDB学术研讨会，逐步引领相关领域的发展。

此次资源调查，对中国热带农业科学院了解印尼橡胶种质资源的情况及分布情况和品种选育情况有了大致的了解，为下一步进行深入的联合调查和交流打下了基础，尤其结合抗病、耐刺激种质的调查，建议尽早对印度尼西亚橡胶种质资源进行深入的联合调查。

（出访团成员：周建南、曾霞、安泽伟、张晓飞）

# 赴印度尼西亚执行甘蔗、天然橡胶等机械化生产技术示范任务的情况报告

应印度尼西亚黎明集团公司 PT FAJAR GROUP CORPORA（FAJAR）邀请，中国热带农业科学院李明研究员一行 6 人于 2018 年 8 月 20—24 日赴印度尼西亚执行甘蔗、天然橡胶等机械化生产技术示范任务。

## 一、出访基本情况

### （一）目的和意义

此次出访的任务是执行“一带一路”热带国家农业资源联合调查与开发评价项目的甘蔗、天然橡胶等机械化生产技术示范任务，目的是利用热科院科技力量与机械装备优势，与印度尼西亚有关方面合作进行热作技术与装备示范、推广，建立机械化示范点，通过引领与辐射作用，促进合作国家热带农业机械化发展，扩大我国热带农业机械在国际市场的影响力。通过实地了解印度尼西亚甘蔗、天然橡胶等种植农艺以及配套农机设备，了解前期出口的农机具设备开展甘蔗叶机械化粉碎还田作业情况，对相关还田机具进行作业技术、维修保养等指导，进一步对甘蔗耕作、种植、管理等进行技术讲解和培训，签订双方战略合作协议，共建技术试验示范点，为后续更多相关热作机械走出国门奠定基础。

### （二）主要活动

代表团在 FAJAR 公司以及卡里本都农业种植有限公司（种植农庄）PT. Perusahaan Perkebunan Kali Bendo（PTPPKB），开展了甘蔗、天然橡胶和木薯等热带作物生产机械化技术与装备交流及需求调研，并与这两家企业签订了合作协议。

在中印尼友好交流大使徐永清女士的陪同下，出访人员先到 FAJAR 公司交流，该公司主要从事甘蔗机械化作业服务，拥有 500 多台甘蔗运输车、50 多台拖拉机以及种、管、收等多种农机具。公司董事长 Vivi Lolita 女士、技术顾问 Tan Sairanoto Waruyo 先生介绍了公司情况以及印尼甘蔗种植农艺、机械化作业情况，我方介绍了农机所甘蔗、橡胶、木薯等生产机械化研发情况。随后双方对农机所出口到该公司的甘蔗叶粉碎还田机应用情况进行了交流，公司对机具作业效果非常满意，并根据当地农艺要求提出了改进

意见，出访专家提出了进一步优化方案。随后交流人员参观了该公司的拖拉机、甘蔗种植机、施肥机等生产机械，并到甘蔗种植基地和橡胶种植园对地形地貌、种植农艺及要求进行现场调研，对生产情况、机械化作业存在的问题及改进等进行了交流，并进行了电动割胶刀现场演示及培训。最后，双方对甘蔗、橡胶、木薯机械化需求以及进一步合作进行了研讨交流，表达了进一步合作意向，签订了科技合作框架协议，共同建立了“甘蔗生产机械化示范基地”和“农业机械推广中心”。

出访专家随后到 PTPPKB 公司开展橡胶、咖啡等生产加工技术装备交流，公司负责人 Chandra Sasmita 介绍了农庄情况，该农庄面积 900 多公顷，主要生产天然橡胶、咖啡、丁香、肉豆蔻等经济作物。参观了橡胶和咖啡种植基地，咖啡加工和橡胶凝胶片加工生产车间等，双方对当地橡胶割胶、施肥、除草等农艺及生产情况进行了交流。出访专家介绍了农机所研发的天然橡胶生产、初加工技术与装备，在公司天然橡胶种植园进行了电动割胶刀现场演示及培训。双方对橡胶、木薯等机械需求以及进一步合作进行了交流，表达了进一步合作意向，签订了科技合作框架协议。

## 二、主要收获与成果

### （一）对印尼农业机械化条件及发展现状有了初步的了解，并对我国热带农业机械化研究成果进行了宣传

#### 1. 印尼自然条件优越，适合发展热带农业机械化

印尼自然资源丰富，是一个热带农业大国，全国耕地面积约8 000万公顷，自然条件得天独厚，气候湿润多雨，日照充足，盛产棕榈油、橡胶、木薯、甘蔗、椰子、咖啡、可可等经济作物，其中棕榈油产量居世界第一，天然橡胶产量居世界第二。印尼人口超过 2. 56 亿，劳动力资源丰富，其中从事农业人口约4 200万人。印尼大部分耕地土壤肥沃，地势平坦，适合发展农业机械化。

甘蔗是印尼的重要作物之一，目前全国甘蔗种植面积约为 45 万公顷，蔗糖年产量约为 250 万吨，需求为 300 万吨。大部分种植于爪哇岛，其中小农户种植面积约占 50%，国营公司、私营公司占 50%。印尼政府近十年来一直致力于通过新建糖厂、扩展甘蔗种植园面积实现印尼蔗糖自给自足的目标，以振兴印尼糖业。开展甘蔗生产机械化技术装备合作与输出有较好环境。

印尼是世界上第二大天然橡胶生产国，种植面积约为 360 万公顷，产量3 630万吨，橡胶是印尼最大的农业产业。印尼橡胶园生产基本依靠人工完成，天然橡胶初加工装备较陈旧，多年未改进，需要优化更新。

印尼农业机械化水平低，近年来有较快发展，主要装备为进口产品，自行研发的较少。随着现代农业的发展，印尼对于农业机械装备的需求与日俱增，特别是中小型农机具在印尼非常受欢迎，拥有非常好的市场前景。

**2. 出访人员宣传了我国热带农业机械化研究成果**

重点介绍了中国热带农业科学院农业机械研究所的科研成果，包括甘蔗、天然橡胶、木薯生产方面的田间作业机械化，甘蔗叶、木薯茎秆、菠萝茎叶粉碎还田等田间废弃物利用技术与装备，以及澳洲坚果、油棕、胡椒等初加工技术与装备。

### （二）开展了甘蔗、橡胶生产机械化装备试验与培训

**1. 甘蔗生产机械化技术交流与培训**

热科院农机所于去年出口了甘蔗叶粉碎还田机试制样机到 FAJAR 公司，公司人员向出访专家介绍了机具作业情况，认为粉碎效果很好，对机具作业非常满意，并根据当地农艺要求提出了改进建议。出访专家现场对装备优化改进方案讨论，对公司技术人员进行了相关还田机具作业技术、维修保养等指导，并对甘蔗耕作、种植、管理机械化等进行技术讲解和培训。

**2. 橡胶生产机械化试验与培训**

通过在 FAJAR 公司和 PTPPKB 公司的天然橡胶种植园进行的电动割胶刀现场演示及培训，加强了技术装备交流，促进了橡胶生产机械化技术成果转化。

### （三）加强了甘蔗、天然橡胶生产机械化合作联系，签订了合作协议，建立了研发基地及推广中心

**1. 与 FAJAR 公司加强了甘蔗等作物生产机械化合作**

该公司主要从事甘蔗机械化作业服务，为东爪哇岛、巴厘岛提供作业、运输服务。拥有拖拉机、推土机、挖掘机以及甘蔗深松机、起垄机、开沟机、挖穴机、种植机、中耕施肥机、喷药机、无人机、甘蔗叶粉碎还田机、抓蔗机等种、管、收农机具，大部分为从美国、泰国、中国等国进口，部分机具为自主研发。公司非常重视甘蔗农业机械化，非常希望热科院农机所能提供进一步的技术装备支持与合作，拥有非常好的甘蔗农机具示范应用所需要的种植基地、拖拉机、技术人员条件，是一个非常难得的可以保持长期合作关系的合作对象。

双方签订了科技合作框架协议，共同建立了“甘蔗生产机械化示范基地”和“农业机械推广中心”，将在甘蔗、天然橡胶生产机械化技术装备研发、示范应用及推广方面开展进一步合作。

**2. 与 PTPPKB 公司建立天然橡胶机械化科技合作关系**

公司种植约 500 公顷天然橡胶，拥有自己的天然橡胶初加工厂，中国热科院农机所拥有技术优势，双方签订了科技合作框架协议，将共同开展橡胶胶园生产机械及橡胶初加工等技术装备合作。

通过合作，将有力促进热科院甘蔗、天然橡胶等机械化技术装备研究成果在印尼的示范应用及推广，从长远来看，通过引领与辐射作用，可促进印尼热带农业机械化发展，扩大我国热带农业机械在国际市场的影响力。

## 三、工作意见和建议

中印科技合作有良好的合作背景。2016 年 9 月，中国农业部副部长张桃林会见印尼农业部部长阿姆兰·苏莱曼时强调，双方在科技交、技术示范等方面进一步深化合作潜力很大，阿姆兰·苏莱曼部长表示，印尼幅员广阔，农业建设领域和农产品市场潜力很大，印尼将安排 200 万公顷土地发展畜牧业、玉米、蔗糖，愿与中方开展政府间合作，建立农业园区加强农业科技交流与人才培训合作。

热科院在热带作物生产机械化及农产品初加工技术装备方面获得了系列成果，并通过农业农村部、海南省、广东省等各类项目经费支持，与柬埔寨、印尼、泰国合作开展了甘蔗、木薯、天然橡胶农机技术装备示范应用，出口了甘蔗叶粉碎还田机、木薯种植机等系列农机装备 50 多台，此次出访建立了更为紧密的合作关系，希望能够获得更多的经费支持，继续在这些国家以及更多东南亚、非洲国家进一步开展农机技术装备合作与成果转移示范应用推广。

（出访团成员：李明、覃双眉、邓怡国、董学虎、韦丽娇、崔振德）

# 赴越南、柬埔寨开展澜沧江-湄公河国际合作项目的情况报告

应越南国家农业大学和柬埔寨橡胶研究所的邀请，中国热带农业科学院兰国玉研究员一行5人于2018年4月19日—5月10日共22天时间赴越南和柬埔寨执行澜沧江-湄公河国际合作项目任务。此次出访的目的是开展澜沧江-湄公河区域橡胶林植物多样性研究。

## 一、出访基本情况

### （一）目的和意义

天然橡胶是重要的战略物资，种植橡胶对环境造成的影响是全球的研究热点。本项目拟系统调查澜沧江-湄公河区域橡胶林群落植物的种类组成及分布特征，通过分析橡胶林群落物种组成、生物多样性及其影响因素与机制，评估橡胶种植后对该区域植物多样性的影响；提出切实可行的措施推进橡胶林生态系统的健康、协调发展。其研究结果对促进澜沧江-湄公河区域经济效益和生态环境建设以及多样性保护都有重要的意义。

### （二）主要活动

对国际热带农业中心亚洲分中心进行了访问，并与分中心的Didier博士及越南国家农业大学的Trung讲师进行了交流。首先Didier博士带领我们参观了亚洲分中心土壤生物学实验室，然后就下一步合作计划做了充分的讨论。双方建议在海南、越南和柬埔寨开展土壤微生物方面，特别是开展不同年龄结构橡胶树丛枝菌根菌方面的对比研究。这项工作预计今年下半年或明年开展。

访问了柬埔寨橡胶研究所金边本部及位于旁湛省的实验站，并与相关专家进行了交流。团组成员和柬埔寨橡胶研究所育种研究室的Phearun博士进行了交流，初步了解了橡胶树在柬埔寨的种植区域。次日，在Phearun博士带领下，团组成员赴旁湛的实验站与实验站的科研工作者进行了交流，并参观了柬埔寨橡胶研究所的种质资源圃和割胶试验基地。

本次外出野外调研的主要任务有三部分。其一，开展了越南和柬埔寨橡胶林植物多样性的调查工作；其二，对越南和柬埔寨橡胶园的管理模式、割胶制度及胶乳产量也从

多方面进行了调研；其三，开展了越南和柬埔寨森林植被变化的调研。团队成员从越南中部城市的岘港出发，调研的地方有阿雷、盛美、崑嵩市、邦美蜀、嘉义、同帅、胡志明市、巴地头顿等地。柬埔寨调研从金边出发，调研的主要地点有磅湛、斯努、蒙多基里、特本科蒙、柏威夏、暹粒、马德望、菩萨、旁清扬、金边等地。

## 二、主要收获与成果

### （一）与国际热带农业中心亚洲分中心、越南国家农业大学及柬埔寨橡胶研究所建立了良好的合作关系

通过本次出访，与国际热带农业中心亚洲分中心、越南国家农业大学及柬埔寨橡胶研究所建立了良好的合作关系，特别是国际热带农业中心亚洲分中心的 Didier 博士就今后的研究内容进行了深入的探讨，双方同意今后在项目申请及土壤微生物研究方面进一步加强合作与交流。

### （二）越南和柬埔寨橡胶分布区域及概况

通过本次调研，基本上摸清了越南和柬埔寨橡胶分布区域及概况，越南橡胶重要分布于中部的承天顺化省（少量）、广南省、昆嵩省、加莱省、平福省、平阳省、多农省、多乐省、及南部的胡志明市、头顿省、同奈省等地区。柬埔寨橡胶主要分布于东部地区，如旁湛省，桔井省，特本克蒙省、腊塔纳基里省、上丁省、柏威夏省等地区。本次选取了 56 个橡胶林样方，其中越南 32 个样方，柬埔寨 24 个样方，这些样地基本上覆盖了越南和柬埔寨橡胶分布的主要区域。每个样方的大小为 20 米×20 米，采集植物照片5 000余份。此外标记带地理坐标的天然橡胶等典型热带作物野外样点1 279份。圆满地完成了橡胶林群落多样性的调研任务。

通过本次出访，对越南和柬埔寨橡胶产业的基本概况进行了解，包含种植模式、割胶技术、管理措施等。越南橡胶种植园主要集中在东南部和中部高原地区，种植密度约 476 株/公顷。据介绍，现在单产干胶约 1.7 吨/公顷，部分东南部农场单产达到 1.81 吨/公顷，提出的短期目标要达到 2 吨/公顷，长期目标要达到 3 吨/公顷。胶园林相相对整齐一致，有效株率较高，胶园道路等规划设计较好。割胶技术和管理措施，东南部区域胶园较中部高原地区相对较好。实地调研发现，部分种植园割胶技术水平较差，有较大提升空间；部分种植园设有施肥穴，在施肥穴中也见到肥料，有一定的管理措施。柬埔寨橡胶种植园，胶园林相相对较好，有效株率较高，种植密度约 400~500 株/公顷。据介绍，单产干胶约 1.2 吨/公顷，部分胶园产量约 1.8 吨/公顷。调研发现部分种植园割胶技术水平较差，有较大提升空间。

## 三、工作意见和建议

### （一）加强与越南橡胶研究所和柬埔寨橡胶研究所的合作与交流，开展环境友好型生态胶园建设

通过本次调研，我们发现越南和柬埔寨橡胶种植的自然条件要明显好于我国，橡胶主要分布地势平坦的地区，非常方便于生产活动。从植物多样性的角度上来说，由于越南橡胶种植园整体上比较规范，再加上劳动力廉价等因素，橡胶林植物多样性较低。柬埔寨南部橡胶园种植园保留了部分草本植物，多样性较高；北部的腊塔纳基里省管理较为规范，植物盖度较低，但由于这部分橡胶园主要由原始林转化而来，土壤中仍保留了乡土植物的种子，因此植物多样性并不低。鉴于此，应加强我所与越南橡胶研究所及柬埔寨橡胶研究所在环境友好型生态胶园的建设及示范等领域的合作。首先将我所的研究成果“近自然管理”技术通过越南和柬埔寨橡胶研究所向农场进行推广，在保证橡胶园产量和方便生产活动的前提下，尽可能保留林下植物，以提高橡胶林的多样性和生态系统的健康，从而构建环境友好型生态胶园。另外，越南和柬埔寨拥有丰富的热带珍贵乡土树种，双方可在构建橡胶林复合生态系统方面加强合作与交流，如开展橡胶树与珍贵热带树种混种的相关方面的研究。

### （二）加强与国际热带农业中心亚种分中心（CIAT）和柬埔寨橡胶研究所的合作与交流，开展橡胶树割胶自动化方面的研究

越南和柬埔寨的自然气候条件较好，多数区域适合橡胶树的经济性生长和生产，种植橡胶的地方多属于平坦地带，很少有坡度，特别适合自动化割胶技术的推广。但是由于各种因素造成其管理水平相对较低，生产水平相对较低，技术水平有待提升。中国是天然橡胶的重要生产国，在天然橡胶树栽培和割胶技术方面拥有一定技术储备。鉴于此，建议与柬埔寨和橡胶研究所就自动化割胶方面展开合作，一方面可以提高越南和柬埔寨的割胶水平，提高产量；另一方面也可以将我们先进的技术和产品（如自动割胶刀）在越南和柬埔寨进行推广。在天然橡胶种植领域，中国与越南柬埔寨具有一定互补性，即中国的技术与越南柬埔寨的热带土地资源，有利于促进天然橡胶产业，对于区域经济发展也有重要意义。

（出访团成员：兰国玉、陈帮乾、张希财、朱家立、杨川）

# 赴越南执行“一带一路”热带国家农业资源联合调查与开发评价任务的情况报告

应越南澳洲坚果协会的邀请，中国热带农业科学院詹儒林研究员等一行6人于2018年8月26日—9月2日赴越南执行“一带一路”热带国家农业资源联合调查与开发评价任务。

## 一、出访基本情况

### （一）目的和意义

与国外开展种质创新合作是扩大中国热带农业基因资源，加快优良新品种选育，促进产业持续发展的迫切需要。中国由于热带区域面积较小，热带种质资源匮乏，遗传基础狭隘，导致品种单一，育种水平相对落后。越南作为主要热带国家之一，对杧果、菠萝等热带水果进行了长期商业化种植，建有专业的热带作物研究团队或机构和种质资源圃，特别是其具有的抗病、抗虫野生种质资源是育种的宝贵材料。

通过开展国际合作与交流引进坚果、杧果、菠萝和热带玉米种质资源，并学习其先进的育种与综合利用技术，通过合作交流增强两国热带水果产业科技创新队伍实力，培养创新性人才。这既符合国家“一带一路”倡议，也有利于中国热带水果产业发展。

### （二）主要活动

中国热带农业科学院南亚热带作物研究所（以下简称“中国热科院南亚所”）詹儒林、王松标、曾辉、吴青松、梁清志、陈曙一行6人于2018年8月26—9月2日赴越南执行“一带一路”热带国家农业资源联合调查与开发评价任务。先后拜访了越南澳洲坚果协会（VIETNAM MACADAMIA ASSOCIATION）、越南农林业科学院（VIETNAM AGRICULTURE & FORESTRY SCIENCE INSTITUTE）、西源农林业科技研究所（WESTERN HIGHLANDS AGRICULTURE & FORESTRY SCIENCE INSTITUTE）以及参观了相关研究机构的种质资源圃等。

詹儒林、王松标、曾辉、吴青松、梁清志、陈曙一行6人在越南澳洲坚果协会Lê Văn Bình秘书的陪同下来到了位于河内市的越南澳洲坚果协会，拜访了越南澳洲坚果协会副会长黄槐（Hoàng Hoè）教授，与黄槐教授关于坚果的种植及管理方面进行了交流。期间詹儒林研究员介绍了中国热科院南亚所的基本情况和中国目前坚果产业的发展状况。曾辉副研究员介绍了坚果的种植技术，主要病虫害的防治以及新品种选育的方法等。黄槐教授介绍了越南澳洲坚果目前的产业情况和他们对坚果果园的日常管理、幼苗的扦插、嫁接技术以及采后加工和产品的开发等方面取得的进展。双方在坚果的育种、管理、生产以及产品加工等多方面展开了深入的交流，并初步达成并签订成立“中越澳洲坚果研发中心”的合作协议。团队成员一行 6 人随后参观越南澳洲坚果协会下属的坚果种植园和坚果苗圃中心。种植园负责人介绍目前种植园主栽品种为 QN1，该品种产量高、品质好，但是落果困难，不便于收获，且壳和果仁之间的重量比偏高。黄槐教授提出希望双方今后能在种植技术、新品种选育方向加强合作。

之后访问了同在河内的越南农林业科学院，与林业保护研究所所长 Đặng Ngọc Hạ 博士、玉米研究所副所长 LêNgọc Tru'ờng 博士以及菠萝研发团队专家 Nguyễn Đứ'c Kiên 进行了深入交流。Đặng Ngọc Hạ 所长介绍了该所的基本情况和主要的研究方向。LêNgọc Tru'ờng 博士介绍了目前越南玉米的种植情况以及未来的研究规划。菠萝研发团队专家 Nguyễn Đứ'c Kiên 介绍了菠萝种质资源收集保存和育种创新等研究现状。陈曙介绍了目前中国热带玉米产业的发展状况和中国热科院南亚所在玉米的生产和研究上所取得的进展，介绍了利用分子标记辅助育种方法加快新品种的选育。吴青松副研究员介绍了中国菠萝产业现状，并详细介绍了中国热科院南亚所菠萝课题组的研究方向和科研成果。

在越南澳洲坚果协会成员 LêVăn Bìhn 和 Doãn Giangn 的带领下詹儒林、王松标、曾辉、吴青松、梁清志、陈曙一行 6 人到达了位于多樂省的越南西源农林业科技研究所。所长张洪（Tru'o'ng Hỗng）博士介绍了该所的基本情况，详细介绍了越南热带水果（坚果、杧果、咖啡）的产业发展情况，希望今后双方能在热带果树育种技术上多展开合作。詹儒林研究员介绍了中国热科院南亚所的基本情况和中国目前杧果、坚果产业的发展状况。王松标副研究员介绍了中国热科院南亚所杧果产业研究所取得的成就和中国杧果产业现状，提出了希望双方后续能在杧果种质资源的收集保存和育种利用上展开合作的建议。团队一行 6 人行程最后一站参观了位于胡志明市的 Thu Duc wholesale markets 农贸市场，了解了当地坚果、杧果、菠萝和玉米等热带水果、瓜菜市场。

## 二、主要收获与成果

越南澳洲坚果协会成员中有许多是坚果个体种植户，其种苗种植技术、管理方法以及产品的加工和销售均由越南澳洲坚果协会统一提供和安排，有效地解决了种植户生产和销售上的各种问题，保障了坚果种植户的利益。

与越南澳洲坚果协会签订了创建“中越澳洲坚果研究中心”的合作协议，为后续种质资源的交流、品种的选育、人员的互动交流以及产业的开发奠定了基础，为今后开展中越两国其他种类的热带水果的合作打下了基础。

考察组调研了越南农林业科学院和西源农林业科技研究所等越南农林业研究单位，了解了越南坚果、杧果、菠萝、热带玉米以及其他一些热带水果的产业情况，参观了种质资源圃，在资源圃的规范化管理、机械化操作以及技术人员的培训等方面加强了交流。

引进了杧果种质资源 3 份，菠萝种质资源 2 份，玉米种质资源 2 份。

## 三、工作意见和建议

政府应加大力度引导种植户、科研单位和经销商实行产购销科学化和一体化，确保种植户的利益得到维护。

越南对种质资源的管理比较严格，禁止外流。个人以及单个团体从越南引种比较困难，建议能在政府层面上达成可操作的种质资源交换协议。

（出访团成员：詹儒林、王松标、曾辉、吴青松、梁清志、陈曙）

# 赴越南执行农业农村部国际交流与合作项目的情况报告

应越南国立农业大学的邀请，中国热带农业科学院高爱平研究员等一行 6 人于 2018 年 8 月 12—18 日赴越南执行农业农村部国际交流与合作项目。

## 一、出访基本情况

### （一）目的和意义

执行 2018 年农业农村部国际交流与合作项目任务，在“一带一路”热带国家越南开展腰果、杧果、香蕉等热带作物种质资源调查，与越南科研机构开展学术交流与合作。同时针对越南的腰果、杧果、香蕉等热带作物种质资源情况及生产存在的问题，与越南相关专家交流讨论并探讨解决方案，以提高越南腰果、杧果和香蕉等热带作物的生产技术水平。此外，利用本项目已建合作平台的优势条件，引进越南优良腰果、杧果、香蕉等热带作物种质，丰富我国热带作物育种资源。

### （二）主要活动

根据本项目 2018 年项目工作计划安排，结合越南腰果、杧果和香蕉等热带作物的资源情况和生产实际，2018 年 8 月 12—18 日，中方承担单位派出杧果专家高爱平研究员和黄建峰助理研究员；香蕉专家魏守兴研究员和谢子四助理研究员；腰果专家张中润副研究员和黄伟坚助理研究员组成中方技术专家组赴越南，与越南国立农业大学、芹苴大学、越南果蔬研究所、越南南方园艺研究所等科研机构开展学术交流与合作，对越南杧果、香蕉、腰果等热带作物主产区进行了调查，并引进了越南热带作物优良种质资源。

## 二、主要收获与成果

### （一）科技交流与合作

#### 1. 越南国立农业大学

2018 年 13 日，中方技术专家组在越南河内市与越南国立农业大学农学院相关专家开展了座谈和学术交流活动。中方高爱平研究员、魏守兴研究员和张中润副研究员分别向越方介绍了杧果、香蕉和腰果等热带作物在中国的研究概况，越方相关专家也介绍了越南的杧果、香蕉和腰果等热带作物的生产情况，中越专家还对上述热带作物产业中存在的问题开展了热烈的讨论交流，并商定今后努力在种质资源合作研究与互换、新品种推广、人才培训和合作开展研究等多方面开展合作及国际合作项目联合申报。

学术交流会后，中方技术专家组在越方科技人员的带领下赴越南国立农业大学热带作物种质圃开展田间调查，并就种质圃内的热带作物种质资源、病虫害防控和栽培技术等进行了交流。

**2. 越南果蔬研究所**

2018 年 13 日，中方技术专家组访问了位于越南河内的越南果蔬研究所，并与相关专家开展了座谈和学术交流活动。双方首先介绍了各自研究所的概况，然后中方高爱平研究员、魏守兴研究员分别向越方介绍了杧果和香蕉在中国的研究进展，越南果蔬研究所副所长 Nguyen Van Dung 也介绍了越南的杧果和香蕉的生产情况，同时针对香蕉枯萎病等重点问题与中方专家开展了积极讨论。

座谈会后，中方技术专家组在越南果蔬研究所科技人员带领下赴该所基地开展田间调查，并就种质圃内的杧果、香蕉、龙眼和番石榴等热带作物栽培技术进行了交流。

**3. 越南南方园艺研究所东南分中心**

2018 年 15 日，中方技术专家组访问了位于越南头顿市的越南园艺研究所东南分中心，并与相关专家开展了座谈和学术交流活动。该中心主任 Mai Van Tri 博士首先介绍了中心的概况，并向中方专家介绍了杧果、香蕉、腰果等热带作物在越南的栽培生产情况，随后张中润副研究员也介绍了品资所的概况，同时也介绍了中国的腰果科技研究进展，特别是针对越方重点关心的腰果病虫害防控技术进行了介绍；高爱平研究员和魏守兴研究员分别向越方介绍了杧果和香蕉在中国的主要栽培品种，并与越方专家探讨了品种合作互换等问题。

座谈会后，中方技术专家组在该中心科技人员带领下赴多个腰果种植园开展生产情况田间调查，并对腰果的田间栽培技术进行交流。

**4. 越南芹苴大学**

2018 年 15 日，中方技术专家组访问了位于越南芹苴市的芹苴大学农学院，并与相关学者开展了座谈和学术交流活动。张中润副研究员和高爱平研究员分别作了腰果和杧果的学术告别，随后与该大学农学院专家讨论了杧果、香蕉和腰果等研究进展及生产上存在的问题。然后中方杧果和香蕉研究团队分别与芹苴大学的杧果研究教授 Tran Van

Hau 和香蕉研究教授 Le Van Vang 分组进行了深入的交流。

学术交流结束后，中方技术专家组在该大学科研人员陪同下赴香蕉组培实验室、果树种植园等开展了果树种质资源、病虫害及生产技术等情况调查。

**5. 越南 Soha 农场**

2018 年 16 日，中方技术专家组在越南芹苴大学教授的陪同下，赴越南芹苴市 Soha 农场进行了调查。在香蕉种植园，魏守兴研究员对生产中存在的问题对技术人员进行了指导；在杧果种植园，高爱平研究员对催花控梢、病虫害防控等问题回答了农户的疑问。之后，中越科技人员在 Soha 农场总部进行了座谈。

**6. 越南南方园艺研究所**

2018 年 17 日，中方技术专家组访问了位于越南前江市的越南园艺研究所总部，并与相关专家开展了座谈和学术交流活动。双方介绍了各自研究所概况，而后针对杧果和香蕉等热带作物在生产栽培中碰到的问题进行了深入探讨，并就后续合作交流进行了讨论。

### （二）热带作物种质资源调查与引进

本次出访，通过田间调查及与越南多家热带作物科研机构和大学开展学术交流，基本摸清了杧果、香蕉和腰果等热带作物在越南的生产概况及资源分布情况，为今后进一步开展越南杧果、香蕉和腰果种质资源奠定了基础。

中方专家组赴越南河内、头顿、芹苴、前江、胡志明等地开展了杧果、香蕉、腰果等热带作物种质资源调查，共收集杧果资源 5 份、油梨资源 1 份、香蕉资源 7 份、腰果资源 1 份、荔枝资源 1 份。

## 三、工作意见和建议

在赴越南执行农业农村部国际合作与交流任务的过程中，中方技术团队与越南多个大学和研究所开展了实际有效的学术交流与合作，取得丰富的成果，为今后更好地开展中越热带作物研究与合作奠定了基础。在工作过程中，根据中方科技团队的体会和与越方专家交流后的思考，形成如下的意见和建议。

一是中越热带作物研究专家将继续合作及开展科技交流，通过交流互访和合作研究，进一步推动中越重要热带作物的种质资源评价研究，提升双方热带作物优良种质培育能力；

二是中越热带作物研究专家将以签署的合作谅解备忘录为基础，积极开展种质资源交换、人才合作培养和合作研究，进一步提升中越热带作物产业技术水平；

三是中方科技团队将与越方科技团队继续合作，联合申报国际合作项目，为今后在越南进一步推广应用中方成熟的热作技术成果，促进越南杧果、香蕉和腰果等热作产业发展提供持续性保障。

（出访团成员：高爱平、魏守兴、张中润、黄伟坚、黄建峰、谢子四）

# 赴国际热带农业中心（越南）参加研讨会的情况报告

应国际热带农业中心（CIAT）亚洲区域办公室邀请，中国热带农业科学院（CATAS）陈松笔研究员等一行16人于2018年4月8—11日赴越南，参加中国热带农业科学院与国际热带农业中心联合研究计划研讨会。

## 一、出访基本情况

### （一）目的和意义

本次会议的目的是商讨共建CATAS-CIAT联合实验室，推进和深化双方科技合作与交流，聚焦区域性热带农业重大科学问题及产业共性关键技术，开展科技创新合作研究与人力资源合作开发，共同撰写近期计划合作项目框架，争取国家自然科学基金委与国际农业研究磋商组织合作交流项目、澜湄合作专项基金项目、盖茨基金项目、洛克菲勒兄弟基金项目等国际合作项目。此次出访对深化中国热带农业科学院与国际热带农业中心之间的合作，促进我国热带农业与亚洲国家之间的合作、服务国家“一带一路”倡议等方面具有重要意义。

### （二）主要活动

此次出访主要参加了中国热带农业科学院与国际热带农业中心联合举办的联合研究计划研讨会，双方专家就各自的研究领域进行汇报，介绍双方重点研究方向、平台、人员配备以及研究条件等情况。

与会专家就木薯、热带牧草、土壤与气候变化、价值链与数据管理4个研究领域展开讨论。双方明确，拟重点在木薯种质资源遗传改良与病害监控、热带牧草育种及应用、土壤养分管理与微生物利用、热带农业产业价值链延伸与数据管理等领域开展合作与交流，主要包括以下方面。

一是双方围绕全基因组学选择育种和木薯种质资源生物组学综合评价联合申请和策划国家自然科学基金国际合作项目2项，开展木薯花叶病毒病检测和抗性育种申请FAO-China基金和农业部国际合作专项2项；讨论共建联合实验室，联合申报“一带一路”和澜湄专项国际合作交流项目，互派科技人员进行合作交流。

二是商定双方在热带牧草领域合作申报国家自然科学基金国际合作项目 2 项，策划申报热带牧草间作提高经济林与热带果园效益项目 1 项，并互派科研人员进行科技合作。

三是围绕热区土壤退化、土壤微生物利用和豆科植物生物固氮等热点领域，开展充分讨论，确定共同申请欧盟—中国国际合作项目以及国家自然科学基金国际合作项目；通过项目联合攻关、共建实验室等方式，深化合作与人员互访。

四是分析制约香蕉、咖啡等热带作物产量的因素，如气候变化、土壤、肥料、劳动力、市场消费行为等，利用已公布的气候和土壤数据，运用先进的模型分析方法，找出主要影响因子，利用模型中的回归和分类方法解释可控因素影响产量变化的程度，实现大数据预测香蕉、咖啡等产量，通过产量数据反推育种和价值链提升关键环节。双方最终确定就上述项目申请 2018 年的洛克菲勒兄弟基金，并对项目书的后续完善和人员的分工进行了明确。

会后，中方人员还参观考察了 CIAT 亚洲区域办公室的实验室与办公条件。

## 二、主要收获与成果

### （一）进一步落实共建 CATAS-CIAT 联合实验室

此次出访团团长陈松笔研究员代表 CATAS 提出双方联合共建实验室的设想，以双方 35 年的合作为基础，为实现双方学术互访、联合攻关等方面提供良好的平台。此建议也得到 CIAT 亚洲区域办公室主任 Dindo Campilan 博士及其他与会代表的肯定，大家通过讨论初步获得具体的实施方案。此联合实验室的建立将为中国热带农业科学院支撑中国热带农业“走出去”和服务国家“一带一路”倡议提供良好的合作平台。

### （二）部分项目达成合作意向

会议期间，与会专家分成木薯、热带牧草、土壤与气候变化、价值链与数据管理四个小组，讨论双方近期计划合作领域，撰写项目建议书。经过两天讨论，双方将着重在以下领域开展合作。

在木薯方面，主要开展木薯花叶病毒病诊断、监控、脱毒和抗病育种，木薯生物组学分子评价，基因组学选择育种及市场信息和价值链提升等合作，联合申请和策划合作项目 4 项；建立双方专家联系通讯录，可在“一带一路”倡议指引和国内外相关政策支持下，加强联合申报后续相关项目。

在热带牧草方面，双方在热带牧草领域合作申报国际自然科学基金国际合作项目 2 项，策划申报热带牧草间作提高经济林与热带果园效益项目 1 项，并商定双方互派科研人员进行科技合作，确定中国热带农业科学院牧草专家将于 2018 年 6 月赴 CIAT 亚洲区域办公室开展豆科牧草间作研究。

在土壤与气候变化方面，双方分析了热区农田土壤退化、土壤微生物多样性降低等农业生态环境问题，聚焦土壤微生物利用和豆科牧草生物固氮等土壤肥料管理关键共性技术，加强双方科研合作水平和人员交流，共同开展热区土壤肥力提升和全球气候变化研究，包括：①木薯、牧草、天然橡胶、热带果树等种植系统农田管理措施分析与优化，土壤碳、氮、磷的生物化学转化过程以及调控土壤供肥与作物吸肥规律的生物学机制；②农业生态系统中土壤微生物群落组成和功能，在微观层面揭示农田土壤碳氮生物转化过程及其调控机理，在宏观上为保持或优化生态系统功能和其可持续性提供科学依据与理论指导；③研究热带及亚热带地区不同栽培管理措施条件下农田生态系统中土壤生物群落结构组成和变化规律，评价其主要功能群与优势种对土壤生态功能的影响；④利用豆科植物土壤固氮作用提高土壤肥力、减少气候变化的影响。双方确定近期将在豆科牧草生物固氮、橡胶园土壤微生物多样性及其功能、丛枝菌根真菌对木薯磷素营养及其产量的作用、土壤有益微生物对环境友好型香蕉生产的作用潜力，以及作物系统中的土壤肥力提升效应评估等领域开展合作研究，共同申请 2019 年欧盟—中国国际合作项目以及中国国家自然科学基金国际合作项目。

在价值链与大数据管理方面，了解了价值链的概念、价值链对于香蕉、咖啡等热带作物产业的重要性、研究价值链所需的数据组成和收集数据的分析预测模型等。掌握了获取全球气候和土壤数据的途径，对如何利用全球土壤和气候大数据预测作物产量有了初步的了解。初步掌握了如何利用大数据及其分析方法和模型来辅助香蕉、咖啡等热带作物的育种。中国热带农业科学院海口实验站派出 1 名专家在 CIAT 访问交流 6 个月，并就下一步人员互访交流达成共识，计划在下半年派出 1 人前往 CIAT 交流。此外，在此次出访期间，共收集油梨种质资源 2 份、人心果 1 份、百香果 1 份。

## 三、工作意见和建议

双方合作互补性强，有着广泛的合作空间，建议加大对双方合作支持的力度，利用相关政策推动双方合作，成立专项基金为双方合作提供有利的研究条件。具体包括以下方面。

一是通过共同申报国际合作项目，举办热带农业培训班，开展种质资源交换、资源评价技术及标准体系构建研究，共同培养高层次人才等举措，继续强化与 CIAT 在木薯、热带牧草、热带水果、咖啡、花卉等领域的合作与交流。

二是科技创新平台建设亟待加强，主要包括科研基地建设和实验室建设两部分内容。科研基地作为科研成果的展示窗口，是学科建设的门户，应该加大对于农业科技创新基地建设的推进力度，为科技合作研究搭建一个良好的平台。针对国际热带农业产业中遇到的关键性问题，亚洲各国应通力合作，发挥各自优势，为世界热区产业推波助澜。

三是在原有合作基础上，围绕全球热区农业生产的实际情况，关注热区农田面临的农田生态系统退化、土壤微生物多样性降低、土地利用方式对土壤生物群落结构造成难以恢复的破坏等农业生态环境问题，进一步扩大合作领域，如热带水果、土壤微生物利用与气候变化等，拓展联合申报项目的渠道和范围。

四是进一步扩大和加强与其他国际合作组织的沟通和交流，特别是加强人员互访交流，输送更多的科研人员加入国际组织，提升我国在国际组织中的话语权和影响力。

（出访团成员：陈松笔、段翠芳、刘恩平、龙宇宙、盛占武、李敬阳、董文江、王文斌、王文泉、王金辉、陈志坚、郇恒福、董荣书、安飞飞、时涛、赵凤亮）

# 赴非洲国家考察报告

# 赴刚果（布）执行试验站项目任务的情况报告

应刚果（布）农牧渔业部部长 Henri DJOMBO 先生的邀请，中国热带农业科学院周泉发、党选民一行 2 人于 2018 年 5 月 15 日—6 月 14 日赴刚果（布）执行中国热带农业科学院刚果（布）农业试验站（此后简称“试验站”）项目任务。

## 一、出访基本情况

### （一）目的和意义

为做好试验站项目工作，服务于热带农业技术“走出去”，保持良好的合作互信关系，2018 年 3 月 2 日，刘国道副院长在品资所主持召开了本年度试验站项目工作会议。会议对出国人员安排、出国时间、工作任务与工作目标进行了布置，确保出国任务高效完成。

本次出国任务主要是扩大蔬菜和木薯优良品种种植面积、改善蔬菜设施大棚现状与喷灌设施、改善木薯大田灌溉系统、宣传试验站与示范中心建设成果、促进中国热科院与刚果（布）农牧渔业部之间的合作关系、保障试验站建设的可持续性。

根据本次任务，蔬菜项目完成了 1 亩叶菜类、瓜类、茄果类蔬菜的育苗工作，完成了 20 亩设施蔬菜大棚喷灌系统的检查、修理，土地的开垦、翻耕、整地等工作，完成了瓜类、叶菜类和甘蓝类蔬菜定植，检查验收了设施大棚项目等。举办了一期“蔬菜种植技术培训班”，培训学员 20 名，使试验站工作人员掌握了必要的蔬菜种植理论知识，为蔬菜项目可持续发展奠定了基础。

根据任务书要求，木薯项目完成了 5 公顷优良品种扩繁任务，主要品种为 V-130 和 K-265，为优良木薯品种保存和推广创造了条件。由于时值当地旱季，新种的木薯种茎面临干旱危险。为了改变现状，木薯项目组组织工人完成了 3km 长明渠清淤和 4km 长田间渠道挖通工作，确保木薯在旱季的大田灌溉。

### （二）主要活动

出访人员抵达刚果（布）后，积极开展工作，整治试验站办公、生活、种植与养殖区环境，检查相关项目完成情况，实施蔬菜种植和木薯扩繁项目，完成一期“蔬菜种植技术培训班”，了解养殖企业经营现状和刚果（布）畜禽市场，迎接来访领导和专家莅临指导，考察意向合作中资企业营地，调查收集当地资源，圆满完成了本次出访任务。

**1. 整治试验站环境，检查相关项目完成情况**

一是试验站环境整治情况。

5 月 16 日抵达试验站后，访问团专家即刻着手试验站环境整治。先安排工人对办公区、生活区、蔬菜种植区和养殖区杂草进行清理。由于面积大、人手有限，为了加快进度，有时周末也不停歇。两周后，杂草清理工作基本完成，清理面积达 50 亩。6 月 5 日上午，农业农村部相关部门领导及随行专家前来试验站考察前夕，试验站面貌焕然一新，试验站环境和设施设备得到领导和专家们的肯定。随后，对成果展厅和培训课室内部环境进行整治。在成果展厅，布置了中国热科院科研与成果大图、品资所科研与成果大图、试验站近年来试验、示范、推广、合作与交流等成果挂图，使刚方来访人员了解中国热带农业科学院科研领域与成果，使中方来访人员了解试验站过去取得的成果。在培训课室，布置了示范中心技术合作期以来历次培训班图片。这些培训图片告诉人们，在过去的 6 年时间里，示范中心和试验站在技术培训和推广方面取得的成果。另外，对学员生活区环境卫生进行了整顿。学员宿舍卫生平常基本不打扫，只有举办培训班学员入住时才打扫，结果导致室内卫生脏乱差，蟑螂、蚂蚁、壁虎、老鼠粪便到处都是。为了改变现状，要求卫生工作人员每周完成一遍打扫。如此周而复始，从而做到室内卫生保持清洁。学员生活区室外环境卫生主要对草皮缺失出现积水的地方进行填埋沙石处理，保障了学员生活区外部环境卫生。

二是检查相关项目完成情况。试验站近期先后对大门、围墙和办公楼一楼进行了粉刷，更换了专家和学员生活区的抽水马桶配件，调整了专家生活区生活用水线路，更换了设施大棚棚膜。为确保项目质量，访问团成员对项目质量进行了检查验收，并对相关项目提出了整改要求，确保了工程质量。

**2. 举办了一期培训班**

6 月 10 日，在试验站举办了“蔬菜种植技术培训班”开班仪式。刚果（布）农牧渔业部农业技术示范中心主任保尔先生、品资所中刚项目办公室周泉发、示范中心主任黄小明、品资所蔬菜专家党选民研究员、中资企业合作伙伴及示范中心的 20 名工人学员参加了开班仪式。

本次培训班为期 4 天，由党选民研究员主讲，培训采取理论结合实践教学模式，紧紧围绕本地蔬菜生产现状和发展需要，内容主要包括：蔬菜种类和分类、蔬菜栽培基础知识、种子处理、育苗技术、水肥管理技术、主要病虫害识别与防治防治方法。

保尔先生说，本次培训班是示范中心第一次对自己的当地员工实施系统蔬菜种植技术培训，对提高员工的技术水平和示范中心商业化运营具有重要意义，对蔬菜种植技术推广和提高当地蔬菜产量具有积极意义。

学员班长安德烈说，示范中心技术合作项目三年期间，蔬菜、木薯、玉米、蛋鸡、生猪等项目都取得了很好的成绩，得到刚果（布）政府和社会各界的好评。目前，示范中心虽然经历了商业化运营的短暂曲折，相信通过中国热带农业科学院专家的努力和新的合作企业的进入，示范中心将步入一个崭新的发展阶段。

**3. 完成了试验站 1 亩叶菜类蔬菜育苗、20 亩瓜类、叶菜类和甘蓝类蔬菜种植工作**

为充分发挥试验站设施大棚的作用，专家抵达刚果布后，克服多种困难，对蔬菜基地的大棚、喷管系统、鲁瓦河抽水泵站、渠道进行了全面检查和修理，及时清除了泵站淤泥和输水管道的杂物，修缮了抽水水泵，保证了灌溉系统的通畅。同时，带领工人对 20 亩蔬菜基地进行了开垦，包括铲除杂草、挖地翻地、整地做畦。为保证蔬菜种植成功，对甘蓝、菜心、小白菜、大白菜、芥菜、油麦菜、茄子、辣椒等蔬菜进行了育苗，育苗面积 1 亩。克服没有营养钵（袋）、穴盘的困难，采取热水烫种、催芽等手段，对西瓜、甜瓜等瓜菜采取了直接播种的技术措施和适龄带土移栽，上述育苗的蔬菜秧苗 20 亩。经精细管理，目前示范中心 29 栋蔬菜大棚全部种上了蔬菜，且目前蔬菜长势良好，种植的叶菜类不久即可采收。

**4. 完成了 5 公顷优良木薯品种扩繁任务**

根据任务书要求，木薯项目完成了 5 公顷优良品种扩繁任务，主要品种为 V-130 和 K-265，为优良木薯品种保存和推广创造了条件。由于时值当地旱季，新种的木薯种茎面临干旱危险。为了改变现状，木薯项目组组织工人完成了 3 千米长明渠清淤和 4 千米长田间渠道挖通工作，确保木薯在旱季的大田灌溉，为优良品种保存和未来在刚果（布）大面积推广创造了条件。

**5. 农业农村部外经中心领导一行莅临指导工作**

6 月 5 日上午，农业农村部外经中心杨易主任连同培训工作人员一行五人来到试验站，先后参观了展览厅、课室、办公室、会议室、娱乐室、学员宿舍、专家宿舍、车库、蔬菜种植区、木薯种植区、饲料加工区、养殖区，详细了解了示范中心现状。杨主任要求示范中心结合受援国需求，开展试验示范推广和商业化运营。他说，在所有的示范中心里，咱们这个示范中心的设施设备是最好的。

随行的中国农业大学刘继军教授、杨富裕教授和翻译停留时间较长，并与中心专家和工人进行了交流。对养殖技术表示肯定，对木薯技术推广和项目申报提出了合理建议。

访问团人员回答了杨主任对示范中心关切的问题，如示范中心目前种植面积、现有工人人数、现有合作企业与运营状况、专家人数、近年来执行的项目等，并提出了示范中心存在的现实问题。

**6. 考察中资企业营地**

由于深圳运通力达实业有限公司近期与品资所频繁接触，力争实现与品资所在示范中心开展合作。应该公司刚果（布）分公司执行总经理王佳梁的邀请，5 月 31 日，访问团成员周泉发、党选民在百忙之中抽时间考察了该公司地处刚果（布）第三大城市多利基的 2 万公顷土地产业区营地。营地刚刚推平，由于打井尚未出水，其他工作尚未铺开。为了不影响生产，该公司先与邻近的一家中资企业合作，利用对方的土地开展蓖麻试种和腰果种苗培育，目前开垦土地 600 多公顷，试种蓖麻 300 多亩，取得一定成效。

通过实地考察，了解了该公司的未来产业方向与合作意图，并据此编写了汇报材料，供品资所领导参考。

**7. 其他活动**

在刚期间，访问团接待了一些中资企业代表，如中国电建集团布拉柴维尔总部管理人员、个体私营企业主、大学专家、中国援刚果（布）广播电台专家、品资所赴刚果（布）执行培训任务的专家等，听取了他们经营示范中心的意向、发挥示范中心公益职能的建议及项目申报途径等，交流了感情，得到了启示，对试验站和示范中心开展工作颇有好处。

## 二、主要收获与成果

访问团出国 31 天期间，完成了国际合作与交流项下试验站蔬菜项目和“一带一路”试验站木薯优良品种扩繁项目，举办了一期“蔬菜种植技术培训班”，培训学员 20 名，考察了示范中心设施设备现状，考察了深圳运通力达实业有限公司刚果（布）分公司产业化生产营地，调查分析并收集了部分当地资源，圆满完成了本次出访任务。

### （一）完成了两个项目任务

完成了 20 亩瓜类、叶菜类和甘蓝类蔬菜种植和 1 亩各类蔬菜育苗工作，完善了技术规程和劳动纪律。举办了一期“蔬菜种植技术培训班”，培训学员 20 名。完成了 5 公顷两个木薯优良品种扩繁，清理了灌溉渠道。

### （二）完成了试验站环境整治

清理了试验站院内外 50 亩土地面积的杂草，在展览室和培训课室布置了宣传挂图，定期清理学员宿舍，使试验站环境卫生得到较大改善。

### （三）维护、修缮试验站设施设备

对试验站大门、围墙和办公楼粉刷、蔬菜设施大棚棚膜更换、专家生活区用水管道修改等项目实施检查验收。维修了试验站越野车，将长期停留在服务区的东方红拖拉机拉回到办公区。对鲁瓦河泵站进行了检查维修，使原来仅有一台泵出水增加到了两台泵出水。

### （四）考察中资企业营地

考察了运通力达实业刚果（布）有限公司产业营地，编写了汇报材料。

### （五）接待了农业农村部相关部门领导、专家

回答了领导和专家对示范中心现状与未来发展的关切问题，汇报了刚果（布）经济现状与示范中心合作企业经营现状，汇报了示范中心近两年来的工作及存在的现实困难。

### （六）收集了4份热带作物资源

收集了热带水果和热带花卉种子4份，充实了热带作物种质资源库。

## 三、工作意见和建议

通过本次刚果（布）之行，并与未来合作企业接触，了解了企业的需求，明确了示范中心可持续发展和公益职能的落实方向及试验站未来工作努力的方向。热科院与品资所需充分发挥示范中心和试验站优势，在非洲拓展发展空间。

### （一）以项目为支撑，继续做好现有作物种植和畜禽养殖技术培训

刚果（布）经济现状已经无力支持农业技术培训项目，对国际组织和热科院的支持翘首以盼。由于示范中心平台已经搭建11年，试验站平台也搭建了3年，与刚方政府的合作日趋娴熟，花费少量的资金可以办成大事，收到很好的社会效应，使农民得到真正的实惠，缓解当地粮食安全压力，实现示范中心和试验站建设初心。

中刚两国关系发展良好。2016年7月，两国关系提升为全面战略合作伙伴关系；今年6月全国政协主席汪洋非洲之行首个国家成功访问刚果（布）。良好的政治关系期待良好的经济合作，热科院有理由在刚果（布）有更大的作为。

### （二）以项目为支撑，配合企业，对示范中心基础设施、设备进行修缮

示范中心基础设施建设到现在已经11年，许多设施、设备出现老化和被偷盗现象，需要尽快修缮。否则，就连基本的生活都将难以为继，如水塔、泵站、专家与学员宿

舍等。

本次借助两个项目对部分设施设备进行了修缮，但仍无法从根本上改变现状，且资金捉襟见肘，因此，仍需要继续投入。

**（三）以农业试验站为平台，申报项目，派送专家，加强项目建设**

最近两年，示范中心没有真正的项目专家在岗。今年 6 月，刚刚派去一名木薯专家。专家太少，试验站建设几乎成为空话。必须根据刚方需求及我方实际，找准试验站项目，经常性地派送专家，使技术得到不断巩固和本土化，使试验站建设名副其实，成为热科院“走出去”的亮丽名片。

**（四）鼓励更多企业“走出去”**

示范中心商业化运营与可持续发展要求企业“走出去”，做“真金白银”的投入。但企业始终是追逐利润的实体，在目前刚果（布）经济下行，投资项目难以明确的情况下，企业的投入存在较大风险。因此，需要我们借助示范中心和试验站平台把许多工作做在前头，如具有良好效益的种养殖项目和良好的基础设施、设备。

（出访团成员：周泉发、党选民）

# 赴刚果（布）开展援外培训项目的情况报告

经农业农村部批准，中国热带农业科学院周汉林研究员一行6人于2018年5月4日—6月8日，分两批次赴刚果（布）执行实施援外培训项目。

## 一、出访基本情况

### （一）目的和意义

刚果（布）农业发展历史悠久，但当前面临一些困难，中国政府秉承“授人以鱼不如授人以渔”的理念，推动“一带一路”倡议，此次培训班由商务部主办，农业农村部承办。受农业农村部委托，中国热带农业科学院派遣农业专家赴刚果（布）开展农业人力资源培训，通过实地考察和与当地相关技术人员交流，找出制约农业发展的关键点，并将中国现有先进技术传授刚果（布），帮助提高当地农业发展水平，培训课程分为蛋鸡生产和肉牛养殖两个部分，通过理论课程和实践操作课程相结合，致力于提升刚果（布）养殖技术水平。

此次项目的顺利开展，不仅促进了双方在技术层面的交流，改善刚果（布）农业现状，加速农业发展，也将促进中刚友谊的健康发展。

### （二）主要活动

在为期一个月的考察培训过程中，中方专家组先后参观了刚果（布）大型蛋鸡养殖基地，肉牛养殖场，中小型肉牛养殖户，并与其座谈，详细交流了目前养殖存在的问题和困难。此外，按照培训计划要求，中方专家组先后完成了蛋鸡养殖和肉牛养殖的相关培训任务，其中蛋鸡课程学员40余人，肉牛课程学员60余人，分别来自刚果（布）农业部门，技术官员和中小型养殖技术人员，通过双方深入交流，基本掌握了刚果（布）目前的养殖现状。

参观的该国大型蛋鸡养殖场，有部分现代化设施，有标准化厂房，具有一定生产规模，但是现存问题是技术的普及与饲养成本，由于该国经济等原因，国民收入水平低，饲料依赖进口较多，因此很大一部分人不能消费。

培训期间，参观了几个肉牛养殖基地基地，主要存在问题就是规模较小，养殖方式以放牧为主，过于依赖自然条件，牧草旺季时候肉牛可以得到良好的养殖效果，但是牧草淡季时候，体重等会明显降低，此外，没有疾病预防措施或预防水平低下，在参观的过程中，我们注意到很多牛患有皮肤疾病——蜱虫病，给肉牛健康带来极大威胁。对于小型农户，主要问题是养殖时间过长，其中部分肉牛已经 7 岁，饲养效率极低，无法达到经济效果，此外由于农户技术水平受限，近亲繁殖的情况尤为严重，这也给当地肉牛品种和健康发展带来严重的隐患。

在培训的过程中，边授课边与农户进行交流，并组织座谈，来自各地的技术人员和农户积极发言，讲述了自身在养殖过程中存在的诸多问题，专家组也一对一进行现场解答和指导，另外，组织了现场教学实践操作一次，现场对牛的采血，布病检测，安装鼻环等基础操作进行现场教学，得到了学员们的积极回应，并主动动手操作。

在为期 30 多天的培训过程中，专家组完成了蛋鸡和肉牛的全部课程，培训蛋鸡技术人员 40 余人，肉牛技术人员 60 余人，培训效果得到了当地负责人和学员们的认可。

## 二、主要收获与成果

### （一）对刚果（布）蛋鸡生产有了进一步了解

**1. 商品蛋鸡**

刚果（布）商品蛋鸡存栏量在 25 万羽左右。但养殖比较分散，大型养殖户比较少，主要集中在新农村，饲养规模大概 5 万羽。布拉柴维尔市区散养户大概 10 多家。多利吉、金卡拉、黑角、奥约等地也有少量分布，主要蛋鸡品种主要有海兰褐、伊莎褐等全部从国外引进，由于缺乏资金，养殖技术和基础设施落后，无法对蛋鸡进行品种改良，大部分一直进行散养，产蛋率极低。

**2. 蛋鸡种鸡**

刚果（布）国内尚无蛋鸡种鸡饲养，商品蛋鸡苗供应不足，几乎全部靠进口，蛋鸡苗价格高达1 000非郎/只（相当于 10 元/只，我国国内蛋鸡苗 3. 5 元/只）。

**3. 饲料**

饲料加工业落后短缺，蛋鸡饲料主要原料如玉米、豆粕等原料以及鱼粉、麦麸、氨基酸、维生素、微量元素、钙石粉等其他小料匮乏，主要靠进口，本国种植面积和产量严重不足，基本靠国外进口，导致市场上出售的饲料原料和全价配合饲料价格偏高，而且供应不足，且质量不稳定，造成刚国内饲养蛋鸡产蛋率普遍低下，生产成本高，养殖效益低下。

**4. 饲养管理技术与疾病防控措施**

多数养殖户养殖方式简单粗放，主要是小规模混合散养，饲养管理技术落后，无系统防病治病的概念，各种疾病常有发生，主要有禽流感、新城疫、传染性法氏囊炎、马立克、霉形体、传染性鼻炎、球虫病等，现阶段国内严重缺乏先进的蛋鸡饲养管理和疫病综合防控技术示范培训推广。

**5. 蛋鸡养殖的上下游整个产业链短缺严重**

产业链非常不完善，产、供、销脱节，相互制约，养殖业配套农资、机械设备、药品等其本国内几乎无法满足需求，进口物资昂贵，造成养殖成本偏高，收益微薄，国内养殖积极性普遍不高。

**6. 大规模集约化养殖企业数量不多**

缺乏大规模集约化养殖企业，短期内难以起到养殖新观念、新技术、新模式的普及和良性市场培育方面应该有的带头引领作用。

**（二）总结了刚果（布）肉牛养殖存在的问题**

通过对肉牛养殖厂，中小型农户的实地考察和培训过程中与学员的交流，总结了刚果（布）肉牛养殖体系存在的主要问题如下。

**1. 草场资源利用不足**

刚果（布）具有大面积的草场资源，连片的大面积草场很多，是天然的牧草，但是均处于未开发状态。

**2. 资金缺乏，国家支持养牛政策少**

由于国家财政严重依赖石油出口，近年来由于国际油价下跌，导致整个国家财政困难，人民生活贫困。人们想养牛，但是没有资金购买种牛，政府虽然也有一些扶持农民养牛政策，但是扶持力度不大，范围不广。导致很多地方有大片土地，但是农民却没有钱买牛，所以养不起牛。

**3. 兽药、疫苗、劳动工具等农资不足**

由于缺乏国家政策性引导，农业保护政策不足，刚果（布）全境肉牛养殖基本属于诸多小农的自发行为。国家财力有限，无力开展农业科研和兴建农资企业，几乎没有自己的兽药、疫苗生产，在县、市一级兽药、疫苗销售几乎为零。

**4. 缺乏农业生产技术**

在国家财政无力支撑农业科研的状况下，刚果（布）小农经济形式下的肉牛养殖只能依靠法国殖民时期留下来的肉牛养殖技术或者现在从巴西等国家进来的养殖人员技术，但由于缺乏相对于的培训，从法国、巴西的肉牛养殖技术只能在生产者中小范围传播，而想从事肉牛养殖的农民，不知从何处获取养殖技术，养殖技术缺乏。

**5. 缺乏产业体系，产业链条不全**

刚果（布）肉牛养殖除了有养殖场外，其他例如兽药、疫苗，饲草饲料种植、改良，肉牛品种推广、改良，肉牛销售、屠宰、加工等与肉牛养殖息息相关的产业链条几乎没有，没有自己独立而完整的产业体系。

**6. 农业人口缺乏消费能力，固守传统消费习惯**

20 世纪 90 年代以前，刚果（布）政局动荡，投资商资金纷纷撤离本土，外国投资商更是望而却步，导致全境实业凋敝，大量城市人口失业。土地国有化使许多农民只能在自己的房舍周围放火烧荒，违法占用国有土地进行生产。由于得不到国家补贴，缺乏形成规模生产的能力，农产品难以获得效益，形成了农村劳动力相对过剩的现象。整个国家购买力较低，很多农民只能依靠种植和消费木薯为生，其他肉类只能依靠野生的鱼类和野生动物，畜禽产品只能依靠少量从国外进口的价格较低的鸡肉，牛肉等肉类消费较少。

## 三、工作意见和建议

### （一）合作开办饲料厂，加强培训（蛋鸡）

鼓励在刚中国养殖企业在刚果（布）开办饲料厂，满足刚果（布）蛋鸡饲料供应不足的问题。同样可利用刚果（布）农业技术示范中心现有的饲料加工成套设备加工饲料，在满足自身需要的同时，供应周边养殖户。多开展蛋鸡养殖技术培训班，逐渐改变当地养殖户的落后的养殖观念和消费观念。建议政府机构加大对玉米、大豆等主要作物在优势区域大规模规划引导种植的决策力度，同时在土地、农业基础设施建设、金融、财政方面进行重大改革，加大农业方面政府投入，出台更多鼓励农业养殖业生产、加工、销售等促进农业全产业链全面振兴发展的灵活优惠政策举措，重视对外招商引资，寻找契合点与我国展开深入合作。

### （二）引进中国企业，开展肉牛养殖和产品加工，产品出口中国（肉牛）

刚果（布）应出台相关的优惠政策，鼓励中国企业进驻刚果（布）发展肉牛产业，从肉牛养殖、屠宰加工、饲草饲料生产和兽药疫苗生产等方面发展刚果（布）肉牛产业，带动农民开展肉牛养殖。刚果（布）应与中国政府协调，将刚果（布）作为中国牛肉供应和生产基地，将刚果（布）生产出来的牛肉销往中国市场，满足中国市场对牛肉日益增加的需求量。

**（三）加强肉牛养殖技术输入（肉牛）**

为了扩大影响力，中国政府应从技术层面上对刚果（布）肉牛养殖加强影响，派出专家在刚果（布）从事肉牛养殖技术培训和技术指导，帮助当地农民和养殖场建立肉牛养殖技术体系，推广中国先进的肉牛育肥等生产技术，提高当地肉牛养殖技术水平。

（出访团成员：周汉林、孙卫平、荣光、唐军、李义书、吕仁龙）

# 赴刚果（布）开展木薯生产与加工及热带果树种植技术海外培训班的情况报告

2018 年 6 月 14 日—7 月 7 日，中国热带农业科学院陈业渊研究员一行 8 人赴刚果（布）高原省恩戈市开展“2018 年刚果（布）木薯生产与加工及热带果树种植技术海外培训班”。

## 一、出访基本情况

### （一）目的和意义

为提高刚果（布）当地木薯生产与加工及热带果树种植技术水平，由商务部主办，中国热带农业科学院（简称中国热科院）承办的“2018 年刚果（布）木薯生产与加工及热带果树种植技术海外培训班”，于 2018 年 6 月 16 至 7 月 5 日在刚果（布）高原省恩戈市举办，共有来自普尔、高原、盆地 3 省区 14 个县市的农业技术员，以及恩戈市下属 15 个村落的木薯和果树种植户，总计 214 人参加了培训，其中木薯学员 129 人，果树学员 85 人。在商务部、农业农村部和海南省商务厅等相关部门的指导和协助下，中国热带农业科学院精心准备和周密安排，完成了各项预定教学培训计划，实现了预期培训目标。

### （二）主要活动

#### 一）与中外项目主管部门沟通汇报

**1. 专家先遣组拜会刚果（布）农业、畜牧业及渔业部**

6 月 15 日，专家先遣组陈业渊、欧文军、张振文、黄小明、闫庆祥、游雯一行 6 人到达刚果（布）首都布拉柴维尔。当天中午 12 时，专家组一行拜会了刚果（布）农业、畜牧业及渔业部。受刚果布农牧渔业部部长先生委托，MAEP 办公厅主任会见专家组一行，并向全体专家组表示欢迎，对中国热带农业科学院在援刚农业技术示范中心工作的表示高度认可。他谈到，在刚过去的一个月里，中国政府在奥尤市举办了一期主题为“畜牧养殖的农业培训班”，效果很好，刚方政府和参训学员也很满意。对本期木薯和热带果树的培训，向中国政府和中国专家组表示感谢，同时也期待能取得更好的效果，将中国的农业生产经验和技术推广到刚果（布），从而受惠于刚果（布）的百姓。

陈业渊所长代表专家组一行对办公厅主任的接待表示感谢。陈所长提到中国热带农业科学院在刚果（布）承建的中国援刚果（布）农业技术示范中心，为中国热带农业科学院和刚方农牧渔业部建立密切的合作关系和深厚友谊作出重大贡献，示范中心俨然已成为中国政府开展对刚农业技术培训的新平台。目前示范中心进入可持续发展阶段，希望能通过刚方政府、中国使馆、中方企业和中国热带农业科学院科技人员的共同努力，将示范中心打造成为在刚农业技术转移、示范、培训的一个长期稳定的平台，以科技支撑刚果（布）农业产业的发展。

**2. 专家先遣组拜会刚果（布）高原省恩戈县县长**

经过连夜赶路，专家组于6月15日晚达到刚果（布）高原省恩戈县。第二天，6月16日上午8时，前往培训所在地政府拜会恩戈县县长 Aloise OMANBI 先生。县长先生对专家组的到来表示非常欢迎，并表示恩戈是刚果（布）高原省的重要农业生产区，目前当地农业生产水平仍然十分落后，农户对农业种植、加工技术的需求强烈，中国专家的到来给他们带来生产上的希望。

陈业渊所长代表专家组感谢恩戈县对本期培训班组织工作的支持和配合，并承诺会将培训内容紧密结合到当地农业生产的实际中，为当地农业发展带来“及时雨”。同时，专家组向县长赠送了由中国热带农业科学院研发的菠萝麻纤维服装，受到了在场官员的一致赞叹，同时也感叹科技的力量，他们希望未来的刚果（布）也能尽快走上科技改变生活的道路。

**3. 专家先遣组拜会刚果（布）高原省恩戈县首府恩戈市市长**

6月16日上午9时，专家先遣组一行来到市政府，拜会恩戈市市长 Sylvia NGAKABI 女士。市长女士对专家组的到访表示欢迎，同时简要介绍了恩戈市的人口面积情况。她提出，恩戈市位于北方省区的十字路口位置，地理位置特殊，希望能在中刚两国政府合作的示范中心基础上，在恩戈市建立中刚农业技术培训分中心，扩大两国农业合作的平台和网络布局。陈业渊所长对市长女士的接待和对培训工作的精心安排表示感谢，对未来的合作建议将会在本期培训总结报告中附上并反馈给中国政府相关部门。

随后，专家组一行就本期培训班的组织和实施安排向市长女士做汇报。

**4. 拜会中国驻刚果（布）大使馆经济商务参赞处**

6月21日，陈业渊所长代表专家组拜会中国驻刚果（布）大使馆经济商务参赞处（简称经商处）。陈业渊所长就近期，中国热带农业科学院依托中国援刚果（布）农业技术示范中心平台，开展一系列公益性工作做汇报。杨佩佩参赞表示，刚结束的畜牧产业班及正在进行的木薯产业班，都已得到刚果（布）广播、电视、报纸等媒体的广泛宣传报道，得到了刚方政府的高度肯定和社会的广泛认可，取得了良好的社会效益和技术传播效果。希望今后能继续由中国热带农业科学院承担相关的农业公益性援助工作，更好地把示范中心的作用和功能发挥出来。

同时，陈业渊所长做示范中心可持续运行工作汇报。

**二）举办热带农业科技成果展**

为宣传我国热带农业科技成果，扩大我国热带农业对外影响力，中国精心准备科技展板和科技产品，并有专家先遣组随行托运带往培训现场。共展出科技展板 8 个，科技产品 200 余件，各式外文宣传册和技术读物 24 册。成果展内容吸引了开班结业典礼的特邀嘉宾及参训学员，尤其对热带作物茎秆纤维提取技术、热带水果加工技术、木薯主食化加工技术等频频提问。

**（三）重大活动**

**1. 开班仪式**

6 月 16 日上午 10 时，2018 年刚果（布）木薯生产与加工及热带果树种植技术海外培训班在刚果（布）高原省恩戈市开班。刚方代表农牧渔业部国际合作司司长 Roselyne Dibala Ilendo 女士、高原省恩戈县县长 Aloise OMANBI 先生、恩戈市市长 Sylvia NGAKABI 女士、示范中心刚方主任 ONGOUALA Paul 先生，中方代表中国热科院热带作物品种资源研究所陈业渊所长、木薯产业技术体系专家代表、中国热科院常驻示范中心代表及 150 名学员代表参加开班典礼。

开班典礼上，陈业渊所长向学员们简要介绍本期培训班的背景情况和中国热科院概况，希望参训学员能通过培训，把所学运用到实践，创新农业技术发展。

刚方农牧渔业部国际合作司司长 Roselyne Dibala Ilendo 女士表示，本期培训班的主题契合国家发展规划框架下的重点领域和目标，有助于帮助实现国家粮食和营养安全。

恩戈市市长 Sylvia NGAKABI 女士希望培训班的学员们能努力学习，用中国的知识和经验来改变恩戈地区农业生产的现状，同时也感谢中国政府的援助和中国专家的工作付出。

本期培训班为期 20 天，将分别为当地培训木薯和热带果树的技术人员和农户共 200 名，是中国热科院承担商务部援外培训工作中学员规模最大的一期海外培训班。培训班采用理论课堂、实操实训、分组讨论和交流研讨等方式，丰富培训内容，扩大培训成果。

**2. 结业典礼**

7 月 5 日上午 9 时，由商务部主办，中国热科院承办的 2018 年刚果（布）木薯生产与加工及热带果树种植技术海外培训班结业仪式在高原省恩戈市举行。中刚政府代表、承办单位代表、恩戈市地方官员参加结业仪式并为学员颁发证书。结业仪式后，中国驻刚使馆经济商务参赞接受刚主流媒体群访。

此次海外培训班于6月16—7月5日举行，为期20天，中国热科院先后派出木薯及热带果树高级专家9名，培训刚方技术人员和农户共计214人。培训内容结合刚方实际培训需要、当地条件和农业特点，围绕热带农业科技发展和国际合作现状、木薯、热带果树的种植与加工技术等方面开展专题讲座，并在中国援刚果（布）农业技术示范中心进行实地考察。培训效果得到刚方政府、学员和媒体的一致认可。

据悉，恩戈市位于刚果（布）北方，距首都布拉柴维尔约200千米，毗邻北部畜牧区，当地气候干旱少雨，木薯是其主要粮食作物。当地农业发展缺水问题严重，技术普及率低，由此造成作物低产、低质，更为严重的是木薯浸泡加工工艺因为缺水，存在严重的食品安全问题。本期培训不仅通过理论实践传授技术，同时也针对性的为当地农业发展提出可操作性的发展建议，包括鲜木薯片加工、杧果高冠换种、菠萝吸芽种植、有机肥料准备等。

**3. 产业调研**

6月27日，在培训班学员NGAKILI Gilbert的邀请下，中国专家组和全体学员驱车到5千米外的木薯种植地考察，并现场交流木薯种植和加工技术问题。根据介绍，恩戈当地的木薯主栽品种为Adèle甜木薯，该品种抗花叶病，有较高产量，但种植较为粗放，一般开荒种植一年后转移另外一块地，撂荒7~10年时间来恢复土壤肥力；木薯粗加工在原地进行，通过挖土坑，盛水，浸泡木薯块根5~7天，木薯皮自然脱落后，薯块捞出自然晾晒。学员们纷纷就木薯浸泡加工过程存在的问题提出：①恩戈市严重缺水，旱季收获后浸泡木薯用的水需要用交通工具从外地运来，增加农户生产成本；②这种浸泡发酵的水几个月都不更换，导致浸泡的水发臭、发黄和产生气泡，不仅导致木薯粉（发酵型）品质不好，给食品安全带来极大危害；③大面积种植需要请人工开荒、拖拉机整地，平均1公顷需要投入16万非郎（约折合人民币1 600元）做种植前期准备工作，而产出方面，1公顷土地能生产50袋发酵型木薯粉（120千克装），平均每袋1.8万非郎（不含收获和运输成本），经济利润有限。

专家根据现场实际情况结合学员们的问题，向学员们提出生产建议，一是多采取间作方式，在保证木薯作为主粮生产的同时，尽可能通过间作经济作物实现更多的收入；二是加工方面采用木薯干片加工方式，省去木薯浸泡发酵环节，提高木薯粉质量；详细解释浸泡过程存在各种缺陷的主要原因，同时取样，待检测分析后向学员们进一步分享和反馈给当地政府。

**4. 学员回访**

中国热科院自 2007 年承担中国援刚果（布）农业技术示范中心项目来，通过平台，开展系列培训及示范推广工作，2012 年至今累计在当地举办各类中短期培训班 17 期，培训当地政府官员、技术人员和农户共 1 416人。中国专家传授的技术纷纷在刚果（布）各省区得以推广应用。中国援刚果（布）农业技术示范中心，为中国热科院和刚果（布）农牧渔业部建立密切的合作关系和深厚友谊作出重大贡献，示范中心已成为中国政府开展对刚农业技术培训的新平台。

利用本期海外班举办的机会，我们对部分木薯种植学员开展培训回访，重点记录信息如下。

学员：Alphonese NLANDOU

2015 年赴中国海南参加由中国热带农业科学院组织的非洲法语国家木薯生产技术培训班，学成回国后，他为农户提供农业生产建议。目前，他负责着 5000 户农户的农业生产帮扶工作（每户平均 5 人）。为了帮助提高农户的产量，他向农户推广的技术有：①木薯间作技术（包括木薯+大豆，木薯+蔬菜，木薯+果树等）；②木薯病害防治；③木薯健康种茎的选择等。通过技术推广，目前他负责的片区农户普遍从产量 8 吨/公顷提高到 14 吨/公顷，选种的品种主要有 I93/0029，I93/0162，I93/267。本次来参加培训的恩戈市也是他健康木薯种茎推广的服务片区之一，目前在恩戈市有 45 公顷的木薯种植地采用的是他提供的健康种茎。

目前，FAO、FIDA 分别与他签署木薯健康种茎繁育合作合同。2015 年、2016 年 FAO 出资，由他负责健康木薯种苗繁育，每年扩繁 30 公顷健康木薯种茎并免费提供给全国各省区的木薯种植户使用；2016、2017 年 FIDA 出资，由他分别扩大 10 公顷和 15 公顷健康种茎种植面积。

## 二、主要收获与成果

### （一）培训内容实用性强，受众面广

专家组通过现场考察和走访，实地了解当地农业发展现状，在前期准备的培训教材中增补完善对象国的图片和文字信息，并提出应对举措，极大提高培训内容的针对性，并成功吸引许多旁听学员，最终培训总人数超计划数。

### （二）对象国政府重视，对外宣传内容丰富

刚果（布）境外班全程得到当地主流媒体的跟踪报道，电视台、广播和报纸均有报道，特别是结合木薯加工培训，中国热科院在现场组织的木薯鲜粉加工、木薯食品烹

制和品尝，当地政府官员评价说，刚果（布）长期接受国际组织和发达国家的木薯援助，这是第一次得到这种直观而且有操作性的培训。

### （三）对外援助与科研创新工作紧密结合

专家组结合培训需求调研，在户外工作时，认真开展当地种质资源调查研究，针对当地优异种质资源，有针对性地取证、记录并落实后续观察，为今后热带作物科技创新提供丰富的种质资源素材。同时，针对非洲木薯花叶病和刚果（布）恩戈地区木薯加工问题，中方专家搜集资料，取样分析，可为今后木薯共性问题研究提供丰富的资料。

### （四）学员回访工作有成效

中国热科院自2004年开始承担各类国际培训工作，先后举办热带农业主题培训班近80期，培训了亚非拉等90多个国家的3 000多名学员。利用境外培训班工作机会，专家组对所在国的部分学员进行回访，我们了解到大部分学员学有所用，详见学员回访章节内容。

### （五）援刚果（布）农业技术示范中心可持续发展推进工作有进展

利用刚果（布）境外班举办机会，中国热带农业科学院与刚农牧渔业部就推进上述示范中心的可持续运营工作达成下一步合作共识，并共同与合作企业签署三方会谈纪要。下一阶段，示范中心将按本次会谈内容，开展分工协作。

## 三、工作意见和建议

### （一）需要授课老师综合能力强

境外班组织实施模式区别于来华培训，外派专家人数有限制，这就要求在有限的培训工作者中，每一位老师专业综合能力要强，能综合解答学员的生产问题；是生活的多面手，完成培训工作的同时，要照顾好日常生活起居；是合格的外交官，有效代表国家执行援助任务。

### （二）做好培训前的物资准备

境外培训现场条件无法得到有力保障。境外班多数是在发展落后国家，当地基础设施条件落后，电力、网络得不得保障，为培训工作的组织实施带来难度。建议做好培训前的物资准备，有效应对当地由于基础设施带来的不便。

### （三）做好疾病防疫及自我保护

非洲国家疾病虫害问题严重。虽为专家组做好各种应急和预防准备工作，但是还会有突发情况发生。本期刚果（布）境外班有一名同志发生虫咬并皮下生虫，目前无大碍。建议做好疾病防疫及自我保护。

（出访团成员：陈业渊、欧文军、张振文、魏守兴、贺军虎、黄建峰、黄小明、游雯）

# 赴科特迪瓦执行热带作物资源调查评价任务的情况报告

应科特迪瓦国家农业研究中心（Centre National de Recherche Agronomique，CNRA）主任 Wongbé 博士的邀请，中国热带农业科学院郝朝运研究员一行 5 人于 2018 年 7 月 23—31 日赴科特迪瓦执行热带作物资源调查评价任务。

## 一、出访基本情况

### （一）目的和意义

科特迪瓦农业占其 GDP 总量的 27.9%，主要种植可可、咖啡、橡胶等经济作物，资源类型丰富。本次出访的目的是为执行 2018 年农业农村部农业国际交流合作项目“一带一路”热带国家农业资源联合调查与开发评价”和中国热带农业科学院基本科研业务费专项资金项目“科特迪瓦咖啡可可种质资源联合调查与鉴定”任务，调查评价科特迪瓦可可、咖啡等种质资源现状，摸清科特迪瓦主要经济作物产业现状，为支撑热带农业科技“走出去”，服务国家“一带一路”倡议提供第一手资料。

### （二）主要活动

考察组一行拜会了中国驻科特迪瓦大使馆经商处经济商务参赞孙亮，随后与 CNRA 主任 Wongbé 博士进行座谈交流，在 CNRA 中心国际合作事务负责人 Adiko 博士的带领下，与中心相关科技人员一起赴迪沃（Divo）、达布（Dabou）、梅姆尼（Memni）地区联合开展可可和咖啡等农业资源及农业生产现状调研，与相关课题组进行交流，了解了科方可可、咖啡资源保存利用、种植栽培、产品初加工等领域研究进展。

考察组拜会了中国驻科特迪瓦大使馆经商处经济商务参赞孙亮，就与科特迪瓦热带农业科技合作事宜进行汇报与交流。郝朝运同志首先向孙亮参赞简要介绍了中国热带农业科学院和香料饮料研究所的基本情况、科技“走出去”成效，以及与 CNRA 前期合作的进展，并重点汇报了今后农业科技合作思路，计划通过共建联合创新中心，进一步提升科特迪瓦农业科技创新能力和产业技术水平。孙亮参赞指出，项目建设要双方优势互补，聚焦科方主要经济作物产业发展瓶颈，结合中方技术优势，共同推动科特迪瓦农业产业提质增效，增加农民受益，更好地服务国家“一带一路”倡议。

考察组与 CNRA 主任 Wongbé 博士等就热带农业科技合作事宜进行座谈交流。郝朝运同志首先简要介绍了中国热带农业科学院和香料饮料研究所科技创新与成果转移转化基本情况。随后，李付鹏博士代表考察组汇报了今后双方在可可等作物高效生产技术、产地初加工技术领域的合作思路，计划通过共建联合创新实验室提升科方农业科技创新能力和技术水平。Wongbé 主任对考察组表示欢迎，希望双方充分发挥资源与技术优势，改善科方科研条件，提升农业科技创新能力，促进产业升级和农民增收。

在 Adiko 博士的带领下，前往迪沃、达布、梅姆尼地区考察可可和咖啡等农业生产现状，与相关课题组进行交流，了解了科方可可、咖啡资源保存利用、种植栽培、产品初加工等领域研究进展。同时，现场考察了当地的可可、咖啡种质资源圃、种植园和初加工厂，初步掌握了科方产业发展瓶颈与技术需求，为进一步推动双方高效农业领域科技合作、服务国家“一带一路”倡议提供了第一手材料。

## 二、主要收获与成果

### （一）了解了科特迪瓦可可、咖啡等经济作物种质资源与产业现状，为中科两国进一步交流合作提供了第一手资料

科特迪瓦生物资源极为丰富，但其农业生产以自给自足为主，农业资源尚未得到有效配置。近年来，可可、咖啡等作物产量与种植面积位居世界前列，然而，其世界产量的优势主要依赖广阔种植面积的拓展，特别是可可、咖啡产业，优良品种缺乏、种植与初加工技术落后，严重威胁产业健康持续发展。尽管保存着 8 000 多份咖啡资源、1 300 多份可可资源，但由于受经济、人才等条件限制，资源创新利用几乎没有进展，资源优势尚未得到充分发挥；且由于受落后的种植与初加工技术的制约，其独特的农业资源未能有效转化为经济和社会效益。通过此次调查，基本摸清了可可、咖啡等经济作物种质资源与产业现状，为今后两国进一步交流与合作提供了第一手资料。

### （二）与 CNRA 建立合作关系，为技术输出提供便捷途径

CNRA 创建于 1998 年，是科特迪瓦在整合国内几大主要农业研究机构基础上组建的综合性农业研究中心，在全国 5 个区域设有 20 个分支机构，包括 13 个研究站、2 个中央实验室、5 个试验站，主要研究领域包括粮食作物，多年生作物、动物和鱼产品、自然资源与水资源管理、生物技术与采后加工技术等，主要研究对象为可可、咖啡、腰果、橡胶、杧果、椰子、可拉、油棕、棉花、菠萝、香蕉等。位于阿比让的中央实验室是 CNRA 的主要科技创新机构，以研究橡胶为主，是西非地区胶乳品质质量检测中心；然而，该实验室创新水平较低，面积约 200 平方米，主要仪器设备为水分测定仪、电子

天平、冷凝蒸馏仪，仪器设备老旧，难以支撑科特迪瓦科研创新能力；位于迪沃的可可、咖啡试验站，保存着丰富的咖啡、可可种质资源，然而，受经济和人才条件限制，资源安全保存存在极大风险，资源利用程度极为低下，科研创新能力不足，难以满足产业亟需的优良品种及高效种植与加工技术需要。CNRA 对先进有优良品种改良技术、高效种植技术、产品初加工技术的需求，为中国先进热带农业生产技术输出提供了便捷途径。

## 三、工作意见和建议

目前科特迪瓦仍存在农业种植技术水平低、高效栽培技术缺乏、初加工技术不规范，产品质量偏低等问题。科特迪瓦作为我国重要的贸易伙伴和中非“十大合作计划”农业现代化合作的重点国家，为提升该国可可、橡胶等经济作物生产水平，促进产业健康持续发展，考察组提出以下建议。

### （一）共建联合创新与示范中心

依托 CNRA 现有设施条件，援助资源评价、土壤测试、品质测定等相关仪器设备，提升科研条件，建立联合创新中心，中方派出专家与科方研究人员联合开展种质鉴定、土壤改良、高效栽培等研究，提升科方科研能力。

### （二）共建高效示范基地和农产品初加工基地

开展高效栽培、低产园改造及产地初加工技术研究与示范，并在此基础上开展技术培训与推广应用，提高科特迪瓦热带农业科技水平和生产能力，促进我国品种、技术和配套设备向非洲国家的推广应用。

### （三）打造“科学研究、产品开发、科普示范”三位一体发展模式，实现项目可持续发展

通过三位一体模式，使科技优势与资源优势转化为经济社会效益优势，实现项目可持续发展，提升特迪瓦国家农业研究中心经济实力和科技创新能力。

（出访团成员：郝朝运、赖剑雄、谷风林、秦晓威、李付鹏）

# 赴毛里塔尼亚执行热带果树科技合作任务的情况报告

应毛里塔尼亚国家畜牧研究和发展办公室默罕默德·亚哈亚博士邀请，中国热带农业科学院海口实验站王必尊研究员等一行3人于2018年5月4—16日访问毛里塔尼亚。

## 一、出访基本情况

### （一）目的和意义

为实施我国国际外交战略方针，加强我国对外援助科技力量，提升我国香蕉产业科技核心竞争力，应毛里塔尼亚国家畜牧研究和发展办公室默罕默德·亚哈亚博士邀请，中国热带农业科学院海口实验站王必尊研究员等3人于2018年5月4—16日访问毛里塔尼亚。此次出访充分了解了毛里塔尼亚在发展香蕉等热带果树产业上的优势和潜力，充分发挥了我国香蕉产业在国际香蕉产业（尤其是在西部非洲国家）中的优势，对服务国家整体外交战略具有重大促进作用，同时也增强了中国热带农业科学院学科建设能力和人才培养能力，加强了与国际农业组织的联系，为创建国际交流合作平台、实现建设一流国际研究院的目标迈出了坚实的一步。

### （二）主要活动

此次出访访问了位于努瓦克肖特的毛里塔尼亚驻中国大使馆、毛里塔尼亚畜牧业技术示范中心、塞内加河流域香蕉种植园、班尼霞浦的总统农场等。

主要是对毛里塔尼亚农业、特别是果树产业发展现状所展现的问题进行技术支持，因此，应宁夏金福来羊产业有限公司要求，根据本单位的科研优势及当地实际需求，考察团一行携带了香蕉（热粉1号、巴西蕉等）、火龙果、木瓜、菠萝（卡因、T-21）等果树品种入境。在示范中心，考察团专家首先向中心技术人员和工人讲解了种苗基地的规划和建设要点，系统地介绍了香蕉组培繁育技术，包括组培厂的规划，环境消毒、仪器测试、器皿清洗、包装材料准备讲解与示范，组培接种基本技术要点，香蕉快繁吸芽选择，组培车间污染控制，二级苗假植技术，工人管理及成本控制等。

在考察种植基地期间，专家们主要从香蕉生产产业方面提出了建议，包括从品种的选择、土壤的改良、种植方式、肥水管理、杂草控制、花果护理、采后处理以及病虫害防治等方面出发。以理论讲解和现场指导的方式，与当地工人和技术人员进行了深入的交流。

在前往班尼霞浦，访问总统农场时，考察了其正在建设的节水灌溉设备，当地降雨量极少，但一些地方可以获取地下水，因此节水灌溉对其发展农业产业尤为重要。该农场从中国引进的行走式灌溉设备，既解决了节水灌溉的需求，又能避免耕地影响管道设施。

在访问我国驻毛里塔尼亚大使馆期间，王必尊研究员向张建国大使简要介绍中国热带农业科学院的情况，并汇报了此行的考察结果，会后考察团专家还对使馆绿化提出了建议。

## 二、主要收获与成果

此次带来的“热粉 1 号”“巴西”等香蕉品种，已进行小面积试种，成功后将逐步扩大种植面积，最终辐射覆盖西非周边国家。

根据走访调研，专家发现毛里塔尼亚香蕉等果树产业技还存在以下亟须解决的问题，首先是优良品种缺乏，良种选择标准落后；其次是还未建立起较完备的质量检测体系，检测手段落后，种苗生产技术落后、效率低下，而且毛里塔尼亚南部仅有零星香蕉种植且技术落后，基本上是小农场比较原始的生产方式，缺乏现代香蕉种植及采收技术；最后是地理位置劣势，毛里塔尼亚濒临大西洋，风沙较大，种植香蕉等热带果树，防风栽培是一个需要重点考虑的因素，塞内加尔河流域虽然水源充分，但地势较低，因此果园的排水也是一个问题。

考察期间，专家们有针对性地对毛里塔尼亚在香蕉种质资源收集、鉴定、保存及其资源库建设小，种质优化、良种繁育、高产优质栽培、新品种质量安全监控、成果的示范应用等方面提出了建议并进行了详细讲解。

在走访了解当地的农业种植专业户、中资公司农业种植以及塞内加尔河流域的种植情况后，针对该地区的沙漠性气候、土壤条件、农业种植技术水平等具体情况开展深入细致的调查工作，取得了宝贵的基础资料，为我国香蕉产业实施“走出去”战略提供了数据支撑。同时此次访问使中国热带农业科学院海口实验站与宁夏金福来羊产业有限公司的合作关系进一步加强，为未来更广范围的合作奠定了基础。

## 三、工作意见和建议

一是总结对外（尤其对热带、亚热带香蕉主产国家）学员培训和交流经验，并在此基础上有所创新，力争再上档次和水平。

二是进一步寻求、加强与国际同行的合作，努力提高我国在世界香蕉界的话语权。

三是西非国家目前发展普遍相对滞后，技术需求性较强，土地、人工费用相对便宜，资源丰富。因此，建议中国热带农业科学院加强与西非国家组织的密切联系，多渠道积极申报科研项目，争取能建立长期试验示范基地，充分发挥中国热带农业科学院热作科研技术优势。

（出访团成员：王必尊、何应对、李敬阳）

# 赴莫桑比克执行农业农村部国际交流与合作项目的情况报告

应莫桑比克农业科学院东北区域研究所的邀请，中国热带农业科学院张中润、黄建峰2人于2018年10月3—17日赴莫桑比克执行农业农村部国际交流与合作项目。

## 一、出访基本情况

### （一）目的和意义

目前制约莫桑比克腰果、杧果产业发展的技术瓶颈主要包括：良种良苗匮乏、高产高效栽培技术不完善、以及病虫害防控措施不力。为解决莫桑比克腰果、杧果产业存在的问题，中国热带农业科学院热带作物品种资源研究所腰果专家张中润副研究员与杧果专家黄建峰助理研究员与莫桑比克农业科学院（IIAM）、莫桑比克腰果研究院（INCAJU）共同建设莫桑比克农业试验站，并通过开展合作研究交流，举办培训班等形式，提升莫方腰果、杧果的科技研发水平和生产技术水平。同时建立腰果、杧果试验示范基地，展示我国腰果和杧果新品种及技术成果。莫桑比克腰果试验站的建设将为中莫农业合作研究提供良好的平台，有利于发展莫桑比克农业，也有利于我国热带农业科技向莫桑比克“走出去”。此外，利用本项目已建合作平台的优势条件，可与莫方开展资源共享和互换，引进莫桑比克优良热带作物种质，丰富我国热带作物育种资源。

### （二）主要活动

根据本项目2018年项目工作计划安排，结合莫桑比克农业试验站建设的内容，2018年10月3—17日，中方承担单位派出腰果专家张中润副研究员和杧果专家黄建峰助理研究员组成中方技术专家组赴莫桑比克，与莫桑比克农业科学院东北区域研究所和莫桑比克腰果研究所等科研机构开展学术交流与合作研究，同时挂牌“中国热科院莫桑比克农业试验站”，巩固中莫热作科技国际合作平台，并对莫桑比克腰果和杧果农户举办了技术培训班。

## 二、主要收获与成果

### （一）举行座谈交流

中国热带农业科学院热带作物品种资源研究所张中润副研究员与黄建峰助理研究员在莫桑比克执行项目工作期间，与莫桑比克农业科学院东北区域研究所、莫桑比克腰果研究所楠普拉中心和莫桑比克楠普拉省农业与食品安全局等机构进行了座谈交流，并在试验示范基地合作共建、腰果和杧果科技合作、热作资源共享、联合申报项目等方面进行了深入探讨，为今后更好地开展科技合作奠定了基础。

### （二）开展杧果新品种和新技术展示和示范

根据初步达成的资源共享合作共识，中方专家将中国国内的 4 个商业化杧果品种引至莫桑比克农业科学院东北区域研究所果树培训中心进行嫁接，开展杧果新品种和新技术展示和示范。引入的新品种为金煌、贵妃、台农 1 号和汤米，展示的技术为嫁接技术、套袋技术等。嫁接后的杧果种苗将于 2019 年 3 月左右移植，将为莫桑比克杧果科技人员及农户展示新的杧果品种。

### （三）开展种质资源评价

中莫腰果专家在莫桑比克楠普拉省共同对 10 份腰果优良种质资源进行了农艺学和经济学性状评价，今后双方将共同对莫桑比克所有腰果种质资源开展相关评价，为编写《莫桑比克腰果种质资源图谱》奠定基础。

### （四）挂牌成立中国热科院莫桑比克农业试验站

中国热科院莫桑比克农业试验站顺利在莫桑比克腰果研究所正式挂牌，标志着中国热带农业科学院、莫桑比克农业科学院东北区域研究所、莫桑比克腰果研究所这一国际科技合作平台得到了进一步巩固。

### （五）举办培训班

2018 年 10 月 11—12 日、14 至 15 日，腰果专家张中润副研究员和杧果专家黄建峰助理研究员在莫桑比克楠普拉省举办了腰果和杧果技术培训班 2 期，总计培训学员 53 人次。

### （六）收集热带作物种质资源

中方专家组赴莫桑比克开展了腰果、杧果等热带作物种质资源调查，共收集腰果资源 10 份、杧果资源 7 份。

## 三、工作意见和建议

在赴莫桑比克执行农业农村部国际合作与交流任务的过程中，中方技术团队与莫桑比克农业科学院东北区域研究所、莫桑比克腰果研究所楠普拉中心和莫桑比克楠普拉省农业与食品安全局等机构开展了实际有效的学术交流与科研合作，取得丰富的成果，为今后更好地开展中莫热带作物研究与合作奠定了基础。在工作过程中，根据中方科技团队的体会和与莫方专家交流后的思考，形成如下的意见和建议。

### （一）加大对试验站建设的支持力度

“中国热科院莫桑比克农业试验站”已经进入初步建设的第二年，中莫专家依托该平台开展了腰果、杧果科技合作，取得了一定的成果，为进一步做好该试验站建设，建议加大对该项目的支持，拓展合作研究的深度。

### （二）依托平台加深中莫双方合作

依托“中国热科院莫桑比克农业试验站”国际科技合作平台，中莫专家将继续合作及开展科技交流，通过资源共享互换、交流互访和合作研究等形式，进一步提升中莫热带作物科技研发水平，提升双方在热带作物领域培育优良种质的能力。

### （三）联合申报国际合作项目

莫桑比克热带作物种质资源丰富，但由于其国内农用物资及相关科技研发支撑条件不足，科技水平相对落后，因此其对先进科技需求较大，中方科技团队将与莫方科技团队继续合作，联合申报国际合作项目，进一步支撑中方技术团队在莫桑比克建设农业试验站。

（出访团成员：张中润、黄建峰）

# 赴尼日利亚执行对外合作项目任务的情况报告

应国际热带农业研究所（IITA）的邀请，中国热带农业科学院刘海清研究员等一行8人于2018年8月31日—9月21日赴尼日利亚执行热带农业对外合作试验站建设和农业“走出去”企业外籍管理人员培训项目、基本科研业务费专项以及海南省重点研发计划项目。

## 一、出访基本情况

### （一）目的和意义

木薯是大戟科木薯属热带、亚热带块根作物，是我国南方重要的生物质能源作物之一，木薯在我国有近200多年的栽培历史，其加工后的2 000多种产品广泛应用于国民经济各个部门。在“一带一路”倡议和“非洲命运共同体”构架下，我国木薯产业科技亟待转变发展思路，调整结构，规避风险，开拓新型市场，“食用化”和“国际化”是我国木薯产业发展的重要趋势。尼日利亚是世界最大木薯生产国，也是西非最大经济体，其木薯生产、加工和消费一直占据其国内经济发展的重要地位，但其木薯“食用化”加工技术仍然十分缺乏，食品安全卫生也令人担忧，尼日利亚开展合作示范推广工作具有重要的战略意义。

2013年以来，我国加强对非洲的投入，包括经济建设和科技援助。木薯作为尼日利亚第一大作物，其产业基础十分脆弱，但产业合作前景十分广阔。为了进一步推动我国热带农业科技“走出去”战略，中国热带农业科学院在海南省政府支持下，与尼日利亚绿色西非农业有限公司合作开展“木薯粉小型清洁生产关键技术集成与应用示范研究”“抗病丰产辣椒安全高效栽培技术研究与示范”，旨在为尼日利亚推广中国小型轻简化木薯加工技术、辣椒丰产栽培技术等。

鉴于前期工作的基础上，2018年8月31日—9月21日，中国热带农业科学院刘海清一行8人应邀前往尼日利亚开展项目实施工作。

### （二）主要活动

本次出访举办培训班1期，与两个单位“国际热带农业研究所阿布贾试验站”和“中地海外绿色农业西非有限公司”开展交流，具体情况如下。

**1. 举办培训班**

为科技支撑企业走出去，加强热科院与尼日利亚在热带农业领域的合作，2018 年 8 月 31—9 月 6 日，热科院组织木薯与蔬菜专家赴尼日利亚，与中地海外绿色农业西非有限公司合作，共同举办木薯加工与辣椒栽培技术培训班。尼日利亚投资促进委员会主席 S. M. Nguroje、中地海外绿色农业西非有限公司副总经理徐元芳、热科院国际合作处副处长刘海清出席培训班开幕式和结业典礼。

培训班采用课堂授课和实践操作相结合的方式。课堂上，热科院专家介绍了中国木薯产业发展现状、木薯加工技术、木薯食品制作方法和辣椒栽培技术，学员们表现出浓厚的兴趣，纷纷提问，现场讨论气氛热烈。实践课上，木薯专家现场展示了木薯年糕、木薯煎饼等木薯食品制作方法，蔬菜专家实地演示了辣椒育苗技术，学员们亲自动手，体验和学习相关技术。

本期培训班培训了中地海外绿色农业西非有限公司外籍管理与技术人员，尼日利亚农业与农村发展部、投资促进委员会、农业研究委员会、种子委员会、木薯种植户协会、阿布贾大学、十字河州农业厅、纳萨拉瓦州农业厅等单位学员 100 余人次。培训效果显著，得到了中地海外绿色农业西非有限公司和培训班学员的充分肯定，尼日利亚新闻通讯社对培训班进行了采访和报道。

**2. 与 IITA 专家交流**

国际热带农业研究所（Internal Institute of Tropical Agriculture，IITA）成立于 1967 年 7 月 24 日，总部位于尼日利亚伊巴丹州（Ibadan），至今有 50 年历史，是国际性非营利性组织，旨在帮助非洲国家解决面临自然资源退化、营养、饥饿和贫穷等挑战，引领非洲农业研究。50 年以来，IITA 重点开展作物品种改良、自然资源利用、畜牧动物品种改良和营养改善等领域的研究，其基地和合作项目分布于非洲近 35 个国家和地区，主要研究的作物包括木薯、水稻、大豆、玉米、马铃薯、蔬菜等。

IITA 阿布贾试验站位于尼日利亚阿布贾州东南部，占地面积约 220 公顷，主要开展木薯品种和加工技术的推广、示范。据基地负责人 Gbassey Tarawali 博士和 Alpha Kamara 博士介绍，该基地目前正在示范推广 59 个木薯新品种（系），正在建设木薯粉加工生产线和副产物饲料加工生产线，但木薯块根脱皮仍然是加工的主要成本之一。当地木薯产业化程度较低的主要原因是原料运输和单产低的问题；在食品加工技术中，主要有 Gari 粉和面包（添加 20%木薯粉）加工技术。

双方就各自单位情况和拟合作的领域进行了座谈，并在 Gbassey Tarawali 博士和 Alpha Kamara 博士带领下参观了其试验基地，交流了木薯栽培育种和加工利用推广情况，初步提出进一步加深在种质资源、育种、栽培、加工和人员培训等方面合作的建议。

**3. 与 GAWAL 公司专家交流**

绿色农业西非有限公司（Green Agriculture West Africa Limited，GAWAL）是中地海外农业发展有限公司的子公司，成立于 2006 年，位于尼日利亚首都阿布贾的 Kebbi 州，占地 89 公顷，拥有旨在通过与当地合作研究与开发来提高农业产业的生产力和利润率，主要开展水稻、玉米、木薯和辣椒等生产和培训。刘海清副处长介绍了中国热带农业科学院在热带农业科技创新上所取得的成果，希望借助 GAWAL 公司在当地的影响力，通过“同立项、同攻关、同转化”的方式把中国热带农业科学院的科技成果推广到尼日利亚，助力热带农业走出去。该公司徐元芳副总经理表示，GAWAL 公司十分愿意为热科院在尼日利亚的合作提供平台，并共享人员、基地和信息等方面资源，以开放合作模式努力为国内的科研教学单位的对外合作提供推广应用服务平台。

## 二、主要收获与成果

此次出访考察，深入了解到 IITA 研究方向和合作愿望，了解到 GAWAL 公司面临主要问题和今后合作的主要领域和方向。

### （一）初步了解木薯产业信息

木薯是尼日利亚主要作物之一，其种植区域主要分布在西北部和东南部地区，鲜薯年产量均在2 200万吨左右，但其生产栽培管理技术较为粗放，单产仍然较低（15～18 吨/公顷），单产有较大的提高空间。此外，经 IITA 阿布贾试验站多年来的努力推广和示范，目前阿布贾地区的木薯品种多数对花叶病有一定的抗性，但褐条病、细菌病枯萎病依然为害严重。从市场信息看，目前在阿布贾市场上商品化的木薯产品仅发现发酵的木薯粉和 Gari 粉，其他产品仍然十分稀少。

### （二）热带作物种质资源丰富

IITA 阿布贾试验站建立种质资源库 1 个，保存 2. 8 万份种质资源，包括3 746份木薯、1 909份大豆、1 561份玉米、1 936份野生鹰豆（Wild cowpea）、和 165 份非洲大薯（African yam bean）资源，这些作物在当地得到很好的驯化，具有较强的适应性，其综合性状较佳（抗性、品质和产量），是稀有、优质种质资源库。

### （三）合作愿望十分迫切且强烈

IITA 遍布于非洲地区的国际科学家 100 多名，科研经费主要来源于世界 30 多个国家和地区的支持。主要开展以粮食作物为主的研究开发，如：木薯、香蕉、玉米、马铃薯。同时进行农业与健康、农业多样性研究。该所研究机构主要分布在尼日利亚，如在该国的阿瓜斯、阿布贾、卡罗等地有6个研究分支机构，在非洲其他一些国家也设有研究机构，如：贝宁、喀麦隆、刚果（金）、加纳、肯尼亚、马拉维、莫桑比克、坦桑尼亚、乌干达。同时，在英国也设有办事处。主要研究使命包括：通过发展研究为提高非洲食品安全和人民生活水平做出贡献；保持生物多样性和可持续发展；通过基因改进生产成果，降低成本；通过农业多样化提高产品价值，改善农村贫困；实现水资源、土地资源和森林资源的可持续利用和管理以及改进政策和进行制度创新。考察交流期间，阿布贾试验站负责人希望就木薯加工利用、病虫害防控技术和人员交流培训等深入开展合作。

GAWAL公司是此次海南省重点研发计划项目实施的外方依托单位，2006年以来，该公司与国内多家单位开展合作，包括人员培训和技术推广。中国热带农业科学院于2016年与该公司建立合作关系，并于2017年合作申报海南省重点研发计划项目，共同建设木薯粉生产线1条、食用木薯高产示范基地10亩。长期以来，当地人们对木薯食品安全和卫生认识不足，木薯食品产业发展形势不容乐观，原料参差不齐，木薯食品加工利用推广面临标准体系不健全的问题，随时有可能受市场的负面影响。GAWAL希望在开展食品加工利用推广的同时，开展标准化体系建设和食品安全相关技术的培训与应用，以推动当地木薯食品的品质和卫生水平。

## 三、工作意见和建议

### （一）加强木薯初加工技术合作

木薯是尼日利亚主要粮食作物，但产业化、商品化的加工技术还十分缺乏。我国自2013年以来，研发了一系列木薯产品，集成了轻简化生产加工技术和装配，包括高质量木薯粉生产、木薯饼干、木薯面包等食品加工技术的研发，这些轻简化加工技术十分适应当地产业发展的需要，可在“一带一路”倡议的指引下和国内外相关政策的支持下，加强中国—尼日利亚木薯初加工技术的合作。

### （二）加强热带农业科技人员互访

非洲热带农业发展整体水平欠佳，各国在FAO的支持下努力开展热带农业生产，以保障当地的粮食安全；同时，非洲也是我国热带农业科技“走出去”的主战场，随着“中国—非洲命运共同体”建设的推进，通过人员互访和培训，不但可以推动非洲国家对我国科技和人文历史的整体了解和认识，增进中非友谊，也有利于培养我国热带农业外向型人才，为“一带一路”倡议和“命运共同体”建设提供人才保障。

（出访团成员：刘海清、王金辉、欧文军、吴传毅、申龙斌、王琴飞、林立铭、张振文）

# 赴冈比亚开展农业技术援助项目可行性研究的情况报告

2018 年 7 月 25 日—8 月 8 日，中国热带农业科学院陈业渊研究员等一行 9 人赴冈比亚开展援冈比亚农业技术援助项目可行性研究。

## 一、出访基本情况

### （一）目的和意义

2017 年 10 月，冈比亚新政府向中国政府提出首个农业技术合作项目，内容包括：一是农业技术合作项目；二是农机物资项目。项目实施地点为冈中河区南部撒普农业站（Sapu Agric. Station）。

受中国商务部援外司委托，中国热带农业科学院 9 名专家赴冈比亚，就冈比亚提出的合作内容，开展了可行性研究考察工作。

2018 年 7 月 26—8 月 6 日，考察组与中国驻冈比亚大使和参赞、冈比亚农业部及其所属机构的官员和专家进行了交流对接。考察组在冈比亚相关部门官员和专家的全程陪同下，对冈比亚 5 个行政区的 31 个点进行了考察，同时收集了比较详尽的资料。

通过现场考察、资料分析、会谈交流等过程，考察组整理形成考察报告。

### （二）主要活动

2018 年 7 月 25 日—8 月 4 日，中国热科院考察组 9 名专家在中国驻冈比亚大使和参赞的领导下，在冈比亚农业部及其中央项目协调单位（Central Projects Coordination Unit CPCU）、农业局（Department of Agriculture DOA）、国家农业研究所（National Agriculture Research Institute NARI）、园艺技术服务中心（Horticulture Technical Services HTS）、土壤和水务管理服务中心（Soil and Water Management Services SWMS）和农业贸易服务单位（Agric Business services Unit ABS）6 名冈方领导和专家的全程陪同和协助下，对冈比亚的农场、撒普农业站、区域培训推广机构及示范基地、种植农户、农产品加工企业；农贸和农资市场开展了现场考察工作。

按照冈方提出的建议，考察组分别对班珠尔市和西部区、北岸区、中河区、上河区、下河区的目标点进行了实地考察，尤其是对地处中河区的撒普农业站进行了反复踏查。考察点包括了冈比亚国家的 1 个市区和 5 个区 31 个考察点。现场考察农场、农业局下属的区域推广机构及示范基地、国际援助培训机构、种植农户和农产品加工企业 28 个。

**1. 农场生产经营情况**

农场大多数由政府或国际机构援助投资，农户出地集体产权的模式，采用集体经营管理制，其中 25%的利润上缴集体，75%的利润进行自主分配。农场面积一般在 7～20 公顷，主要种植园艺作物，主要有杧果、香蕉、番茄、辣椒、茄子、洋葱、黄秋葵、花生、土豆和地瓜等。妇女是农场劳作的主体，全国约有 5 万名妇女在农场从事园艺生产活动。栽培管理较粗放，蔬菜种子多为常规种，同时缺少肥料、农药、农机具等物资，作物长势不壮，虫害为害较重，产量普遍偏低。

**2. 农业局下属的区域推广机构及示范基地情况**

冈方农业局农业推广机构主要负责辖区农技推广、机械物资协调分配和培训等工作。很多援助的机械设备物资都会分配到这些区域的推广机构，由这些机构负责管理，再分配到种植户或农场使用。考察发现，有大量机械装备（由 FAO、中国台湾等提供）），但很多都不能正常使用。经了解，由于缺乏维修技术人员、没有零配件供应渠道、缺少维修工具及设施，也没有维修所需要的资金，农业机械装备没有得到应有的保养和维护，加上操作使用人员技术水平低、不能保证规范操作，大多数机械设备处于提早报废状态，农业机械实际使用率不高。因此，培训、培养冈方农机维护和维修人是当务之急。

**3. 技能培训机构考察情况**

冈方的培训中心大多数是由国际援助机构（联合国开发计划署、南南合作组织等）和冈方农业部支持援助建立的，主要对园艺作物和粮食作物进行生产技能培训，缺少加工、仓储、收获、包装等方面的培训。培训方式有室内和田间操作。有个别培训中心有较完善的配套设施，有职员、学员住宿房和食堂。可为本项目培训工作提供基础。但大多数培训中心的职员住房有不同程度的损坏，没有学员住宿房，学员只能以走读方式参加培训；田间基地普遍设施简陋、技术差。

**4. 水稻灌区种植户考察情况**

冈比亚水稻种植主要集中在中河区和上河区，面积约为 6.9 万公顷，靠近首都班珠尔的北岸区和西部区土地有盐碱现象，不太适合常规水稻种植。水稻种子主要是农户自留种（FARA44、Wab105 和 Shel134），品种特性退化严重，产量低，平均产量在 3～5 吨/公顷；调查过程中发现该区域普遍缺乏脱粒机、手扶拖拉机、抽水泵、碾米机等机械，尤其是脱粒机。目前正是水稻收获季节，田间走访发现很多农户水稻收割后由于没有足够的脱粒机，就直接把水稻放在田间，等着脱粒机来后再脱粒，但是水稻放置的时间一久，很多稻谷就会发霉或发芽，将会造成产量减少。

**5. 农产品加工企业考察情况**

考察了大米加工厂和水果加工厂。其中大米加工厂由意大利资助建立，该加工生产线为大型成套设备，加工能力大，而本地稻谷原料总产量不足，从投建起几乎没有使用过，已闲置20余年，目前整体锈蚀无法使用；水果加工厂以杧果为主，配备冷库、果实分拣、清洗、包装一体机，和杧果原浆生产一体机（设备产自中国）等机械，加工产品主要出口欧洲。

## 二、主要收获与成果

### （一）认真调研，基本摸清了冈比亚农业现状和存在的突出问题

通过访谈交流、实地考察和对资料的综合分析，冈比亚农业现状存在突出问题包括以下几个方面。

**1. 农业教育和科学研究有待加强**

冈比亚大学设有农业与生物学院，平均年招生50名左右，远远不能满足冈比亚农业发展的需求。尽管冈比亚设有国家农业研究所（National Agriculture Research Institute），但由于人才、设备条件等不足，科研能力有待提升。一直以来，国外和国际组织援助项目较多，但是，由于人才缺乏和资金不足，援助项目难以可持续维持。

**2. 信息不畅，农业先进适用技术引进滞后**

由于人才和资金缺乏，冈比亚与世界农业较发达国家信息交流不畅，导致农业较发达国家已经趋于淘汰的品种和技术以及农机机械物资等还在使用。

**3. 品种退化和技术落后，农产品产量和品种呈下降趋势**

从考察现场了解到，冈比亚目前水稻和蔬菜主产区应用的品种已经过时、老化，农民自繁常规种，种质的退化严重，急需引进新品种进行优化改良；目前所采用的栽培技术措施和方法基本处于传统农耕阶段，急需技术升级。

**4. 缺乏农机使用维护维修人才，大量援助机械无法使用**

从考场现场看到，几乎每一个项目点上都有外形看上去还好，但已无法使用的农业机械，主要原因是缺乏资金购买零配件和维修人才，因此，培训、培养农机维护和维修人才是当务之急。

**5. 农业基础设施薄弱，大量可耕地撂荒**

从考察的项目点来看，冈比亚农业的基础设施有待加强，水利设施不完善、电力供

应不足也是制约冈比亚农业发展的主要原因之一。

### （二）踏查分析，选定了拟援项目的综合示范点和主题培训点

#### 1. 选定 1 个综合示范点

在冈方建议推荐下，考察组对冈比亚中河区南部的撒普农业站（Sapu Agric. Station）进行了反复踏查。

20 世纪 70 年代我国专家已在撒普农业站从事农事活动。20 世纪 90 年代到 21 世纪初，中国台湾专家也在该地从事农业技术援助工作。该地中国元素明显，历史悠久，在冈比亚有广泛的影响。由于撒普农业站大部分工作人员搬迁至班珠尔，目前，撒普农业站大部分资产处于闲置状态，基础设施较完善但需要修缮，机械设备多但损坏严重。在该地开展水稻和蔬菜品种及栽培技术的筛选与示范有基础，当地农民易于接受，可以迅速扩大中国的影响力。该站共有试验用地约 20 公顷，土地整理良好，目前，对来自国家农业研究所的 95 个品种开展品比试验。该站灌溉用水来源冈比亚河，四季水量充足，水位变动仅数米，灌溉方式为抽水和潮汐自流。试验用地规划良好，田间灌溉水渠和田间抽水系统较完整，但由于常年缺少管理维护，田间泵机 2 个中只有一个能使用，田间水渠1 700米，90%以上灌溉水渠漏水严重，需要维修。撒普农业站的光、热等资源丰富。日照时间长，气温高，气候条件非常有利于水稻和蔬菜的生长。

该地缺乏种植蔬菜的经验和技术，在该地开展蔬菜品种及栽培技术的筛选与示范，可以提高当地蔬菜种植水平，保障当地市场蔬菜的供应。根据项目任务要求，中方将派遣农业专家赴冈比亚设点开展水稻和蔬菜科技示范、培训和推广工作。

考察组分析认为，撒普农业站基础条件良好，能够满足水稻和蔬菜综合示范的基本要求，经与冈方相关人员商讨，选定撒普农业站为本项目的综合示范点（核心示范点），重点开展水稻和蔬菜品种和栽培示范以及相应的培训工作。

#### 2. 选定 3 个主题培训点

经冈方推荐和现场踏查，考察组分析认为，Basse Regional Agriculture Directorate（URR）和 Model Horticulture Center Wellingara（WD）具备农业技术的培训条件，经与冈方相关人员商讨，与撒普农业站共同选定为本项目的主题培训点，每年定期开展水稻和蔬菜培训工作，重点培训农技推广人才。

#### 3. 选定 13 个流动培训点

经冈方推荐和考察组现场踏查，选定了 13 个流动培训点，其中，班珠尔 2 个点（Sukuta Women's Garden 和 Banjulunding Women's Garden）；北岸区 2 个点（Regional Agriculture Directorate of Kerewan 和 Bakindik Nuimi Mix Farming Center）；西部区 1 个点

(Mandinary Women's Center)；下河区 2 个点（Regional Agriculture Directorate 和 Agriculture Rural Farmer Training Center Jenoi)；中河区 4 个点（Kuntaur Regional Agricultural Station，Madina Lamin Kanteh Vegetable Garden，Allah Tentu Farms 和 Regional Agriculture Directorate)；上河区 2 个点（Mankamang Kunda Mixed Farming Center 和 Tumana Mini Farmers Center)，专家组每年到点上现场开展水稻和蔬菜栽培技术培训工作。

**（三）多次沟通，确定了示范培训及援助农机物质等内容**

经协商，在项目援助期限内，综合示范点将筛选适合当地栽培推广的水稻品种 2 个以上，展示优良品种 5 个以上，示范丰产栽培技术 2 项以上；筛选适合当地栽培推广的蔬菜品种 2 个以上，展示优良品种 8 个以上，示范丰产栽培技术 3 项以上；在项目实施期满之前，编制完成技术总结报告；冈方也选派部分学员赴中华人民共和国接受短期农技培训。在每个主题培训点上，每年定期开展水稻和蔬菜培训工作各两次，每次培训至少 7 天。在每一个流动培训点上，每年开展 2 次现场培训工作。

考察小组将结合考察了解到的实际情况和项目资金额度，进一步分析、测算“冈方报机械种类数量”表中种类和数量的合理性和实施的可行性，提出中方实际可提供的种类和数量建议。

**（四）反复磋商，形成了“会谈纪要”**

考察分析认为，冈比亚共和国农业的总体发展面临诸多方面的挑战。考察组汇集实地考察情况和冈方提供的资料，将对项目的必要性、技术的可行性、经济的合理性等进一步论证。如项目批准立项，项目后续实施相关问题，须以会谈纪要方式予以确认，在沟通过程中，冈方在农资方面需求大，但由于项目投资额度限制，本项目无法全部满足，因此，在纪要中未具体明确；冈方对其需要承担的责任和义务可能涉及到冈方出资的部分都进行了修改和弱化，如为中方专家提供办公和住房方面，要求全部由项目出资进行修缮。

经反复磋商，最终达成初步共识，起草形成了“中华人民共和国援冈比亚共和国农业技术援助项目可行性考察会谈纪要”。

## 三、工作意见和建议

**（一）体会**

冈比亚政局稳定，治安良好，具备实施本项目的基本条件。

冈比亚可耕地面积 48 万公顷，其中水稻种植面积为 6.9 万公顷（2016 年），地域广大，土地肥沃，冈比亚河横贯冈比亚东西，冈比亚地下水资源清洁丰富，地下水位较高，距地表仅 10 米左右，部分灌溉用水可依靠打井水维持，温光充足，是适宜发展农业的地区之一，具有发展农业的巨大潜力和良好的自然条件。然而，其农业生产近 10 年中处于停滞甚至倒退状态，存在基础设施差、生产方式原始、生产投入严重不足、技术力量薄弱、农业有效劳动力数量少等问题，迫切需要提高人力资源素质，提高种植业技术水平。冈比亚政府、涉农企业和农民，渴望得到国际社会和他国的支持。冈比亚新政府向中国政府提出首个农业技术合作项目和农机物资项目的内容符合冈比亚的实际需求，也符合冈比亚农业与自然资源政策和冈比亚国家农业投资规划。

目前，冈比亚通过国际援助来逐渐修建水利工程、购买农业机械、培训大量的农业技术人员，增加对种子、肥料、农药等生产资料的投入，大幅度增加水稻、蔬菜的种植面积，提高农产品产量。冈比亚政府给予外国投资者国民待遇，给予投资者税收鼓励政策。本项目如能立项实施，是我国农业进入冈比亚较好的时机。

援冈比亚项目综合示范点设撒普农业站，该站基础条件较好，示范辐射面广，能产生较大社会效益和经济效益。考察组认为，在此建立综合示范点是完全可行的。

经考察组初步测算，本项目投资 2 950万元人民币，基本能满足本农业技术合作项目内容的实施需求；农机物质部分只能满足冈方的小部分需求。

**（二）建议**

援冈农业项目建设是涉及中冈友好合作关系发展的大事。该类项目具有政治外交、经贸合作和技术交流多种功能，项目内容包括水稻、蔬菜品种引进、筛选、繁育、农业机械配备、技术培训与推广等方面。项目实施能否达到预期目标，不仅需要我国政府加强对项目实施各环节的管理，还需要冈比亚当地政府的积极配合。为推动项目顺利实施，结合撒普农业站项目综合示范点的特点，提出以下建议。

一是慎重选择项目实施单位。能否选好项目实施单位直接关系到项目能否顺利执行和项目目标是否能按计划实现。由于该项目综合示范点建设主要是农业生产技术试验示范、培训推广与示范链运行等内容，应明确选择标准、规范选择程序，确保既具有农业技术优势，又具有非洲国家国际项目合作经验，同时还具有良好信誉与实力的申报单位中标。此外，要强化对实施单位的约束力度，在项目合同中进一步明确其责任、权利和义务，以保证项目实施规范化、高效化运作。

二是对援助机械和物质的采购要严把质量关。在援助机械和物质的采购招投标方面，要以质量优先为条件，解决杜绝价格低廉、质量较差的农机物质中标进入冈比亚，避免造成不良影响。

三是示范内容和培训技术选择要适宜。农业生产受自然条件影响巨大，每个国家的需求有差异，冈比亚水稻和蔬菜种植方面产量低，主要问题是品种低劣、方法不当。以往援助的机械不太符合生产实际，生产过程中先进的设备无法合理使用，因此，示范内容既要考虑受援国发展现状和实际需求，技术标准亦要适度超前。

四是积极推进立项建设，发挥好综合示范点的作用。农业作为民生的基础产业，涉及到国家粮食安全，历来受到各国政府的高度重视。针对冈比亚的农业现状和需求，积极推进项目立项，充分利用项目资金，把新的品种、新的技术、机械维修技术、高产高效栽培技术以及中国元素等传授、输送给冈比亚，让冈比亚人民得到实惠。

（出访团成员：刘国道、陈业渊、杨衍、牛玉、谢振宇、沈建凯、张洪溢、邓干然、杜公福）

# 赴桑给巴尔开展病虫害防治技术培训的情况报告

2018 年 8 月 18 日—9 月 20 日，中国热带农业科学院黄贵修研究员等一行 7 人赴桑给巴尔开展病虫害防治技术培训。

## 一、出访基本情况

### （一）目的和意义

为贯彻落实中央领导和农业农村部有关指示精神，进一步加强中国与坦桑尼亚桑给巴尔（以下简称桑给巴尔）两国农业合作，促进海口与坦桑尼亚友好城市友谊的发展。受农业农村部委托，中国热科院于 2017 年 11 月份组织相关专家，赴桑给巴尔开展有关农业合作并协助该国做好果蔬病虫害防治等相关工作，根据考察情况为提高桑给巴尔的果蔬病虫害防治技术，增加果蔬面积和产量，提高桑给巴尔的热带农业生产发展水平，改善民生，打造世界热区经济政治利益共同体和命运共同体。由商务部主办，中国热带农业科学院（简称中国热科院）承办了此次“2018 年桑给巴尔病虫害防治技术海外培训班”。该培训班于 2018 年 8 月 20 日—9 月 18 日在桑给巴尔克兹巴尼农业培训研究所举办。共有来自桑给巴尔政府部门、科研机构、当地农户的 52 名学员参加。在商务部、农业农村部和海南省商务厅等相关部门的指导和协助下。中国热带农业科学院精心准备和周密安排，完成了各项预定教学培训计划，实现了预期培训目标。

### （二）主要活动

#### 1. 举办开班典礼

培训班开班典礼在桑给巴尔农业部举办。桑给巴尔农业部部长 Hon. Rashid Ali Juma，副部长 Makame Ali Ussi，政策规划与研究司司长 Sheha Hamdan，农业研究所主任 Suleiman Shehe 克兹巴尼农业培训研究所主任 Bakari Asseid；中国驻桑给巴尔领事馆总领事谢小武、中国驻桑给巴尔领事馆领事李君，中国热带农业科学院陈青研究员、梁晓副研究员、龚治助理研究员、项目官员游雯等全体培训专家和学员参加了开班仪式。

桑方对中国热科院出访专家的到来表示热烈的欢迎，桑给巴尔十分重视本国果蔬病虫害防治以及产业发展，希望通过该培训的开展让当地农户学习到病虫害防治相关知识，并运用到生产生活中提高农户经济效益。

中国驻桑给巴尔领事馆总领事谢小武指出桑给巴尔是我国“一带一路”建设的重要国家，自中桑建立相互尊重、共同发展的战略伙伴关系以来，中方视桑给巴尔为印度洋、非洲地区的好伙伴，愿同桑方扎实推进农业领域合作。

中国热科院陈青研究员指出热科院是中国唯一从事热带农业的国家级科研单位，也是世界知名的热带农业科研机构，技术力量雄厚，在病虫害防治方面沉淀了大量的科研成果，一定能将本次培训班办出水平，办出效果。此次培训班的开展仅是我国支持桑方农业发展的开端，帮助桑方建立农业示范基地也已列入工作议程，后续将继续推动该国发展绿色生态农业，共享我国热带农业发展成果。

**2. 培训概况**

专家们抵达后当天参观、考察了培训地点，与外方沟通培训开展各项事宜，第二天与桑给巴尔农业部常秘及众官员展开会谈，了解桑给巴尔农业的切实需求和发展状况。根据了解到的情况，调整授课内容，进行有针对性地上课。

一是产业发展宏观介绍。介绍了世界杧果、香蕉等热带果树主产国及其种植面积与生产水平、优良品种与收获时期、市场格局与价格走势、市场需求与进出口情况；使学员对农业果树的产业化发展有了初步认识。

二是病害识别与防控。介绍了各病害的种类、危害，分布，症状及防止方法。探讨了化学防治和生物防治的优缺点。介绍了中国热带农业主要病害及其识别、监测及控制现状；杧果、香蕉等热带果树以及木薯等热带作物的病虫害及其绿色防控技术。

三是虫害识别与防控。介绍了果实蝇、蓟马、粉虱等的诱捕诱杀方法，包括诱捕器、红篮板诱杀等；鼓励套袋等绿色防控实用技术的应用。

四是种植园管理。介绍高位嫁接改良老杧果园、老柑橘园、香蕉园、菠萝园轻简化实用技术、针对性肥水节约化管理和疏花疏果修剪等高产优质种植实用技术；传授果蔬种植的质量控制、种植方法、化学除草、施肥方法、施肥配方、间套作等先进技术。

五是种质资源保存与发展。教会当地小农户如何选择、利用、培育优势果蔬资源品种，教会当地官员、技术人员、农户发展杂交品种技术、组培苗生产技术。

六是香料种植与加工。介绍世界丁香、咖啡、香草兰、依兰等热带香料饮料作物的起源、功能作用、种植生产现状，重点讲解了香草兰和依兰加工技术，并让学员现场体验了胡椒巧克力、依兰精油、香草兰香水等中国研发的精深加工产品。分析了香料发展上存在的主要问题，让学员们了解自身存在的问题及其解决出路。

七是农业发展建议汇总。根据参观考察、交流座谈时掌握到的桑给巴尔农业信息，整理出桑给巴尔农业发展亟待解决的难题，向桑政府提出农业发展书面建议。

本期培训班努力让学员们扎实领会及掌握果蔬病虫害识别与防控，果蔬品种识别，间套种植，果蔬、香料丰产栽培与加工技术，种植园管理等实用技术。获得了学员们的一致好评，学员们盛情邀请众专家合种友谊树以见证中桑友谊发展、促进友好合作交流。

## 二、主要收获与成果

### （一）进一步扩大了中国农业在桑给巴尔的影响力

培训期间，外派专家组通过课堂讲解，使学员了解了桑给巴尔的病虫害种类及防治方法；教会当地小农户如何选择、利用和培育优势资源品种，教会当地官员、技术人员、农户制作杂交品种技术、幼苗生产技术；分析桑给巴尔农业生产上存在问题，让学员们了解自身存在的问题及其解决出路；传授种植材料的质量控制、种植方法、化学除草、施肥方法、施肥配方、间套作、病虫害防控知识等先进技术；教会了他们从事简单的农产品及香料加工制作。

### （二）促进了中桑科研单位和政府机构间的交流，同时为中国热带作物生产研究积累素材

培训班的举办为中方的教师团队和桑方的政府官员、科技人员提供了相互学习和交流的平台，同时在培训时间里，建立了深厚的友谊，为今后科研单位间的合作交流打下了基础。通过农业专家外派，我们也实地了解了桑给巴尔农业发展的现状和需求，并引进多份重要热带作物种质资源，尤其是香料资源，丰富了热科院热带作物种质资源库，同时也为中国制定相关发展战略和产业预警提供了重要的资料。

### （三）时机特殊，意义重大

培训班举办时间正值中非合作论坛北京峰会，培训班的举办，时机特殊，意义重大，是兑现习近平总书记在峰会期间提出的八大行动承诺的生动实践，是真实亲诚的对非理念的具体体现。

### （四）推进中国海南省海口市与桑给巴尔友好城市关系发展

中国热科院坐落的海南省海口市与桑给巴尔于 1997 年缔结友好城市关系，长期以来双方保持友好交流，互惠互利。本期培训班更是中国热科院专家用实际行动促进桑农业生产发展，推进中坦桑长久友谊的印证。

## 三、工作意见和建议

### （一）主要问题以及机遇

桑给巴尔的农业发展挑战与机遇并存。科技利用率低导致对增产贡献率低、投资

少、农业配套服务匮乏、自然资源消耗巨大、过度依靠降雨量灌溉、过时的农业相关法律、执法机制乏力、艾滋病导致劳动力损耗、毒品泛滥、害虫肆虐和不可预测的天气。但同时，有机香料和热带果树等经济作物生产、销售有竞争优势；还有丰富的地下水资源、肥沃的土壤资源、庞大的旅游业市场等。

**（二）发展建议**

扶持单品香料或水果龙头企业，作出标准化示范，进行横向推广；引进名特优稀热带水果种质，以利于旅游示范品种着陆；进行全域旅游推广，加强农业基础设施建设；与中国等友好国家接洽，引进外资建设旅游标准化示范农庄；进行国有投资，进行全国性土地深耕浅种技术示范、推广；引进豆科牧草种质资源，进行牧草替代杂草项目示范、推广；竭尽日光，增补地力。进行有机肥堆沤技术示范、推广，充分利用既得资源。包括海藻、虾蟹壳、木薯渣等农业废弃物资源。高树矮接。将既有果树进行高接换冠或直接矮化，提高产品附加值。

（出访团成员：黄贵修、陈青、秦晓威 、郭刚、梁晓、龚治、游雯）

# 赴大洋洲国家考察报告

# 赴澳大利亚参加第11届亚澳复合材料会议的情况报告

应第11届亚澳复合材料会议大会主席王浩教授的邀请，中国热带农业科学院杨子明助理研究员于2018年7月27日—8月2日赴澳大利亚凯恩斯参加第11届亚澳复合材料大会。

## 一、会议基本情况

### （一）目的和意义

亚澳复合材料会议是亚澳地区乃至世界复合材料领域具有重要影响力的大型国际学术会议，由亚澳复合材料学会主办，每两年举办一次，旨在为复合材料领域的专家、学者提供高质量的国际学术交流平台。第11届亚澳复合材料会议（11th Asian-Australasian Conference on Composite Materials，ACCM-11）涉及复合材料、复合材料制造、复合材料结构与设计、复合材料应用四大主题，涵盖聚合物基、金属基、陶瓷基等复合材料以及石墨烯基复合材料、功能高分子复合材料、阻燃复合材料、碳纤维和天然纤维增强复合材料及纳米复合材料等20余个专题。本次会议实际参会人数550人，其中大会主题报告5个，邀请主题报告30个，分会场邀请报告以及口头报告430个，海报展示82人。本次会议专题内容丰富，信息量大，互动热烈，学术氛围浓厚，成果丰硕。此次出访的目的是深入了解国际上复合材料领域的最新研究进展，通过与国际同行进行学术交流，加强中国热带农业科学院与国际同行间的学术交流，为中国热带农业科学院复合材料的研究工作找到新的方向和思路。因此，参加本次学术会议对增强中国热带农业科学院与国际同行间的学术交流与科研合作，促进中国热带农业科学院复合材料领域科学研究工作开展和科技创新能力建设，拓展国际视野具有重要意义。

### （二）主要活动

#### 1. 会议开幕式

大会开幕式由第11届亚澳复合材料会议大会主席、南昆士兰大学王浩教授致欢迎辞，南昆士兰大学Peter Schubel教授致开幕辞。日本东京大学Nobuo Takeda教授、澳大利亚昆士兰大学Debra J. Bernhardt教授、英国布里斯托大学Michael Wisnom教授、韩国全北国立大学 Joong Hee Lee 教授和香港理工大学周利民教授等人相继作了大会主题报告发言。

**2. 专题会议**

第一部分为大会主题报告，其中 8 月 30 日上午的大会主题报告由悉尼大学 Yiu-Wing Mai 教授主持。日本东京大学 Nobuo Takeda 教授作了题为《先进复合材料质量保证监测研究》主题报告，介绍了先进复合材料质量保证监测方法的研究进展；澳大利亚昆士兰大学 Debra J. Bernhardt 教授作了题为《金属基复合增强硼氮化物纳米管》主题报告，介绍了如何通过计量的方法获得金属基复合增强硼氮化物纳米管的最优制备条件。8 月 31 上午的大会主题报告由香港科技大学的 Jang-Kyo Kim 教授主持。英国布里斯托大学 Michael Wisnom 教授作了题为《如何理解和提高复合层板缺口的敏感性》的报告，总结了提高复合层板缺口的敏感性的最新方法；韩国全北国立大学 Joong Hee Lee 教授作了题为《三维石墨烯基纳米复合材料在新能源材料中的应用》的报告，主要介绍了三维石墨烯基纳米复合材料的研究进展、制备方法和在新能源材料中的应用情况和存在的技术难题；香港理工大学周利民教授作了题为《纳米结构纤维作为蓄能器阳极应用》的报告，主要介绍了纳米纤维的结构特征、性能及其作为蓄能器的应用研究进展。

第二部分为邀请主题报告，包括香港科技大学 Jang-Kyo Kim 教授、悉尼大学 Yiu-Wing Mai 教授、同济大学李艳教授等人在内的专家学者一共作了邀请主题报告 30 个，分别从复合材料制造、复合材料结构与设计和复合材料应用等不同方面介绍了复合材料领域的最新研究进展和发展现状。从不同的角度和研究领域阐述了复合材料在生活生产中的重要意义，研究的前沿焦点和目前存在的主要问题。

第三部分为分会场专题报告，数百名教授、学者及博士生进行了 20 个分会场主题报告。在分会场会议期间，中国热带农业科学院农产品加工研究所杨子明助理研究员主要听取了“Preparation and Characterization of the Magnetic -Fluorescence Composite Nanoparticles Coated With the Derivate of Chitosan（壳聚糖衍生物包覆磁性—荧光复合纳米微球的制备及其性能表征）”“Self-Heaing Polymers and Polymer Composites Based on Microcapsules Strategy（基于微胶囊策略的自修复聚合物和聚合物复合材料）”“Building Functional Nanocomposites on Biomass Platform（在生物质平台上构建功能性纳米复合材料）”等分会场专题报告的相关内容，并在“Naturally Derived Composites（天然衍生物复合材料）”分会场上作了题为“Development and evaluation of chitosan sodium alginate composite Nano-microcapsules containing vanilla oil by complex coacervation method（复凝聚法制备壳聚糖/海藻酸钠/香草兰精油复合纳米微胶囊及其性能评价）”的口头学术报

告，介绍了其研究团队在该领域里最新的研究成果和进展，并就复合纳米微胶囊技术在农业领域的研究与应用进行广泛交流。报告引起了同行的关注，得到了与会人员的认可。

第四部分为论文海报展出及复合材料产品展览交流，包括澳大利亚悉尼大学、南昆士兰大学、迪肯大学、中国哈尔滨工业大学、西北工业大学、华南理工大学、北京理工大学等国内外 80 多所高校在展览会上通过海报、产品或产品模型的形式展出了自己的最新研究成果。还有一些复合材料制造或检测仪器设备制造企业公司也在展览会上展出自己先进的产品和技术。其中，包括高强度复合材料制备技术、特种功能性复合材料制备技术、有机无机复合材料制备技术、复合材料性能检测仪器与设备等，这些先进的技术和产品值得我们学习和借鉴。

**3. 期刊出版社交流会**

8 月 1 日下午，举行了国外 SCI 论文收录数据库和期刊出版社交流会。交流会期间，Elsevier（爱思唯尔，世界领先的科技及医学出版公司）期刊收录数据库中国区域负责人邹婷婷女士、Wiley（威利出版社）期刊收录数据库中国区域负责人翁波博士先后介绍了各自数据库收录期刊的要求，相关复合材料领域 SCI 收录期刊的负责人介绍了其期刊的论文投稿要求和对学术论文的主题方向要求。在期刊出版社交流会期间，中国热带农业科学院杨子明助理研究员与爱思唯尔数据库的中国区域负责人邹婷婷女士进行了深入交流，了解了该数据库对学术论文的收录要求，为今后的论文发表提供参考。

## 二、主要收获与成果

第 11 届亚澳复合材料大会内容涉及绿色复合材料、生物复合材料、纳米复合材料、碳纤维复合材料等方面，是中国先进复合材料界与澳大利亚同行直接交流，探讨未来合作机遇的良好平台。其中纳米复合材料是中国热带农业科学院加工所农业纳米科学团队研究的重点领域，随着纳米技术的出现和不断发展，纳米化与复合化已经成为新材料研发和推动农业纳米科技进步的重要手段和发展方向。

通过参加本次学术会议，进一步了解了国际复合材料领域的发展状况和发展前景，特别是在纳米复合材料研究领域的新技术、新方法。大会全程使用英语进行报告，有助于进一步提高英语听、说能力，同时了解和认识相关领域专家，为今后的合作研究工作提供了基础。此外，杨子明助理研究员应邀在分会场作了口头学术报告，介绍中国热带农业科学院在纳米复合材料领域的最新科技成果，扩大了中国热带农业科学院在该领域的国际影响力。

通过参加本次学术会议，以学术交流为核心，与国际知名专家面对面交流，不仅丰富了中国热带农业科学院参会科技人员复合材料研究领域的知识，深入了解国际上纳米复合材料领域的最新研究状况，而且提高了复合材料，尤其是纳米复合材料研究方法等技术，提高了团队科研能力、加强学术交流、提高学术素养、拓宽国际化视野，为以后在复合材料领域的研究工作找到新的方向和思路，对中国热带农业科学院未来材料领域的相关研究规划和布局有一定的借鉴意义。

## 三、工作意见和建议

### （一）积极参加复合材料领域的国际学术会议

复合材料在航空航天、汽车工业、化工纺织、生态农业及医学健康等领域有着广泛的应用，对于国民经济发展、工业技术变革和现代农业发展具有重要作用。通过这次参加国际学术会议，听取研究报告并与相关领域的专家学者进行交流，充分认识到自己的研究尚有很多不足的地方需要进一步提高。目前，中国热带农业科学院在复合材料领域，尤其是在天然橡胶复合材料、纳米生物复合材料、纳米控释农药载体材料、纳米控释肥料载体材料等领域开展了研究工作，也取得了一定的研究成果，但缺乏在复合材料领域的理论创新和基础研究，对世界前沿研究热点问题把握不准，导致了在该领域的高水平研究论文和高质量的科研成果产出偏少。因此，该领域科研人员须通过积极参加复合材料领域的国际学术会议，认真聆听国际大师级的学术报告，深入了解世界前沿研究热点问题，从中吸取新的研究认识和创新想法，借鉴新的研究方法和手段来解决自己研究中的问题。同时，建议中国热带农业科学院科技人员多在国际学术会议上作学术报告，与国外专家面对面交流，不断提高自己的外语表达能力和科技创新能力。

### （二）主动走出去建立国际合作关系

全球化的背景下，在政治，经济，文化、科技等方面加强国际合作已成为大势所趋。从科技发展的角度，国际合作可以使研究成果共享。因此，科研人员须主动走出去，与相关研究领域的国外专家交流、对接，以期能建立和扩展国际合作关系。建议中国热带农业科学院进一步加强与国外开展复合材料研究领域的科技合作，提高中国热带农业科学院在复合材料领域的国际影响力。如加强天然橡胶复合材料、天然纤维复合材料，生物纳米复合材料等研究领域的科技合作；加强纳米复合材料在农药、化肥减施增效领域的合作研究。通过建立国际化的人才培养模式，共建国际联合实验室等途径加强国际合作与交流。

（出访团成员：杨子明）

# 赴瓦努阿图执行农业国际交流合作项目任务的情况报告

应瓦努阿图北方林业局的邀请，中国热带农业科学院谢贵水研究员等一行 3 人于 2018 年 7 月 22—29 日赴瓦努阿图执行农业国际交流合作项目。

## 一、出访基本情况

### （一）目的和意义

中国热带农业科学院瓦努阿图农业试验站（以下简称试验站）是以瓦努阿图为立足点，以油棕、速生林和牧草等产业化技术为突破口，研发适合南太岛国气候特点的农林产业化技术，争取建成一个集农林业科技研发，技术示范和培训推广的农业科技合作平台。根据瓦努阿图农业生产实践、农牧业产业需求以及共建单位的发展定位、目标和方向，重点开展油棕引种试种，为当地油棕商业化栽培提供技术支持；同时通过开展牧草引种试种适应性研究，为幼龄油棕园间作生产以及当地畜牧草种多样化需求等提供技术支持。此次赴瓦努阿图，将对 2007—2009 年商务部援瓦棕榈种植技术合作项目在桑托岛种植的 9 个油棕新品种的生长和产量等适应性试种表现进行观测评价。此外，根据当地农业生产需要，开展柱花草、王草等热带牧草在当地的引种试种，完成热带牧草试种基地的土地平整、播种及抚管和牧草刈割技术指导。本次出访，能够加强中国热带农业科学院与相关国家的科技合作，推广相关领域的先进科技成果，使中国热带农业科学院现代热带农业新技术、新品种在当地得到进一步的认识、认可与应用推广，为中国热带农业“走出去”，服务国家科技外交源等方面提供技术支撑。

### （二）主要活动

出访期间，拜会中国驻瓦努阿图大使馆并考察维拉港热带林木种植园和维拉港农贸市场；拜访瓦努阿图北方林业局并考察 WCC 农场，考察瓦努阿图国家农业研发中心及 YAHOO 农场；并与瓦努阿图棕榈油有限公司开展其他热带作物的考察活动。团组行程从海口经广州途径悉尼转机至瓦努阿图维拉港；回程从瓦努阿图桑托岛途经维拉港、悉尼，转广州回到海口。

出访团组到达瓦努阿图首都维拉港后，首先前往拜会中国瓦努阿图大使馆，与大使馆经参处随员王瀚进行了座谈。谢贵水副所长代表团组向使馆介绍了此次出访任务，并就中国热科院瓦努阿图试验站的建设、运行和维护方案向对方做了详解介绍。王瀚对出访团组的到来表示了热烈的欢迎，并介绍了中国和瓦努阿图在经济贸易、基础设施建设和农业科技等领域的合作概况。他表示，瓦努阿图的农业生产较为落后，希望出访人员在将来能够通过培训班的方式将中国热带农业科学院的在热带农业领域上的研究成果在瓦努阿图进行转化，并落地生根。随后出访团组前往维拉港热带林木种植园和维拉港农贸市场，考察当地农副产品的种植生产和销售情况。

出访团组到达桑托岛卢甘维尔市后，首先前往拜访试验站共建单位瓦努阿图北方林业局和瓦努阿图棕榈油有限公司，与局长 Dick Tomker 先生和总经理李建国先生进行座谈交流，就中国热科院瓦努阿图试验站的建设、运行和维护方案进行探讨。谢贵水副所长首先向试验站共建单位负责人详细介绍了此次出访的项目任务和研究内容，Dick 局长和李建国总经理向代表团反馈了试验站在运行期间所取得成效和为当地带来的生产效益，并就今后希望继续深入开展合作的内容和领域与代表团进行了讨论。随后，在两位负责人的陪同下，出访团组前往 WCC 农场和 YAHOO 农场，开展对 2007—2009 年商务部援瓦棕榈种植技术合作项目在瓦努阿图桑托岛种植的 9 个油棕新品种的生长和产量等适应性试种表现进行观测评价。同时，将从国内引种的无壳型油棕种子在 YAHOO 农场进行播种育苗。

出访团组还拜访了瓦努阿图国家农业研究中心（Vanuatu Agricultural Research and Technical Centre，VARTC），VARTC 负责人 Muriel DEGOBERT 女士向团组一行详细介绍了瓦努阿图国家农业研究中心主要的研究作物和研究方向，包括热带牧草的品种选育及栽培种植、热带畜牧养殖业等。团组成员郇恒福研究员与农研中心牧草专家 Antomehe Nasse 博士和 Toufaui Kalsakau 博士在柱花草和王草在热区的播种及抚管，刈割技术等栽培措施方面进行了深入交流。随后，团组一行在相关负责人的带领下，到农研中心牧草种质资源圃进行现场考察学习。

出访团组在瓦努阿图棕榈油有限公司的协调下，对瓦努阿图桑托岛上的热带农林种质材料进行考察，包括矮种香蕉、无核柠檬以及薯类种质资源的调查。

## 二、主要收获与成果

### （一）瓦努阿图大规模商业化种植油棕具有很大潜力

瓦努阿图位于南太平洋，地处东经 160°～170°，南纬 13°～21°，属典型的热带海洋性气候，全年日均温为 26℃，雨量充沛，光照充足。各岛屿土层有海底火山喷发形成，富含元素磷和钾，土壤肥沃，适合多种农作物生长。瓦努阿图国内农业生产主要包括薯类、椰子种植和椰干加工、畜牧业和近海捕捞业等。油棕是一种喜高温高湿的热带木本油料作物，此次出访，团组通过对商务部援瓦棕榈种植技术合作项目 2010 和 2013 年引种种植的 9 个油棕新品种的生产和产量等适应性试种表现进行观测评价。观测结果显示，从中国引进的 5 个品种在当地表现出了良好的品种栽培适应性。其中，两个表现较好的品种株高区间为 5.5~6.3 米，总叶片数为 45~60 片，单株果穗数为 15~25 个，单个果穗重量为 10~20 千克。从中国引种至瓦努阿图的 5 个品种的产量表现与当前国内油棕区域性试种的产量表现相似。同时，通过对前期相配套的种植示范园建设、种苗培育和育苗栽培技术的摸索与积累，为今后在瓦努阿图等南太平洋岛国大规模商业化种植油棕奠定了品种选择和栽培技术基础。

**（二）瓦努阿图农牧业生产还存在着不少技术难题**

此次出访，团组通过与当地科研机构瓦努阿图国家农业研究中心进行座谈和考察交流，了解到了当地主要从事的农业生产领域、农业生产过程中主要面临的问题以及未来的研究方向。农研中心主要的研究作物包括牧草、椰子、可可和胡椒等。目前，在桑托岛的各个大型农场（包括 WCC 农场和 YAHOO 农场）中，出现了决明子生物入侵的现象，漫山遍野的决明子覆盖了地面，对当地的生态多样性带来了很大的影响。牧草专家 Antomehe Nasse 博士表示，希望能通过与中国热带农业科学院牧草领域的专家进行合作，通过种植栽培柱花草和王草等牧草品种，进而控制决明子对于当地的生物入侵。团组成员郇恒福研究员在通过现场考察后，表示可以通过可以种植生长速度比决明子快的王草来进行覆盖，同时，在决明子结种但是种子还未扩散时，采取人工去除的方法对种子进行收集，而决明子种子填充的枕头有很好的安神睡眠作用，这是一个变害为宝的好方法。此外，双方还就热带牧草的种质资源及栽培种植等方向相互进行交流学习。

**（三）油棕种植业的示范效应还未得到有效发挥**

此次出访，团组通过与试验站共建单位瓦努阿图北方林业局和瓦努阿图棕榈油有限公司的负责人，局长 Dick Tomker 先生和总经理李建国先生进行座谈交流，就中国热科院瓦努阿图试验站的建设、运行和维护方案进行探讨，了解到了当前试验站建设运行过程面临的主要问题，包括对当前试种的油棕无法进行长期季度性、连续性的观测；没有产业基础，油棕果实的下游压榨加工研究没有得到有效的开展。由于没有创造实际的生产效益，油棕种植业在当地的推广示范作用还未取到显著的效果。团组成员就当前面临的问题与共建单位进行探讨，表示后期会通过对当地农学院的学生进行科技培训，帮助他们掌握对油棕生产和产量等适应性试种表现观测评价能力，将来将由他们来扮演收集数据的角色。同时，积极寻求政府援助、企业或者民间资本的直接投资来修建棕榈油压榨工厂，通过逐步创造经济效益，进而带来种植示范影响。

## 三、工作意见和建议

### （一）继续把发展油棕种植业作为援瓦的重点

瓦努阿图现有的农业生产技术较为原始粗放，生产力水平低下。且由于人口的快速增加，人均经济收入水平增长缓慢。油棕种植业是一项适合在热区非耕地区域种植推广并长期维持稳定的产业，可承载国家的食用油安全和作为化石能源的有效补充。其亦是一项市场前景好、适合大规模生产，且生产技术水平要求不高的农业产业，符合瓦努阿图当前的国情，与现有的传统农业没有直接冲突。经过前期的引种试种，其适应性表现经观测评价较好，油棕树长势好、林相整齐，结果率高、果穗大，果实饱满且无病虫害，表现出了良好的生产潜力，可短时间内在瓦努阿图国内形成规模化种植，培育新兴产业。

### （二）加强对当地专业人员的技术培训

虽然经过观测，油棕试种表现良好，但是相关连续性的生产记录和作物生长表现观测数据缺失，无法对整个油棕生长周期进行评价。因此，建议培训当地专业技术人员负责开展油棕栽培种植过程的科学数据观测，并根据实际观测结果筛选优良单株，选育更适合当地生产条件的品种，并通过总结配套的的抚育管理技术措施，为下一步发展提供物质的保证和技术上的支持。

### （三）加大援助项目的财政支持力度

本项目资金作为财政类项目资金，无法在国外进行支出使用，导致有限的资金未充分地发挥其效率，进而使得与合作共建单位深入实质性的合作难以展开，影响项目为当地带来的实际效果。因此，建议上级领导部门能够制定政策、指南，使项目资金经费能够在共建单位当地亦能够安全高效的使用。

（出访团成员：谢贵水、郇恒福、曾精）

# 赴密克罗尼西亚联邦开展椰子病防治技术培训的情况报告

2018 年 6 月 11 日—7 月 5 日，中国热带农业科学院刘国道研究员等一行 13 人赴密克罗尼西亚联邦开展椰子病防治技术培训。

## 一、出访基本情况

### （一）目的和意义

为贯彻落实中央领导和农业农村部有关指示精神，进一步加强中国与密克罗尼西亚联邦（以下简称密克）两国农业合作。受农业农村部委托，中国热科院于 2017 年 11 月份组织相关专家，赴密克开展有关农业合作并协助该国做好椰树病虫害防治等相关工作，根据考察情况为提高密克的椰子病防治技术，增加椰子种植面积和产量，提高密克的热带农业生产发展水平，改善民生，打造世界热区经济政治利益共同体和命运共同体。由商务部主办，中国热带农业科学院（简称中国热科院）承办了此次“2018 年密克罗尼西亚联邦椰子病防治技术海外培训班”。该培训班于 2018 年 6 月 11—7 月 5 日在密克的雅浦州、丘克州、科斯雷州和波纳佩州四个州分别举办。共有来自密克政府部门、科研机构、当地农户的 108 名学员参加。在商务部、农业农村部和海南省商务厅等相关部门的指导和协助下，中国热科院精心准备和周密安排，完成了各项预定教学培训计划，实现了预期培训目标。

### （二）主要活动

#### 1. 举办开班典礼

培训班开班典礼在密克的雅浦州举办。密克农业与林业资源发展部官员 Marlyter Silbanuz、雅浦州州长 Tony Ganangiyan、副州长 Jame Yangetmai 先生，雅浦州 Rull 市市长 Simeon Waathan 先生、雅浦州农业与林业局局长 Tamdad Sulog 先生；中国驻密克大使馆参赞李翠英女士、中国热带农业科学院副院长刘国道研究员、黄贵修研究员、郝朝运副研究员、范海阔研究员等全体培训专家和学员参加了开班仪式。

密方对中国热科院出访专家的到来表示热烈的欢迎，密克十分重视本国椰子产业发展，希望通过该培训的开展让当地农户学习到椰子相关知识，并运用到生产生活中提高农户经济效益。

中国驻密克大使馆参赞李翠英指出密克是中国“一带一路”倡议的重要国家，自中密建立相互尊重、共同发展的战略伙伴关系以来，中方视密克为太平洋岛国地区的好伙伴，愿同密方扎实推进农业领域合作。

中国热科院刘国道副院长指出中国热科院是中国唯一从事热带农业的国家级科研单位，也是世界知名的热带农业科研机构，技术力量雄厚，在椰子研究方面沉淀了大量的科研成果，一定能将本次培训班办出水平，办出效果。此次培训班的开展仅是我国支持密方农业发展开端，帮助密方建立高产椰子示范基地也已列入工作议程，后续将继续推动该国发展绿色生态农业，共享我国热带农业发展成果。

**2. 雅浦州培训**

专家们根据去年在密克农业考察的情况有针对性地上课。一是介绍了密克的椰子品种和资源。二是教会当地小农户如何选择和利用椰子优势资源品种，教会当地官员小农户制作杂交品种技术、椰苗生产技术。三是分析雅浦洲椰子生产上存在问题，让学员们了解自身存在的问题及其解决出路。四是传授椰子种植材料的质量控制、种植方法、化学除草、施肥方法、施肥配方、椰子、间套作等先进技术。介绍了杂草对农业生产及自然生态的危害，杂草的分类识别与当地椰子园常见的严重入侵性杂草及防控方法。五是介绍了椰子病害泻血病，茎干腐烂病，茎基腐烂病以及害虫椰心叶甲，红棕象甲的为害，分布，症状及防治方法。探讨了椰心叶甲化学防治和生物防治的优缺点。介绍了中国热带农业主要病虫害及其识别、监测及控制现状；棕榈植物、香蕉等热带果树病虫害及其绿色防控技术。六是运用椰子加工产品品尝和视频播放等教学方式，讲解了椰衣纤维、椰子壳、椰子肉、椰子水、椰子花絮汁液的加工方法和加工过程。并现场讲解制作了椰子水和椰奶果冻的制作过程，学员们表现出浓厚的兴趣。由于当地椰子加工较少，基本上处于不加工的状态，通过培训让学员们认识到椰子全身都是宝，全身都可以用于加工成各种产品。增加了学员种植和加工椰子的信心。七是加入一些当地热带作物（香蕉、热带香料饮料和花卉）的培训内容，中国香蕉产业概况，包括产业体系结构，育苗技术，水肥一体化技术，越冬防寒措施，采收运输和包装办法，香蕉深加工产品等。世界胡椒、咖啡、香草兰、可可等热带香料饮料作物的起源、功能作用、种植生产现状，重点讲解了胡椒的优良种苗繁育技术、林下复合栽培技术及产品加工技术，并让学员们现场体验了胡椒、香水等中国研发的精深加工产品。中国花卉产业生产面积及销售情况，热带花卉分类、育种、生产技术等科研进展及科技创新情况。八是到 RULL 市实地教学，现场解难答疑，实践操作示范。做到既有理论传播，又有实践示范，努力让学员们都能扎实领会及掌握椰子品种识别、间套种植、丰产栽培技术、椰园管理、病虫害防治与加工等实用技术。最终，获得了学员们的“very thankful，I learned a lot，I want to learn more”的良好总评。

**3. 丘克州培训**

培训前拜访了丘克州州长，提出盾叶鱼黄草的为害引起州长的高度重视。授课期间适当往后调整雅浦州学员关心的椰子品种鉴别、间作种植与丰产栽培技术的课程。在其他内容与前期基本不变的基础上及时做出补充与完善，融入一些雅浦州以及当地椰子种植的实际问题及解决方案。运用播放视频、实物展示等教学方式全方位地培训授课。最终获得了学员们的“this workshop is very good，very thankful，I learned a lot，I want to learn more”的良好总评。很多学员表达了有机会想去中国培训学习的心愿。临行前学员代表亲自去机场为专家佩戴鲜花送行。

**4. 科斯雷州培训**

同样根据在当地联合调查和询问了解的情况，有针对性地上课。在其他内容与前期基本不变的基础上及时作出补充与完善，融入一些前两个州以及当地椰子等热带作物种植的品种、病虫害、实际问题及解决方案。针对在之前两个州和该州普遍发现的较严重的Brontispa mariana（椰心叶甲的近缘种），增加了视频教学环节，给学员播放了我国防治椰心叶甲的视频录像《椰林保卫战》，同时带领学员进行了田间害虫诊断、识别与防治技术交流，学员们热情很高，交流讨论热烈。有学员专门邀请专家为自家椰子林诊断病害（椰子泻血病）并提出解决方案。最终培训获得了学员们的“very interesting，very important，very helpful，very practical，we need more of this workshop”的良好评价。颁发证书前学员自带地方特色食品与专家分享。科斯雷州州长亲自组织学员举行欢送晚宴，学员们带来特色饮食（海鲜、香蕉、当地特色菜、薯类等）与专家们一起分享。最后还一起为专家高声歌唱送行。专家们都非常高兴和感动，并一起唱起《团结就是力量》以表达愿与密克共同团结奋进，友谊长存。

**5. 波纳佩州培训**

教学在其他内容与前期基本不变的基础上及时作出补充与完善，融入前三个州以及根据考察了解到的当地的椰子无规模化种植，种植水平较落后；椰子种苗无生产标准和育苗场，基本为原生农家种自然掉落发芽后捡拾使用；椰子虫害主要是Brontispa mariana（椰心叶甲的近缘种）；加工水平比前几个州稍微好些，但加工工艺落后等情况有针对性地上课。加入当地热带作物香蕉、香料、杂草、花卉等运用播放视频、实物展示等教学方式全方位地培训授课。专家还应邀为咖啡种植户诊断病害并提出解决方案。最终培训获得了学员们的“very interesting，very important，very helpful，very useful，we want more of this workshop”的良好评价。举办了本培训班的结业典礼仪式。临行前密克政府官员、大使馆领导、学员举行欢送宴为专家们送行。

## 二、主要收获与成果

### （一）进一步扩大了我国椰子产业在密克的影响力

培训班期间，外派专家组通过课堂讲解，使学员了解了密克的椰子品种和资源；教会当地小农户如何选择和利用椰子优势资源品种，教会当地官员小农户制作杂交品种技术、椰苗生产技术；分析密克椰子生产上存在问题，让学员们了解自身存在的问题及其解决出路；传授椰子种植材料的质量控制、种植方法、化学除草、施肥方法、施肥配方、椰子、间套作、病虫害防控知识等先进技术；教会了他们从事简单的椰子加工制作。

### （二）促进了中密科研单位和政府机构间的交流，同时为我国椰子及热带作物生产研究积累素材

培训班的举办为中方的教师团队和密方的政府官员、科技人员提供了相互学习和交流的平台，同时在培训时间里，建立了深厚的友谊，为今后科研单位间的合作交流打下了基础。通过农业专家外派，我们也实地了解了密克农业发展的现状和需求，并引进多份重要热带作物种质资源，丰富了热科院热带作物种质资源库，同时也为我国制订相关发展战略和产业预警提供了重要的资料。

## 三、工作意见和建议

本次海外培训班的成功举办，总结起来，具有四个明显的特点。一是主题鲜明，针对性强。紧扣密克罗尼西亚联邦椰子病防治技术这一鲜明的主题，教学活动安排专业性与针对性强，符合密克实际需求；二是内容丰富，课程设计模块化。课程设计系统、全面有利于学员对知识的理解和消化吸收；三是形式多样。采用不同方式强化培训效果，培训活动既有课堂学习，又有现场实践；四是中国热带农业成果宣传。结合培训，做好中国热带农业成果宣传，为进一步加强中国与密克的农业科技合作，推进我国农业“走出去”战略的实施奠定基础。以上成功经验对今后的海外培训工作具有重要参考和借鉴意义。

（出访团成员：刘国道、黄贵修、郝朝运、杨光穗、李伟明、杨虎彪、王清隆、范海阔、郑小蔚、弓淑芳、唐庆华、王媛媛。）

# 赴美洲国家考察报告

# 赴厄瓜多尔执行农业农村部国际交流与合作项目任务的情况报告

应厄瓜多尔陆军理工大学的邀请，中国热带农业科学院海口实验站盛占武副研究员等一行4人于2018年8月20—29日访问厄瓜多尔。

## 一、出访基本情况

### （一）目的和意义

2016年11月17日国家主席习近平同志出访厄瓜多尔，在厄瓜多尔首都基多与总统拉斐尔·科雷亚·德尔加多签订了《中华人民共和国和厄瓜多尔共和国关于建立全面战略伙伴关系的联合声明》，声明指出，中—厄两国要积极探讨农业领域合作，加强科技领域合作交流。2018年农业农村部副部长韩俊在北京会见了厄瓜多尔农牧业部部长弗洛雷斯。韩俊副部长提出，双方应在中厄农业联委会框架下加强沟通协调，择机签署两部间农业合作谅解备忘录，促进双边农业贸易，开展农业人力资源培训，提升中-厄农业合作全面发展。

自2014年以来，在农业农村部农业国际交流与合作项目资助下，我单位累计派出访问团5个，对厄瓜多尔的热带果树产业开展专题调研工作，与厄瓜多尔的农业研究机构、种植企业等单位建立了良好的合作关系。

基于上述背景，中国热带农业科学院海口实验站盛占武副研究员、周兆禧助理研究员、郑丽丽助理研究员和郑晓燕助理研究员一行4人于2018年8月20—29日对厄瓜多尔陆军理工大学和厄瓜多尔国家农业研究院开展实地调研工作。本次出访的主要目的，一是与厄瓜多尔农业科学院南海岸试验站就进一步加强双方人才培养工作进行协商，拟依托“发展中国家杰出青年科学家来华工作计划”项目，引进厄瓜多尔青年科学家来华工作；二是双方在热带优稀果树领域加强合作，尤其是在刺果番荔枝、杧果、火龙果、油梨等果树方面在产前、产中和产后等领域深入研究；三是加强与厄瓜多尔企业合作，为中资企业在厄瓜多尔的发展提供科技支撑。

### （二）主要活动

按照工作计划安排，出访团先后访问了厄瓜多尔首都基多市的陆军理工大学

（Escuela Politécnica del Ejército，ESPE）、位于瓜亚斯省瓜亚基尔市的厄瓜多尔国家农业科学院南海岸试验站、都乐（Dole）公司和索鲁卡（Saulucar）公司的香蕉、葡萄、杧果、油梨以及柠檬等基地，前往科隆群岛（Archipielago de Colon）收集热带刺果番荔枝、西番莲等优稀水果资源，并学习作物节水栽培技术和装置结构。

在厄瓜多尔陆军理工大学与生命科学与农业系的 Vietat Huga Hbril 军官及 MarceloPatino 教授等人进行了座谈，盛占武副研究员介绍了中国热带农业科学院和海口实验站的基本情况以及在热带农业方面取得的成果，回顾了与厄瓜多尔陆军理工大学生命科学与农业系合作的基础及成效，同时推介了我国的“发展中国家杰出青年科学家来华工作计划”项目，希望该校积极组织申报，促进双方的人员合作交流。Vietat Huga Hbril 军官及 Marcelo Patino 教授介绍该学校发展情况和农业方面的研究基础和成效，同时 Marcelo Patino 教授谈到了自己在中方合作访问的工作情况，表示在中方工作的经历对自身科研工作帮助较大，望有机会可以再次来华加深合作。出访团参观了该校的图书馆、校园和部分实验基地，并拟就番木瓜、香蕉等热带果树健康种苗繁育方面开展进一步合作。

在厄瓜多尔农业科学院南海岸试验站与厄瓜多尔国家农业部官员 Ricardo Javier 博士、南海岸试验站 Saul Mestanza 站长及相关科研人员举行了座谈会，Saul Mestanza 站长在座谈会上对出访团表示热烈欢迎，并回顾了近几年来合作情况。双方就下一步工作安排达成共识，即一是双方相互协助配合申请两国青年科学家人才交流相关项目，扩大双方科研人员的合作交流；二是厄方在香蕉产业方面拟派科技骨干前来中国协助中方实施香蕉标准化栽培升级，以防治枯萎病；三是建立热带优稀果树种质资源的交换机制，推进双方果树资源创新利用研究工作；四是在杧果、刺果番荔枝、火龙果、杨桃等几种优稀果树方面开展深入合作研究工作，主要在种质资源精准分析、品种选育、高效栽培、病虫害防控及采后生物学习性等方面开展合作研究。

在都乐（Dole）公司参观香蕉种植基地时，公司负责人介绍了香蕉新品种选育、生草栽培、宿根芽选留、水肥管理、果实套袋及采收等技术；在参观索鲁卡（Saulucar）公司的葡萄、杧果、油梨以及柠檬等基地时，与索鲁卡（Saulucar）公司负责人及公司一些科研技术骨干举行了座谈会，索鲁卡（Saulucar）公司负责人介绍了公司发展情况以及存在的问题，盛占武副研究员结合国内相关果树科研及生产实践经验对存在的问题与索鲁卡（Saulucar）公司负责人进行了深度的交流。

## 二、主要收获与成果

### （一）进一步深化了与厄瓜多尔陆军理工大学生命科学与农业系的合作

2016 年在“中—拉青年科学家交流计划”项目资助下，我站引进厄瓜多尔陆军理工大学生命科学与农业系的学者 Marcelo Patino 博士来我站访问学习一年。以此为契机，Marcelo Patino 博士回国后，搭建了厄瓜多尔陆军理工大学和中国热带农业科学院海口实验站交流合作平台，双方在热带果树种质资源收集、种苗繁育技术、栽培管理和病虫害综合防控等方面开展了深入合作研究，同时下一步还将加强双方人员互访和交流学习。

**（二）与厄瓜多尔农业科学院南海岸试验站进一步明确了人员互访事宜**

在 2015 年中国热带农业科学院与厄瓜多尔农业科学院签订的合作谅解备忘录中明确提出，双方应在科技领域、技术支撑以及人员交流互访方面进行常态化交流。海口实验站作为具体执行单位，近年来累计派出访厄团组 5 个，邀请厄方来华学习交流 5 人次，其中 2 人来华访问学习 1 年、3 人进行了为期 7 天的短期学习交流。2017 年访问期间，厄瓜多尔农业科学院院长 Dominguez 博士充分肯定了双方前期的合作成效，并提出双方应在热带水果种质创新、植物营养、主要病虫害致病机理、采后品质裂变、副产物梯次化综合利用等方面开展深入合作研究。此次出访与厄瓜多尔农业科学院南海岸实验站 Saul Mestanza 站长就双方人员交流和互访达成一致，计划在 2019 年双方互派访问学者 2 名，厄方负责帮助中方访问学者申请厄瓜多尔政府交流技术项目，中方负责帮助厄方申请“发展中国家杰出青年科学家来华工作计划”项目，双方明确了就刺果番荔枝、杧果、火龙果、油梨等优稀果树的产前、产中和产后等领域开展深入合作研究。

**（三）明确了双方在热带果树栽培技术难题方面的联合攻关方向**

在出访期间，考察了香蕉、杧果、油梨、刺果番荔枝、火龙果、柠檬、葡萄等果树种植基地。瓜亚基省气候与海南极为相似，且没有季节性台风侵袭，各种果树均获得较高的产量和品质。与厄瓜多尔国家农业科学院南海岸试验站就几种果树产业的合作研究达成一致：一是香蕉产业方面，由于香蕉枯萎病严重威胁着我国香蕉产业的健康发展，而在厄瓜多尔很少有香蕉枯萎病的发生，厄方协助我方加强香蕉标准化栽培技术的升级；二是在杧果方面，应厄方的需求，我方将在杧果种质资源创制、矮化栽培、产期调节、病虫害综合防控等技术方面对厄方进行协助指导；三是在油梨方面协助厄方开展脱毒种苗繁育和仔苗嫁接技术的研发；四是在热带葡萄方面协助厄方进行一年两熟栽培和病虫害综合防控技术的研发；五是在火龙果方面协助厄方开展灯照果栽培、健康种苗繁育及采后保鲜等技术的研发；六是共同加强对刺果番荔枝品种改良和高效栽培技术的合作研究。

**（四）加强科技支撑，促进中资企业在厄投资兴业**

厄瓜多尔农业资源极为丰富，吸引了很多中国企业在厄投资兴业，但由于技术原因而迟迟未予实施，本次访问期间，广泛地接触了中资企业人士，并与其中一家中资企业达成合作共识，我单位将作为技术支撑主体，支持该企业在厄瓜多尔发展热带水果的种植业，具体合作模式、开发规模和参与主体等细节拟持续跟进。

## 三、工作意见和建议

### （一）加强人才培养，促进文化交流

加强对语言方面的人才培养，厄瓜多尔农业资源优势较为明显，但由于当地以西班牙语为主，英语不普及，导致工作中交流存在很大障碍。

### （二）加强经费滚动资助，促进合作顺利实施

加强合作交流经费的支持力度，夯实合作基础，厄瓜多尔作为南美洲重要的国家之一，热带农业方面资源优势极为明显，是我国热带农业科技走出去服务于国家战略的重要途径之一，有限的经费难以满足热带农业科技走去的发展需要。因此，要加强项目经费的滚动支持。

### （三）双方加强科技人员之间的交流互访

拓展中厄双方人员交流项目申报途径，除已有热带果树领域的人员交流之外，还应在可可、水稻、咖啡、油棕等作物上拓展合作，增加相应领域专家赴厄交流。

（出访团成员：盛占武、周兆禧、郑丽丽、郑晓燕）

# 赴哥伦比亚参加国际热带薯类作物学会第18届研讨会并执行对外合作项目任务的情况报告

应国际热带农业中心（CIAT）的邀请，中国热带农业科学院陈松笔研究员等一行4人于2018年10月20—28日赴哥伦比亚参加国际热带薯类作物学会第18届研讨会并执行NSFC-CGIAR国际交流合作项目任务。

## 一、出访基本情况

### （一）目的和意义

国际热带薯类作物学会（ISTRC）研讨会每三年举办一次，旨在为薯类领域的专家、学者、相关公司以及政策分析师等提供高质量的国际学术、应用交流平台，推动未来薯类的发展趋势及方向。

国际热带薯类作物学会第18届研讨会在哥伦比亚卡利CIAT总部举办。本次活动包括大会报告，专题报告，新闻发布会，海报等学术交流内容，以及ISTRC理事会会议等，是中国薯类研究者与世界其他国家的薯类同行进行直接交流，探讨未来合作机遇的良好平台。

ISTRC第18届研讨会题为“热带薯类作物何时，何地以及如何引领未来的农产品革命”，旨在为薯类作物改良方向奠定基础，并实现终端用户和市场的多样性。通过参加本次研讨会，深入了解国际上木薯领域的最新研究进展，以及以木薯为主要粮食作物的非洲国家对木薯特性的需求，如富含高类胡萝卜素的种质等，补充饮食中的维生素及微量元素的缺失等；通过与同行进行学术交流的同时，也为我们以后的研究工作找到新的方向和思路，对增强中国热带农业科学院与国际国内同行间的学术交流与科研合作与拓展国际视野具有重要意义。

### （二）主要活动

本次出访主要是在哥伦比亚卡利市CIAT参加国际热带薯类作物学会第18届研讨会。

CIAT是国际农业磋商小组（CGIAR）旗下的一个非营利组织，于1967年成立，总部位于哥伦比亚卡利市，是促进发展中国家的社会和环境领域的研究机构，通过合作研究来提高农业生产力和改进自然资源管理，减少饥饿和贫穷。

ISTRC 第 18 届研讨会主要包括大会开幕式、主题报告、专题报告、闭幕式颁奖，其他活动主要包括参观 CIAT 实验室和实验基地等。

大会开幕式由 ISTRC 副主席及 CIAT 木薯团队负责人 Luis Augusto Becerra Lopez-Lavalle 教授主持，ISTRC 主席 Keith Ian Tomlins 教授致开幕辞。来自世界不同地区的科学家就薯类作物在育种、加工、机械化、收获、贸易和经济等方面的研究前沿进行了大会报告。专题报告主要包括：①如何在薯类作物中维持遗传优势（育种、遗传学、细胞遗传学、基因编辑、基因图谱、分子技术等方面）；②如何更好地治理害虫和病菌监测和防治病虫害：如何利用流行病学、害虫和疾病管理、分子诊断和疾病监测等方式保护我们的作物；③种子的有无：困境是什么？如何创新薯类作物的种子发育系统；④生物强化：营养不良问题解决了吗？如何通过生物技术手段强化薯类作物丰富薯类作物的营养；⑤食品品质：采后处理、储藏以及如何减少损失等；⑥数字革命：未来的挑战和机遇。并按照不同专题内容对优秀海报进行展示。闭幕式上，ISTRC 选出新一届的主席，并向为木薯发展做出巨大贡献的 CIAT 木薯育种专家 Hernan Ceballos 博士颁发了终身成就奖。

报告会期间，CIAT 木薯团队还组织参会人员参观 CIAT 实验室和试验基地，主要包括作物保护（诊断和监测）实验室，木薯遗传研究实验室，木薯种质离体保存实验室，育种实验室等；以及木薯育种基地，种苗繁育基地和木薯产品加工基地等，品尝了 CIAT 研发的木薯酸奶和薯片。

同时，中国热带农业科学院参会人员还与 CIAT 木薯研究团队就 NSFC-CGIAR 国际交流合作项目进行了会谈，并对未来合作达成共识。

## 二、主要收获与成果

此次参加 ISTRC 第 18 届研讨会，通过不同国家地区科研人员的报告，了解到世界木薯的需求方向；通过实验室和田间试验基地的参观，学习了 CIAT 在木薯育种、田间管理以及采后加工方面的先进技术。

### （一）研讨会获得的信息

根据专题要求，科研人员针对世界不同地区对木薯的不同需求进行了报告，非洲作为木薯主要生产地区和消费地区，对富含微量元素和矿物质的木薯品种需求较大；而木薯花叶病是世界性难题，也是科研人员要克服的首要难题，培育耐病、高淀粉、低氢氰酸、高类胡萝卜素等综合性状优良的种质是木薯育种目标。

### （二）新技术、新设备的了解

参观 CIAT 的实验室和试验基地，学习先进的实验技术，是参加此次研讨会的目的之一。木薯开花少、花期不遇一直是木薯杂交育种的难点，而早开花、多开花已成为木薯群体研究的重要目标。木薯的根尖优势使能量和营养物质优先进入组织。在木薯中，花序和相关的分支几乎同时生长，来争夺顶端优势。研究发现，剪除分枝可以保证花序顶端优势促进开花，从而有利于果实和种子的获得。遥控无人喷洒机喷洒农药化肥可以解放劳动力，提高效率。使用雷达和地面激光扫描仪进行表型扫描，可以研究植物根系在整个生长周期的特征，而不需要收获或破坏植物。地面激光扫描仪通过发射出一束激光，可以用来计算作物的生物量、产量和结构。CIAT 育种基地使用的压缩营养土能够直接将木薯茎秆插入其中进行培育，既能节省空间，又能提高成活率和生产效率。而组培苗基地的手机 App 控制的自动洒水装置不仅可以控制水量，还可以随时决定浇水与否。这些新技术新科技在农业上的应用，不仅可以提高生产效率降低成本，也使从事农业活动变成了一件有趣的事情，更能激励从业人员的积极性。

### （三）与 CIAT 的合作

CIAT 木薯研究组负责人 Luis Augusto Becerra Lopez-Lavalle 教授等和 CATAS 代表彭明研究员以及陈松笔研究员等在 CIAT 总部肯尼亚会议室举行了 CATAS 和 CIAT 合作交流会。首先 Luis 肯定了双方 35 年来的合作关系，双方 35 年来合作稳定，互利共赢，促进科研共同发展。彭明研究员代表 CATAS 感谢 CIAT 举办的此次会议，希望把双方的合作关系提升一个新台阶。陈松笔研究员指出，近几年几乎每年双边都有联合申报国际合作项目，CATAS 也高度重视双方合作，但是由于合作经费无法外拨，由此双方于 2018 年 8 月 30 日成立一个 CATAS-CIAT 联合实验室，CAIT 可以派人到 CATAS 使用项目经费，双方都可以派人到对方单位学习交流技术，真正达到合作申报项目的目的；同时国际合作项目完成后，会向 CIAT 提供相应的研究结果，以达到结果共享的目的，同时避免做重复的工作。CIAT 方指出，双方合作紧密，但是每次受邀到中国访问，行程匆忙，无法达到深入交流的目的，希望该方式有所改变，双方寻求更有利更合适的方式交流学习。

## 三、工作意见和建议

### （一）加强木薯研究的合作

CIAT 成立于 1967 年，木薯研究历史悠久，在木薯领域处于领先地位。近年来，热科院的木薯研究也取得了巨大进步。在已有的合作基础上，进一步加强与 CIAT 的科技合作，通过合作申请项目，成立联合实验室，培养人才，互相派遣人员到对方实验室学习，可以更好地促进木薯研究的快速发展，不仅为国内的木薯种植提供更好的技术支持，提高木薯价值；也能够通过“一带一路”倡议将先进技术推广到广大的非洲地区。

**（二）加强热带农业科技人员互访**

通过 IITA，CIP 等研究人员的报告，了解到非洲热带农业发展整体水平欠佳，需要富含 Zn、Fe 等矿物元素和富含类胡萝卜素等种质和木薯产品来保障当地人民的营养，保障当地的粮食安全；同时，非洲也是我国热带农业科技“走出去”的主战场，随着“中国—非洲命运共同体”建设的推进，通过人员互访和培训，不但可以推进非洲国家对我国科技和人文历史的整体了解和认识，增进中非友谊，也有利于培养我国热带农业外向型人才，为“一带一路”倡议和“命运共同体”建设提供人才保障。

（出访团成员：陈松笔、朱文丽、薛晶晶、罗秀芹）

# 赴美国执行国家自然科学基金等项目任务的情况报告

应美国夏威夷大学和美国加州大学河滨分校的邀请，中国热带农业科学院金志强研究员等一行2人于2018年9月13—27日访问美国（夏威夷、加利福尼亚州）。

## 一、出访基本情况

### （一）目的和意义

从2010年始，在农业部948项目资助下，我单位先后派出2位科研人员前往美国夏威夷大学访问学习半年，系统学习了夏威夷大学热带农业与人力资源学院在香蕉细胞悬浮培养技术和热带水果加工方面的最新技术。后续在国家留学基金委项目资助下，我单位先后又派出3位科研人员前往美国加州大学、路易斯安那州立大学等高校访问学习。2018年6月，美国夏威夷大学热带农业与人力资源学院访问团一行来到中国热带农业科学院，共同商议后续合作研究、人才交流等事宜。

基于上述背景，2018年9月13—27日，中国热带农业科学院金志强研究员为团长，与盛占武副研究员一行2人赴美对美国夏威夷大学、美国农业部盆地农业研究中心、美国加州大学河滨分校、美国夏威夷农业研究中心等单位开展合作交流。本次出访的主要目的：一是与美国夏威夷大学热带农业与人力资源学院协商，进一步凝练合作研究方向，拓宽合作研究领域；二是加强与美国农业部盆地农业研究中心的合作交流，拓展双方在热带优稀水果种质资源创新利用方面合作空间以及尝试建立优良种质资源互换和共享机制；三是借助国家留学基金等合作交流项目成果，扩大与美国相关单位合作范围，谋划符合双方发展需要的科研课题。

### （二）主要活动

按照工作计划安排，出访团先后访问了美国夏威夷大学、美国农业部山地农业研究中心、美国夏威夷农业研究中心、夏威夷杜乐菠萝种植园和美国加州大学河滨分校，达成了多项合作意向。

在美国夏威夷大学访问期间，金志强研究员一行同热带农业与人力资源学院Jinzeng Yang副院长，植物保护系John Hu教授、Miaoying Tian教授、Zhiqiang Cheng教授、Koonhui Wang 博士开展了学术交流，金志强研究员作了题为“Regulation of MADS-box gene of banana in fruit quality”的学术报告，受到与会师生的广泛好评。在访问该院食品科学与营养系期间，与 Soojin Jun 教授、Qingxiao Li 教授、Yong Li 教授和 Kaice Ho 博士进行了交流，深入了解了 Soojin Jun 教授研发的 Supercooling 技术和应用效果，双方就该技术下一步在热带水果加工和贮藏保鲜中的应用达成合作意向，拟在未来合作共建热带水果保鲜与加工国际实验室。

在美国农业部太平洋盆地研究中心主任 Marisa Wall 教授的陪同下，金志强研究员一行参观了该中心位于夏威夷大岛的实验室，听取了该中心在热带水果品种选育、保鲜和加工技术、病虫害防控方面的研究进展汇报，双方就在优稀热带水果种质资源交换，热带水果保鲜与加工技术方面达成合作意向。此外，在 Mingli Wang 博士和 Linda He 博士的陪同下，金志强研究员一行还访问了夏威夷农业研究中心，参观了中心的组培实验室、分子生物学实验室和试验基地，深入了解了夏威夷最新的木瓜、菠萝品种选育技术进展，双方计划未来拟在种苗繁育和细胞再生悬浮体系建立等技术方面开展深入交流。

在美国加州大学河滨分校，金志强研究员一行参观了 Xuemei Chen 教授的实验室，并就 MicroRNA 最新研究进展与 Xuemei Chen 教授和 Yuan Wang 博士进行深入交流，双方在香蕉 B 基因组测序基础上深入开展合作研究达成共识，同时确定了双方定期互访和合作研究内容。

本次出访美国，进一步巩固了我站与美国相关大学、科研单位的合作基础，拓展了合作领域，为下一步与美方开展各项合作工作打下了坚实基础，获得了较好调研资料，为下一步开展项目合作提供了思路和目标。

## 二、主要收获与成果

### （一）展示了中国热带农业科学院在热带水果果实品质调控研究方面的最新成果，确定了下一步深入合作的研究领域

金志强研究员应邀在夏威夷大学热带农业与人力资源学院作了题为“转录因子 MADS-box 对果实品质的调控”的学术报告，系统展示了中国热带农业科学院科学家在该领域的研究进展，围绕“果实生长发育以及品质形成调控”的主题，与会专家就该领域最新的动态和进展进行讨论，最终核心聚焦在“番茄作为模式植物所存在的一些缺陷”。有国外学者认为番茄作为模式植物，在果实生长发育、品质形成等许多方面仍有需要完善的地方，如对于某些特定代谢产物的生物合成和调控作用，在番茄中就是不完善的。也有学者认为，不完善正好可以作为该项研究的突变体，有利于进行遗传转

化，是遗传学研究的好材料。通过此次交流，我们发现：在未来的热带水果果实品质形成调控的研究方面，将更加趋于多样化，应该不断加强在分子作用机制方面的研究，进而带动整个果实科学的发展。

**（二）在前期工作的基础上，与美国大学和科研单位进一步拓展了合作的空间**

前期与美国大学的合作大多集中在人员交流、技术学习方面，此次访问过程中发现，美国农业部盆地农业研究中心收集了大量的香蕉、油梨、杧果、菠萝、木瓜、咖啡及其其他热带优稀水果资源，通过与该研究中心主任 Marisa Wall 商议，双方可以建立种质资源交换机制，进而实现优良种质资源和技术的共享。通过本次出访，与美国农业部盆地农业研究中心就下一步合作空间展开深入交流，双方就优稀热带果树种质资源创新利用方面形成了合作意向。双方认为，依托各自的资源和技术方面的优势，在优稀热带果树种质资源方面进行有效互补，提高新品种的经济效益。

**（三）考察调研期间，了解到热带水果保鲜的新技术，为下一步开展科研工作提供新的思路**

在出访期间，参观了夏威夷大学 Soojin Jun 教授的食品工程实验室，详细了解了 Soo Jin 教授发明的超级速冻技术（Super Cooling）。该技术利用欧姆定律产生磁场，进而改变物料中水分在磁场中的存在状态，在不影响保鲜期的基础上，大大地提升了物料的品质特性，极大地保存了食品本身的营养成分，不仅延长了食品的货架期，而且不会破坏食品的营养和质构。通过实地查看实验室样品，确定该技术将在热带水果特别是鲜切水果保鲜方面具有较大的应用潜力，下一步将共同合作研究该技术在热带水果保鲜方面的应用。通过实地考察，学习了超级冷冻技术设备的组成、工作原理、应用范围和产品品质特性，双方共同确定了该技术后续合作研究的领域，探讨了双方共建热带水果保鲜加工国际实验室的设想和具体实施计划。

**（四）掌握了基因表达调控的最新进展与发展趋势，确定了下一步合作领域和方向**

在美国加州大学河滨分校访问期间，美国科学院院士 Xuemei Chen 教授向我们介绍了目前国际上关于小 RNA 调控基因表达的调控机制研究的最新进展以及她实验室的最新研究成果。我们发现：目前全球对于小 RNA 在基因表达水平上的调控认识还处于起步阶段，小 RNA 对基因表达调控会涉及到植物细胞分裂、生长发育的等许多重要生物学过程，其作用机理是目前亟待研究的热点领域，该领域将会对植物科学的发展起到重要推动作用。通过此次访问，确定了 Chen 教授回访日期和下一步共同在香蕉小 RNA 的合作研究领域。

## 三、工作意见和建议

一是根据双方签订的合作框架协议，发挥各自优势，扎实做细各项工作，实现双方的互利共赢。

二是制定切实可行的工作方案，提高双方合作框架协议的操作性和务实性。针对热带果树产业中存在的关键科学和技术问题，发挥各自的技术优势，共享种质资源，共同争取合作项目，联合攻克科学和技术难题，为果树产业发展提供技术支撑。

三是加强双方具体科技人员间的交流互访。在相关经费的支持下，双方单位相互之间来访学习要形成制度化和常态化。

（出访团成员：金志强、盛占武）

# 赴美国执行因公出国（境）培训项目任务的情况报告

应美国俄克拉荷马大学的邀请，中国热带农业科学院陈帮乾副研究员于2018年7月29日—9月11日访问赴美国俄克拉荷马大学执行因公出国（境）培训项目（多源长时序遥感大数据的热带森林和橡胶识别及动态研究）。

## 一、出访基本情况

### （一）目的和意义

利用遥感技术在大尺度范围内准确及时地监测热带森林及典型人工林如橡胶林的空间分布及动态变化过程，对科学研究及实际生产管理均有重要的意义。但是，热带地区普遍面临有效影像数据匮乏、景观破碎化影响等问题，以致于精确制图及动态监测非常困难，联合多源长时序遥感大数据是较理想的解决方案。因此，亟需学习国外处理多源长时序遥感大数据的先进技术方法、掌握优秀的卫星大数据处理平台如谷歌地球引擎（Google Earth Engine，GEE）的使用技巧，快速提升我所中国热带农业科学院对热带森林及典型农林作物监测能力，为产业可持续发展的政策制定等提供数据支撑。

### （二）主要活动

本次考察的单位为美国俄克拉荷马大学的地球观测与模拟研究中心（Earth Observation and Modelling Facility，EOMF），主要活动为参加技术培训，培训核心内容包括GEE卫星大数据平台使用技巧、典型热带森林及人工林制图与监测案例学习、多源长时序遥感大数据分类实践研究三部分。

GEE卫星大数据平台使用技巧部分主要包括GEE命令行使用、影像和矢量要系可视化、影像波段运算、影像和要素集过滤与迭代、影像区域统计及绘图、函数封装、可视化编程、时间序列数据处理、回归分析等内容。

典型热带森林及人工林制图与监测案例部分，主要学习了联合多源长时序遥感大数据的亚洲季风区2010年50米森林林制图、南美洲2007—2010年森林年度动态、1984—2010年美国中部杜松入侵亚湿润和半干旱草原地区时空特征、美国东部红杉入侵草源时空动态、1984—2016年美国本土开阔地表水面积发散趋势共5个经典案例。

多源长时序遥感大数据分类实践部分，是在前期培训基础上及 EMOF 中心老师的指导下开展的探索性研究，主要包括联合 PALSAR-2 雷达、Landsat TM/ETM+/OLI 及 MODIS 光学遥感数据的热带森林及橡胶制图研究，学习大尺度的数据分析处理方法。研究区域为中国及中南半岛（泰国、越南、柬埔寨、老挝及缅甸）。

此外，在培训期间还参观了 EMOF 中心的实验室、位于俄克拉荷马郊外的 USDA EI Reno 草源通量观测站和 Kessler 大气与生态野外观测站。

## 二、主要收获与成果

通过参加本次培训，比较系统地学习了 GEE 谷歌遥感大数据处理平台的使用方法及技巧，同时通过典型案例学习，掌握了在大尺度范围内联合 PALSAR/PALSAR-2、Landsat 和 MODIS 多源遥感大数据的预处理、信息提取及分类数据后处理方法；最后，将培训课程与即将开展的研究内容相结合，为今后提取中国及中南半岛热带森林和橡胶林空间分布信息、监测其时空动态奠定了良好的基础。主要的收获与成果如下。

一是学习了命令行工具，可实现 GEE Asset 个人栅格及矢量数据资产的批量上传、命名、删除等操作，与传统的鼠标操作相比，显著提高了数据资源管理的效率，尤其是进行国家级及洲际尺度的分类研究时，批量数据管理尤为重要。

二是针对 Landsat、PALSAR/PALSAR-2、MODIS 等影像数据，封装了大量影像预处理自定义函数，最大程度地实现了代码的重用率。具体封装的函数有 Landsat TM/ETM+/OLI 数据云掩膜、坏带数据剔除、NDVI/EVI/LSWI 等植被指数自动计算；PALSAR/PALSAR-2 后向散射系数计算；MODIS 的 LST 温度数据提取及频率指数计算等。

三是在 GEE 自有绘图函数基础上，二次封装了大量的绘图函数，可实现在数据分析的过程中直接输出关键结果，与传统的导出数据，再到第三方软件如 Excel、MATLAB 中绘图并寻找数据规律相比，极大地提高了数据分析处理效率。目前主要封装了直方图、年际尺度的平均 NDVI/EVI/LSWI 时间序列图、误差散点图等。

四是在课程培训及案例学习的基础上，以中国及中南半岛地区为例，开展了热带森林和橡胶林遥感提取实践研究，初步完成了联合 PALSAR-2 和 Landsat 多源数据的大尺度热带森林分类，绘制了 2015 年的热带森林空间分布图。与学习的森林动态案例相比，针对 PALSAR-2 成像阴影区域进行了优化，同时引入 NASA 的全球耕地数据 GSFAD30 作为掩膜，对耕地地区进行特殊处理，去除极易误分为森林的甘蔗和香蕉等高生物量作物，提高了区域森林的分类精度。经空间叠加对比，所获得的森林分类结果精度优于日本 JAXA 和美国马立兰大学开发的 GFC 数据产品。

五是在获得中国及中南半岛森林空间分布图的基础上，结合培训和前期研究成果，开展了该区域的橡胶林遥感分类研究。完成了多年影像数据插补程序代码的撰写及调试，分条带初步实现橡胶林从森林本底图中分离。目前在中南岛的泰国、缅甸等地区发现大量的热带落叶林，它们与橡胶的落叶特征非常相似，橡胶分类结果并不理想，培训结束后还需要投入大量时间解决误分问题。

## 三、工作意见和建议

此次在俄克拉荷马大学 EMOF 中心培训的时间虽然不久，但其宽松的工作环境和浓厚的科研氛围给人留下了深刻的印象。科研人员有相对自由的工作时间和办公环境，绝大多数的精力均投入到具体从事的研究工作和最新的文献检索和阅读方面，工作效率很高；大家对最新 Science、Nature 等知名期刊中与自本研究团队相关相近文献的跟踪非常紧密，每周组会上均会围绕团队当前最新研究进展或者知名期刊新近发表与本团队相关的论文展开热烈的讨论，以扩展大家的研究思路。目前，国内的科研人员在应付各种文档、报帐等事宜花费了太多的时间，建议加强改革，让科研人员有更多的时间开展研究工作。

中国热带农业科学院对热带作物生物物理规律和物候等的认识研究比较深入，还具有地处热区的独特地域优势，但缺乏遥感大数据分析处理方面的技术方法。国外很多知名研究机构在遥感领域具有非常好的研究基础，对热带作物也感兴趣，但对热带作物的认识还不足。建议从院所层面争取更多的项目支持青年科技人员“走出去”，在学习国外先进技术的同时，也有机会与国外研究机构建立长期的合作机制。此次培训学习中，EOMF 中心负责人及团队成员对中南半岛的热带森林和橡胶林分类也表示出浓厚的兴趣，同意在后继研究过程中提供技术支持，同时也争取项目开展合作研究。

（出访团成员：陈帮乾）

# 赴欧洲国家考察报告

# 赴爱沙尼亚出席欧盟项目“中欧农田土壤质量评价与提升”（iSQAPER）研讨会的情况报告

应爱沙尼亚生命科学大学 Mait Klaassen 校长的邀请，中国热带农业科学院徐明岗研究员于 2018 年 6 月 12—17 日赴爱沙尼亚塔图出席欧盟项目“中欧农田土壤质量评价与提升（iSQAPER）”研讨会。

## 一、出访基本情况

### （一）目的和意义

政府间国际科技创新合作重点专项、国家重点研发计划“中欧农田土壤质量评价与提升技术合作”，以中国和欧洲不同农作系统及不同气候带的长期定位试验点为基础，通过收集和测定土壤理化性状，提出评价土壤质量的综合指标，为政府部门制定土壤质量标准提供政策依据。

此次出访的目的，是执行欧盟项目“中欧农田土壤质量评价与提升”（iSQAPER）任务，参加项目学术研讨会，进行学术交流，考察爱沙尼亚生命科学大学的长期定位试验；合作研究农田土壤质量评价指标体系，开展耕地质量提升技术产品研发，并确定下一步合作研究计划。

### （二）主要活动

本次出访圆满完成了预定的出国任务，参加了欧盟国际合作“中欧农田土壤质量评价与提升（iSQAPER）”项目的年度研讨会，与爱沙尼亚生命科学大学开展了学术交流，主要活动如下。

**1.“中欧农田土壤质量评价与提升（iSQAPER）”2018 年学术研讨会**

参加欧盟项目“中欧农田土壤质量评价与提升（iSQAPER）”2018 年学术研讨会，汇报前一年的工作进展和研究成果，研讨农田土壤质量演变与评价体系，总结探讨维持和改善土壤质量的技术，明确了下一年度的工作目标和研究计划。参加本次项目进展汇报会的人员有欧盟项目负责人荷兰瓦根宁根大学的 Coen Ritsema 教授、Violette Geissen 教授和 Luuk Fleskens 博士，他们主要介绍了项目的总体进展、存在问题及下一段的工作计划；欧盟项目主要参加人瑞士有机农业研究所 Paul Mäder 教授、斯洛文尼亚卢布尔雅那大学 Mihelič Rok 教授、瑞士波恩大学 Abdallah Alaoui 教授分别就土壤质量数据资料收集、分析、评价及其在土壤可持续管理方面的应用进行了交流。我们的研究团队汇报了所承担的中国 5 个长期定位试验不同施肥管理的土壤样品采集、分析和调研工作进展，完成了项目规定的采集土壤样品 140 个，并完成了土壤有机质、pH 值、土壤颗粒组成、田间含水量、土壤孔隙度、紧实度、蚯蚓密度等指标的田间观测和初步分析。这些良好的研究进展，得到了项目负责人和参会人员的认可。此外，瑞士有机农业研究所 Paul Mäder 教授的研究报告“有机农业和保护性耕作促进土壤持续利用”，对欧洲有机农业发展进行了较深入的探讨，引起了大家的浓厚兴趣，在有机农业土壤管理技术及其规范管理方面非常值得我们学习借鉴。

**2. 爱沙尼亚生命科学大学（Estonian University of Life Sciences）的 2 个长期定位试验**

在 Alar Astover、Endla Reintam 博士的陪同下，我们参观了爱沙尼亚生命科学大学（Estonian University of Life Sciences）的 2 个长期定位试验，双方就长期试验管理、数据总结与分析等方面进行了交流讨论。这 2 个长期试验，一个是 1965 年开始的土壤培肥试验，至今已经持续 53 年了，主要是观测种植不同作物（大麦、牧草、豆科）及其不同施肥（化肥、有机肥）对土壤培肥的作用。结果表明，种植牧草及使用有机肥均可快速提高土壤肥力和生产力、能够维持良好的土壤生物多样性；已经在国际著名刊物发表相关论文 9 篇，对土壤肥力提升指导意义重大。另一个长期试验，是 2008 年开始的有机农业长期试验：采用小麦—大麦—红三叶—大豆轮作，施用有机肥的有机农业和施用化肥的传统农业相比，2008 年开始时，有机农业比传统农业减产 30%左右，现在减产仅 10%左右，但有机农业的产品质量和市场价格是传统农业的 1.5~2 倍。这个长期试验已经发表高质量 SCI 论文 6 篇，为有机农业发展提供了技术支持、做出了积极的贡献。目前，欧洲有机农业已经发展到占种植业比例的 25%左右。有机农业的技术和管理，对我国农业发展具有重要借鉴价值。

## 二、主要收获与成果

这次参加项目年度研讨会和访问爱沙尼亚生命科学大学长期定位试验，收获很多，主要有以下两个方面。

### （一）项目总体进展顺利

这个项目年度会议的目标非常明确，每个课题和单位都有很大收获。这次会议上，该项目每个课题都详细汇报了课题研究进展，并与相应的参加单位进行了充分交流讨论，与会人员收获大，项目总体进展顺利。

### （二）长期定位试验的借鉴意义

在爱沙尼亚除了参加项目研讨会外，还组织参观了爱沙尼亚生命科学大学长期定位试验，包括起始于 1965 年以及起始于 2008 年的关于不同施肥和轮作等管理方式的系列试验，对于我国的长期定位试验具有很好的借鉴意义。我们与该长期定位试验负责人就长期试验规范管理、数据总结与分析、结果发表等方面进行了详细的交流讨论。

## 三、工作意见和建议

土壤健康是作物产业可持续发展的必要条件。我国在土壤肥力、环境生态等方面的长期定位监测有一定的研究基础，但相比大宗作物而言，热区土壤和环境相关的长期定位试验与研究尚在起步阶段。如何在热区选择建立代表性监测点，选定研究团队，开展长期定位试验，一定要充分参考国内外的先进经验成果。爱沙尼亚的农田长期定位试验具有研究时间长、经费保障率高、管理规范、重视有机农业发展等特色和优点。热区关于此类的研究可在土壤质量监测指标与技术、规范管理技术和数据深入分析等方面与其开展合作，为我国热区土壤质量提升和农业可持续发展的原始创新做出积极的贡献。

（出访团成员：徐明岗）

# 赴比利时参加第33届欧洲线虫大会的情况报告

应第33届欧洲线虫大会组委会执行主席 Win Wesemael 教授的邀请，中国热带农业科学院龙海波副研究员于2018年9月9—15日赴比利时参加第33届欧洲线虫大会。

## 一、出访基本情况

### （一）目的和意义

欧洲线虫大会是线虫学科领域最具国际影响力的学术研讨会，旨在为世界各地从事线虫学研究、线虫综合防治及诊断的专家、科研人员和相关政策制定者提供交流合作的平台。通过参加此次学术会议，与世界各地线虫学研究人员分享和讨论线虫学科最新进展、理论和成果，同时探讨与欧美发达国家线虫实验室建立合作关系，对增强中国热带农业科学院科研人员与国际国内同行间的学术交流与科研合作，拓展国际视野具有重要意义。

### （二）主要活动

按照出国计划，此次出访主要为执行学术研讨会交流任务，会议地点为根特大学生物工程学院。在此期间，认真聆听了一系列的学术报告，并以墙报交流的形式展示了中国热带农业科学院在植物线虫学研究的相关进展，参与的活动主要包括以下。

**1. 参加大会开幕式**

聆听了来自拜尔作物科学 Jaap Smedema 作的“Integrated nematode control solutions are a must in the future（线虫综合防控的必要性）”和来自可持续食品系统国际专家小组（IPES-Food）的 Emile A. Frison 作的“Towards sustainable food systems for the 21st Century：the need for a paradigm shift（21世纪可持续性食品系统需要范式转变）”大会报告。

**2. 参加分组会场**

包括 Chemical control of plant-parasitic nematodes（线虫化学防治）、Nematode biocontrol（线虫生物防治）和 Plant resistance/Nematode virulence（植物抗性和线虫致病性）等专场。

**3. 参加墙报展示**

以墙报的形式展示了中国热带农业科学院在根结线虫致病机理研究方面的进展“Identification and functional analysis of a novel effector gene Me-3C06 from the root-knot nematode Meloidogyne enterolobii（象耳豆根结线虫新效应子基因 Me-3C06 的鉴定与功能研究）”，与国际同行进行了交流互动，探讨了相关学术问题。

**4. 与比利时高校及科研机构交流**

参观了比利时农业与渔业研究所、比利时根特大学、挪威生物技术研究院、荷兰瓦特宁根大学、英国利兹大学等单位，并与以上单位的线虫学家进行了深入交流。

## 二、主要收获与成果

第 33 届欧洲线虫学术研讨会吸引了来自 40 多个国家共 530 余名国际线虫研究人员参会。在为期 6 天的会议期间，各国代表进行了广泛而热烈的学术交流，学术气氛浓厚。

### （一）开阔了研究视野

通过此次学术大会，与国外科研人员，尤其与欧美发达国家的线虫学家面对面的交流，了解了当前国际线虫学研究的前沿动态，尤其是在植物寄生线虫防控方面的最新理念和措施，甚至包括一些具体细致的线虫学研究方法和技巧，极大地开阔了研究视野。

### （二）达成了合作意向

通过墙报展示和口头交流，向国外线虫学专家介绍了中国热带农业科学院在热带根结线虫研究的主要方向和相关进展，尤其是象耳豆根结线虫方面的研究成果得到了国内外参会人员的广泛关注和认可，与比利时根特大学的 Tina Kyndt 教授和美国爱达荷大学 Xiao Fangming 教授初步达成了共同开展根结线虫致病分子机制和生物防治等方面的合作意向。

### （三）为组织国际学术会议积累了经验

通过参加此次学术国际会议，了解感受了国际性学术会议的组织形式。根据研究方向，此次会议设置了 30 个分会场，学术报告 150 个，并展示了 300 份墙报，出版了口头报告和墙报内容共计 403 页的会议摘要，学术交流氛围十分浓厚，此次体验为将来组织国际学术会议提供了借鉴和经验。

## 三、工作意见和建议

### （一）共享欧美国家线虫学研究成果

欧美国家线虫学各研究机构单位合作密切，研究成果互相共享认可，研究方向细致专注，普遍围绕某个关键点进行研究，不讲究大而全，而在于深入、细致、扎实。建议加强与国外研究机构的合作交流与互动，分工合作，将研究关注到1～2个前沿性的科学问题，做深入，透彻，并且认可合作成果的共享，可以快速提高国内和中国热带农业科学院的线虫研究水平。

**（二）设立墙报交流展示**

墙报交流展示是国外学术交流过程中极为重要的一个环节，预留专门的时间和场地为参会的学者提供面对面充分的讨论机会，目前国内绝大多数学术会议墙报展示空间不大，建议设立专门的墙报交流环节。

**（三）积极参加国际学术会议**

建议鼓励更多的科研人员参加各种国际学术研讨会议，加强与国外先进实验室的沟通和交流，特别是加强人员互访交流，提升中国热带农业科学院科技人员的研究水平，展示中国热带农业科学院最新的研究成果，扩大学术影响力。

（出访团成员：龙海波）